THE VIRAL STORM

KB116854

바이러스 폭풍의 시대

THE VIRAL STORM

by Nathan Wolfe

THE VIRAL STORM

바이러스 폭풍의 시대

네이선 울프 | 강주헌 옮김

김영사

바이러스 폭풍의 시대

2판 1쇄 발행 2015. 6. 16.
2판 10쇄 발행 2020. 4. 10.

지은이 네이선 울프
옮긴이 강주헌

발행인 고세규
편집 김상영 | 디자인 조명이
발행처 김영사
등록 1979년 5월 17일(제406-2003-036호)
주소 경기도 파주시 문발로 197(문발동) 우편번호 10881
전화 마케팅부 031)955-3100, 편집부 031)955-3200 | 팩스 031)955-3111

값은 뒤표지에 있습니다.
ISBN 978-89-349-7136-8 03470

홈페이지 www.gimmyoung.com   블로그 blog.naver.com/gybook
페이스북 facebook.com/gybooks   이메일 bestbook@gimmyoung.com

좋은 독자가 좋은 책을 만듭니다.
김영사는 독자 여러분의 의견에 항상 귀 기울이고 있습니다.

이 책은 2013년 2월 28일 발행한 《바이러스 폭풍》을 새롭게 펴낸 것입니다(1판 4쇄 발행 2015년 4월 27일).

샌프란시스코에 있는 글로벌 바이러스 예보(GVF) 팀과 지금
도 대유행 전염병의 공포로부터 전 세계를 구하기 위해 정글과
오지에서 활동하고 있는 수많은 사람들에게 이 책을 바칩니다.

차례

태국 칸차나부리 주에 있는 팡트룩이란 마을의 환경은 주변 지역의 마을들과 크게 다르지 않다. 습하고 풀이 무성하게 우거져서 야생생물의 소리가 어디에서도 끊이지 않는다. 태국 서쪽에 위치하며 미얀마와의 국경 근처에 있는 팡트룩의 주민 수는 약 3,000명으로, 대부분이 사탕수수와 쌀을 재배하며 먹고 살아간다. 이 마을에 여섯 살난 캅탄 분마누크란 소년이 있었다. 2004년 1월, 이 소년은 새로운 인간 바이러스에 의해 사망한 첫 환자가 되었다.

캅탄은 자전거를 타고, 나무에 기어오르며, 플라스틱으로 된 장난감 달마티안 개를 갖고 노는 걸 좋아했다. 작은 갈색 수레에 강아지 세 마리를 싣고 다니며 기계적으로 멍멍 짓는 재밌는 장난감이었다. 물론 캅탄도 가족을 도와 밭에서 일하는 걸 좋아했다.

팡트룩 마을 사람들은 거의 모두가 달걀을 얻기 위해 닭을 키웠고,

일부는 투계용 수탉까지 키웠다. 캄탄의 삼촌 부부는 큰길 바로 옆의 넓찍한 공간에 300마리의 닭을 풀어 키웠다. 겨울이면 어김없이 적잖은 닭이 감염으로 의심되는 질병이나 추위에 죽었지만, 2003년 12월에는 특히나 닭의 사망률이 급격하게 치솟았다. 그해 겨울 그 지역의 많은 농장에서 그랬듯이, 캄탄 삼촌의 농장에서도 닭들이 심한 설사에 시달리고 이상하게 행동하며 힘을 쓰지 못했다. 결국 모든 닭이 자연적으로 죽거나, 질병으로 죽어갔다. 캄탄은 삼촌을 도와 죽은 닭들을 처리했다. 보도에 따르면, 새해를 하루 이틀 앞두고 캄탄은 아파서 꼬꼬댁대며 울부짖는 닭 한 마리를 집에 가져왔다고 한다. 집까지 걸어오는 데 걸린 시간은 수 분을 넘지 않았다.

며칠 후 캄탄은 고열에 시달렸다. 마을 병원에서 감기라는 진단을 받았지만 사흘이 지나도 캄탄의 증세는 호전되지 않았다. 주로 쌀농사를 지었지만 틈틈이 택시운전도 하며 생계를 이어오던 캄탄의 아버지는 그날 아들을 공공의료원으로 데려갔다. 엑스레이를 통해 캄탄이 폐렴에 걸린 것으로 확인되자, 경과를 지켜보기 위해서 의사들은 캄탄을 입원시켰다. 다시 며칠이 흘렀다. 캄탄의 열이 드디어 40.5도까지 치솟았다. 결국 캄탄의 아버지는 앰뷸런스 비용으로 36달러를 지불하며, 자동차로 약 한 시간 떨어진 방콕의 시리라즈 종합병원으로 아들을 신속하게 옮겼다.

병원에 도착하자마자 캄탄은 호흡이 가빠지며 숨을 헐떡였다. 열도 좀처럼 떨어지지 않았다. 이런저런 검사가 진행된 후 양쪽 폐에서 심한 폐렴 증세가 확인되자, 캄탄은 곧바로 소아 집중치료실로 옮겨지고 산소호흡기까지 씌워졌다. 일련의 박테리아 배양검사 결과는 음성으로 나왔으므로 소년은 아마도 바이러스에 감염되었을 가능성이 높았다. 분자기술을 이용하는 한층 정교한 검사, 즉 중합효소 연쇄반응polymerase chain reaction, PCR 검사를 실시했고, 그러자 캅탄이 비정형 인플루엔자에 감염되었을 가능성을 시사하는 결과가 나왔다. 달리 말하면 그때까지 인간에게서 발견되지 않은 인플루엔자 바이러스가 나왔다는 뜻이다.

열하루가 지난 후, 마침내 캅탄의 열이 조금씩 떨어지기 시작했다. 하지만 집중치료에도 불구하고 캅탄의 호흡곤란 증세는 악화되기만 했다. 1월 25일 자정을 조금 앞두고, 의사들은 캅탄의 얼굴에서 인공호흡장치를 떼어냈다. 당시 폐가 유체처럼 흐물흐물하게 변해버린 캅탄은 태국에서 H5N1으로 사망한 최초의 환자로 기록되었다. 얼마후 H5N1은 '조류독감'이란 말로 세상에 알려지게 되었다.

언론은 캅탄의 장례식과 가족의 슬픔을 꾸준히 추적하며 상세히 보도했다. 캅탄의 죽음은 분명 서글픈 사건이었지만, 개발도상국가에서는 어린아이들이 지금도 이와 같은 질병으로 죽어가는 것이 엄연한 현실이다. 1960년대에 과학자들은 전염병을 가까운 시일 내에 박멸할 수 있을 거라고 예측했지만, 전염병은 지금도 이 땅에서 가장 치명적인 사인死因 중 하나이다.

그러나 위협여부의 기준을 전 세계로 하면, 모든 죽음이 똑같지는 않다. 대부분의 경우 전염병으로 인한 죽음은 지역적인 사건에 그친다. 물론 전염병이 피해자와 그 가족에게는 끔찍한 사건이겠지만, 지구 전체로 보면 제한된 위협에 불과하다. 그러나 캅탄의 경우처럼 일부 전염병은 전 세계를 뒤집어놓는 사건으로 확대되기도 한다. 어떤 동물 바이러스에 인간이 처음으로 감염되어 수백만, 아니 수억 명이 죽음을 맞을 수 있다는 얘기다. 그렇게 되면 인류의 얼굴은 영원히 변해버릴 것이다.

이 책의 주된 목적은 이런 사례들, 즉 새로운 판데믹pandemic(세계적으로 전염병이 대유행하는 상태를 의미하는 말로, 세계보건기구의 전염병 경보단계 중 최고 위험등급에 해당됨—옮긴이)이 처음 나타난 때를 철저하게 추적하는 것, 그래서 그런 유행병이 전 세계로 확대되기 전에 철저히 파악하여 확산을 막는 데 있다. 판데믹은 거의 언제나 동물 병원균이 인간에게 전이될 때 시작되기 때문에, 나는 이런 유행병을

H5N1 조류독감 바이러스로 사망한 최초의 환자 캅탄 분마누크의 장례식

연구하기 위해서 중앙아프리카의 열대우림 사냥터부터 동아시아의 야생동물 시장까지 전 세계를 돌아다녀야 했다.

하지만 미국 질병통제예방센터의 첨단 연구실과 세계보건기구의 질병발발통제센터도 수시로 돌아보아야 했다. 이처럼 엄청난 잠재적 파괴력을 지닌 병원균을 추적하는 과정에서, 나는 판데믹이 어떻게 어디에서 무슨 이유로 발생하는지 연구하기에 이르렀다. 그래서 판데믹을 조기에 정확히 탐지하고, 잠재적인 파괴력을 파악해서, 우리에게 엄청난 충격을 줄 수도 있는 판데믹을 박멸하는 시스템을 만들어내는 작업을 진행 중이다.

그간 세계 전역을 돌아다니며 이 작업에 대해 강연을 했고, 스탠퍼드대학교에서는 학부생들에게 바이러스학을 강의해왔다. 이 문제에 대한 관심이 전반적으로 확산되는 상황을 무시하기는 어렵다. 판데믹이 인간세계를 휩쓸고 지나가며 무차별적으로 죽음을 안겨주는 무지막지한 힘을 지녔다는 것은 누구나 인정한다. 하지만 이런 유행병의 중요성을 고려할 때, 다음과 같은 핵심적인 의문들이 아직도 명확히 풀리지 않고 있다.

- 판데믹은 어떻게 시작되는가?
- 왜 우리는 지금도 이렇게 많은 판데믹에 시달리는가?
- 장래에 판데믹을 예방하기 위해서 우리가 할 수 있는 일은 무엇인가?

이 책은 이런 의문들에 내 나름대로 대답해보려는 시도이다. 달리 말하면, 판데믹과 관련된 퍼즐조각을 조합해보려는 노력이다.

1부 '몰려드는 먹구름들'에서는 이 책의 주인공인 병원균microbe이 소개되고,[1] 이 유기체와 인간의 관계에 대한 역사가 자세히 다루어진다. 또한 우리를 위협하는 병원균들을 객관적인 관점에서 접근하여 병원균들의 방대한 세계를 살펴보려 한다. 또한 인간, 즉 우리 조상의 진화에서 중요하다고 여겨지는 몇몇 사건들을 자세히 분석하고, 역사적 자료가 완벽하지는 않지만 그 자료들을 바탕으로 여러 사건들이 인간과 병원균 간의 상호관계에 어떻게 영향을 미쳤는지 일련의 가정을 세워보려 한다.

2부 '공포의 판데믹 시대'에서는 근래 들어 판데믹의 상황을 유난히 자주 맞을 수밖에 없는 이유가 무엇이고, 이런 유행병들에 어떻게 대처해야 하는지를 살펴볼 것이다. 끝으로 3부 '바이러스 사냥'에서는 '판데믹의 예방'이라는 매혹적인 신세계를 설명하려 한다. 판데믹이 세계적인 악몽이 되기 전에 판데믹을 박멸할 수 있는 범세계적인 면역체계를 만들기 위해 노력하는 과학자들을 소개할 것이다. 그 과정에서 우리는 중앙아프리카의 외딴 수렵 마을들을 둘러보고, 보르네오에서는 말라리아에 감염된 야생 오랑우탄들을 조사하며, 첨단 유전자 서열결정 도구들이 새로운 바이러스를 찾아내는 방법을 어떻게 바꿔놓을 수 있는지 알게 될 것이다. 그리고 실리콘밸리의 회사들이 향후에 돌발적으로 발생하는 판데믹을 조기에 탐지할 수 있는 방법을 어떻게 완전히 바꿔놓으려 하는지도 살펴볼 것이다.

직접 자신을 치료하는 동물들

이쯤에서, 내가 어떤 이유 때문에 전염병의 연구에 평생을 바치기로 결심했는지 궁금한 독자가 있을 것이다. 세상을 구하고 싶어서? 이런 욕망이 전혀 없다고 말할 수는 없지만, 인간을 대거 쓸어버릴 가능성을 지닌 미지의 보이지 않는 존재를 찾아내려는 과학적 전율감일 수도 있다. 인간의 복잡한 생태계를 일부라도 자세히 알고 싶은 욕심이나, 이런 새로운 바이러스가 가끔 출몰하는 이국적인 곳을 탐험하고 싶은 충동 때문인지도 모른다. 지금은 판데믹을 이해하고 저지하는 데 전념하고 있긴 하지만, 과거에도 그랬던 것은 아니다. 병원균과의 싸움은 내가 중앙아프리카에서 야생침팬지들을 상대로 시행하려던 연구의 작은 각주에서 시작됐다.

어렸을 때 인간이 원숭이보다 유인원과 더 밀접한 관계에 있다는 걸 설명하는 내셔널 지오그래픽 다큐멘터리를 본 적이 있다. 이때부터 나는 유인원에 대한 평생의 관심을 갖게 되었던 것 같다. 원숭이는 인간의 먼 사촌이고, 인간과 유인원은 형제인 걸 보여주는 계통도는, 언젠가 디트로이트 동물원에서 이 동물들이 똑같이 '원숭이 집'에 갇혀 있는 걸 보았던 내 기억과는 완전히 달랐다. 우리 인간은 우리 밖에 있었고, 그들은 우리 안에 있었다. 유인원과 인간이 밀접한 관계에 있다는 다큐멘터리에 어찌나 충격을 받았던지, 내 아버지의 말씀에 의하면 나는 그 후로 며칠 동안 네 발로 집 안을 기어 다녔고, 말을 하지 않으면서 어떻게든 의사를 식구들에게 전달하려고 애썼다고 한다. 여하튼 내 내면의 유인원을 끌어내려 애썼던 것이다.

유인원에 대한 내 관심은 유치한 호기심에서 진화되어, 인간의 가장 가까운 친척이 인간에게 무엇을 말해주는지 알아내려는 지적인 연구로 발전했다. 처음에는 유인원이라는 동물에 대한 막연한 관심으로 시작된 연구였지만, 점차로 침팬지, 그리고 그보다 알려진 형제 보노보에 대한 관심으로 좁혀졌다. 침팬지와 보노보는 생명의 나무에서 인간과 같은 가지에 속한 유인원이다. 친척관계에 있는 두 유인원과 공통조상에서 분리된 이후, 그 오랜 시간 동안 우리 정신과 몸과 세계는 어떻게 달라졌을까? 우리 모두는 어떤 면에서 아직도 똑같을까?

이런 지적 관심이 커지자, 그 유인원들이 자연환경에서 살아가는 모습을 직접 관찰하고 싶었다. 그들의 실제 모습을 직접 관찰하려면 중앙아프리카 열대우림까지 달려가 그들을 추적해야 했다. 하버드 박사과정에 입학해서 연구 프로그램을 선택해야 했을 때, 나는 주저없이 리처드 랭엄Richard Wrangham과 마크 하우저Marc Hauser가 진행하는 연구 프로그램을 선택했다. 두 사람 모두 저명한 영장류 동물학자였다. 첫해 나는 랭엄 교수를 찾아가, 우간다 남서부의 키발레 숲에서 수년 전부터 진행 중인 야생침팬지 무리 연구에 내가 합류해야 하는 이유를 장시간에 걸쳐 설득했다.

나는 키발레 국립공원에서 서식하는 침팬지들의 자기치료적 행동을 자세히 기록하겠다는 연구 제안서를 제출했다. 침팬지들이 그들 세계에서 전염되는 질병 치유를 위해 특수한 약효를 지닌 식물을 사용한다는 생각은 당시까지만 해도 하나의 가정에 불과했다. 하지만 연구 의욕을 자극하기에는 충분한 가정이었다. 더구나 1년 전에 옥스퍼드대학교 자연사박물관, 그중 동물의 자기치료에 대한 전시관에서 일하며 이 가정을 연구한 터였다.

옥스퍼드대학교 자연사박물관은 고딕 성당 양식으로 지어진 19세기의 웅장한 건물이다. 하지만 종교보다는 자연사를 보여주는 성전이란 점을 강조하기 위해 포유동물의 뼈대를 모방한 철골구조로 되어 있다. 박물관에는 유명한 비글 호로 여행했던 찰스 다윈이 수집한 딱정벌레들을 비롯해 특이한 수집품들이 많이 전시돼 있다. 다윈의

자연계에서 차지하는 인간의 위치를 사색하기에 안성맞춤인 옥스퍼드대학교 자연사박물관 내부

혁명적인 저서 《종의 기원》이 출간되고 7개월 후에, 토머스 헉슬리와 새뮤얼 윌버포스가 자연선택을 주제로 유명한 토론을 벌였던 곳도 바로 이곳이었다. 따라서 옥스퍼드 자연사박물관은 자연계에서 차지하는 인간의 위치를 사색하기에 안성맞춤인 곳이다.

나는 저명한 진화생물학자 윌리엄 도널드 해밀턴William Donald Hamilton과 그의 동료이자 기생충을 없애기 위한 동물들의 행동을 연구하는 전문가 데일 클레이턴Dale Clayton의 지도를 받아 작업을 진행했다. 말벌부터 알래스카 불곰에 이르기까지, 겉으로는 공통점이 전혀 없어 보이는 동물들이 식물에서 얻은 화합물을 이용하여 자신의 몸에 기생하는 해로운 생물을 제거하는 공통점을 보여주었다. 자기치료는 동물의 왕국에 만연된 일반적인 현상인 것이었다.

내가 우간다에서 침팬지를 연구하기 시작하자, 교수들은 침팬지가 식물을 이용해 자신을 치료한다는 가정이 성립하려면 침팬지가 전염성 질환을 이해하고 있다는 설득력 있는 증거를 찾아내야 할 것이라고 조언해주었다. 다시 말해서, 침팬지가 특정한 약용식물을 사용해서 특정한 질병의 유해성을 줄인다는 걸 입증하지 못하면 내 주장은 기껏해야 추측에 불과했다. 따라서 어떤 감염성 질환들이 침팬지를 괴롭히는지를 알아내야 했다.

당시 나는 병원균에 대해 아는 것이 거의 없어, 하버드대학교 보건대학원 교수인 앤디 스피엘먼Andy Spielman에게 도움을 청했다. 스피엘먼은 당시 자연계의 병원균 생태계를 연구하는 데 전념하던 몇 안 되는 학자였다. 그의 실험실은 연구원들과 학생들로 늘 북적거렸다. 아프리카의 야생 세계보다 북아메리카 지역을 주로 연구해온 그이지만, 이때만큼은 기꺼이 나를 연구 보조원으로 받아주었다. 덕분에 침팬지의 전염병에 대해 그때까지 알려진 정보들을 본격적으로 연구하기 시작했다. 병원균에 대한 연구를 시작한 후로 한 번도 뒤돌아보며 후회하지 않았다. 그렇게 나는 바이러스 연구에 집중할 수 있었다.

바이러스는 지구에서 어떤 유기체보다 빠른 속도로 진화하지만, 다른 생명체에 비해 바이러스에 대한 우리의 이해는 상당히 부족한 편이다.[2] 바이러스를 연구하면 새로운 종의 발견이 가능하다. 따라서 내가 옥스퍼드에서 지낼 때 완전히 매료되었던 19세기 박물학자들의 세계를 떠올려주는 방식으로 그 종들을 분류할 기회가 늘어난다. 과학자가 영장류의 새로운 종을 찾아 평생 땀 흘려 연구해도 아무런 소득을 거두지 못하기 십상이지만, 바이러스에서는 매년 새로운 것이 발견된다. 바이러스는 세대가 무척 짧기 때문에 진화 과정이 실시간으로 관찰될 정도이다. 따라서 진화과정을 연구하려는 학자들에게 바이러스는 이상적인 연구대상이 아닐 수 없다. 더구나 일부 바이러스는 인간을 죽음으로 몰아가기 때문에, 나 같은 젊은 과학자에게는 바이러스가 중요하면서도 화급하게 해결해야 할 과제이며, 상대적으로 쉽게 목적을 달성할 수 있는 분야이다. 따라서 새로운 바이러스를 발견하면 우리는 자연을 더 깊이 이해하고 인간의 질병을 신속하게 통제하는 데 적용할 수 있다.

치사율에 대하여

캅탄이 H5N1으로 사망한 소식이 전해진 2004년 초, 인간질병의 확산 통제가 보건당국의 가장 큰 관심사였다. 캅탄의 죽음은 태국에서 이른바 조류독감이 사인으로 확인된 최초의 사례였다. 그러나 모든 인간 인플루엔자 바이러스가 궁극적으로 조류에서 기원하지만 다른 동물을 통해 인간에게 전염될 수도 있다. 따라서 캅탄에게 죽음을 안긴 바이러스를 '조류독감'이라 일컫는 현상이 과학자들은 마뜩잖을 수 있다. 하지만 한 달이 지나지 않아 조류독감이란 이름이 뉴스에서 빈번히 거론되었고, 세계 전역에서 많은 사람의 화젯거리가 되었다. 그러나 우리가 이 바이러스에 주목해야 할 진정한 이유는 치사율에 있다.

캅탄의 사망 원인으로 지목된 바이러스는 과학적 명칭, HPAIA$_{H5N1}$라고 말해야 바이러스 학자들에게는 금방 이해가 된다. 달리 말하면, HPAIA는 '고병원성 조류 인플루엔자 A형$_{Highly\ Pathogenic\ Avian\ Influenza\ A-type}$' 바이러스의 약어로, 특이한 혈구응집소$_{hemagglutinin,\ H}$와 뉴라미니다아제$_{neuraminidase,\ N}$라는 단백질 변이체가 이 바이러스 계통에 있다는 의미가 담겨 있다.

H5N1은 치사율이 눈에 띄게 높기 때문에 중요하게 들여다봐야 한다. H5N1의 치사율, 즉 감염된 환자의 사망률이 거의 60퍼센트에 이른다. 병원균치고는 엄청나게 높은 치사율이다. 비교를 위해서, 1918년에 세상을 휩쓴 인플루엔자 판데믹을 생각해보자. 정확한 통계는

아니지만 1918년의 판데믹으로 약 5,000만 명이 사망한 것으로 추정된다. 이는 당시 세계 인구의 3퍼센트에 해당되는 숫자로, 거의 상상을 초월하는 재앙이었다. 구체적으로 말하면, 20세기에 일어난 모든 전쟁에서 전사한 군인들을 모두 합한 총계보다 1918년의 판데믹으로 사망한 사람이 많다는 사실이다. 직경이 100나노미터에 미치지 못하고, 11개의 하찮은 유전자로 이루어진 단순한 바이러스에 의해 사망한 사람의 수가, 1차대전과 2차대전 및 온갖 전쟁으로 찌든 21세기에 전쟁으로 사망한 군인의 수보다 많았다. 1918년의 전염병은 극악무도하기 이를 데 없었지만, 최고로 추정한 치사율이 겨우 20퍼센트 내외였다. 하지만 실제로는 그보다 훨씬 낮았을 것이며, 신중하게 계산한 추정치는 2.5퍼센트 남짓에 불과하다.[3] 그런데 H5N1의 치사율은 무려 60퍼센트이다. 1918년 판데믹의 원인이었던 인플루엔자 바이러스의 치사율과는 비교가 되지 않을 정도로 높다.

그러나 이런 치사율은 언론에서 자주 언급되는 극적인 화젯거리이지만, 미생물학자들에게 치사율이란 하나의 퍼즐조각에 불과하다. 실제로 감염된 모든 사람을 실질적으로 죽이는 병원균도 적지 않다. 치사율이 그야말로 100퍼센트인 셈이다. 하지만 그런 병원균들이 인간에게 반드시 중대한 위협거리가 되는 것은 아니다. 상당수의 포유동물을 자연 상태에서 감염시키는 광견병 바이러스, 아시아 원숭이의 일부 종에서 발견되는 헤르페스 B 바이러스 등과 같은 바이러스들에 감염된 사람은 100퍼센트 사망한다.[4] 하지만 광견병에 걸린 동물을 가까이하지 않거나, 아시아 원숭이들을 데리고 일하지 않는 사람은 이런 병원균들을 걱정할 필요가 없다. 그 병원균들은 인간에서 인간으로 전이되지 못하기 때문이다. 병원균이 파국적인 재앙으로 발전하려면, 인간을 해치거나 죽이는 잠재력과 확산되는 잠재력을 동시에 갖춰야 한다.

2004년 초에는 H5N1이 어떻게 확산되는지 정확히 알지 못했다. 다만 H5N1이 인플루엔자 바이러스들처럼 확산되는 바이러스 부류에 속하기 때문에, 그런 부류와 비슷할 것이라고만 생각하는 정도였다. 그러나 만약 H5N1이 1918년의 인플루엔자 바이러스와 같은 방식으로 확산되었다면, 인류 역사에서 전에 없었던 대참사가 벌어지고 말았을 것이다.

H5N1은 치사율이 엄청나게 높지만, 흔히 돼지독감이라 불리는 H1N1은 확산 속도가 엄청나게 빠르다.[5] H1N1 판데믹이 언제 시작되었는지는 누구도 정확히 모르지만, 처음 인지되고 1년을 조금 앞둔 2008년 8월 세계보건기구는 H1N1 바이러스에 20억이 넘는 사람이 감염될 수 있다는 추정치를 발표했다. 20억이라면 전 세계 인구의 3분의 1에 가까운 수였다. 이런 자연재앙을 과장해서 발표하지는 않았을 것이다. 시각적으로는 다른 형태의 자연재해보다 덜 극적이었지만, 세계 전역에서 인간에게 영향을 미치는 이런 현상에서 자연의 막강한 힘을 새삼스레 실감할 수 있었다. 2009년 초에 소수의 사람만을 감염시킨 바이러스가 1년도 안 되는 시간에 지구 한 바퀴를 돌아, 세계 인구의 거의 3분의 1을 감염시켰다. 전 세계의 보건당국들이 확산을 막기 위해 전력을 다한 노력이 별다른 효과를 거두지 못했다는

뜻이었다. 하지만 H1N1의 치사율은 1퍼센트에 훨씬 못 미치는 것으로 추정된다. 엄청난 치사율 때문에 '글로벌 킬러global killer'라 불리는 H5N1에 비하면 무시해도 좋을 만한 치사율이다. 그래도 20억의 1퍼센트이면 상당한 수이다.

판데믹의 돌발적 발생이 얼마나 위협적인지 정확히 이해하기 위해서, 역학疫學에서 R_0, 즉 '기본감염재생산수basic reproductive number'라 일컬어지는 개념을 잠깐 살펴보자. 어떤 유행병에서나 R_0는, 누구에게도 면역이 없고 통제를 위한 노력도 없는 조건에서 한 사람의 감염자가 직접 감염시킬 수 있는 평균 인원수를 가리킨다. 어떤 유행병에서 한 사람의 감염자가 평균 한 명 이상을 감염시킨다면, 그 유행병은 확산될 가능성이 있다. 반면에 한 사람의 감염자가 평균 1명 미만을 감염시킨다면, 그 유행병은 점차 사그라질 것이다. 유행병학자들은 R_0라는 개념을 이용해서, 확산될 가능성을 지닌 유행병과 저절로 소멸될 가능성이 높은 유행병을 구분한다. 요컨대 R_0는 확산 가능성을 판단하는 기준이다.

위험 해석은 정책입안자에게나 일반대중에게나 사소한 문제가 아니다. H5N1과 H1N1 모두에서 백신을 개발하고 전염 속도를 억제하기 위한 노력을 서두르지 않았다면, 그로 인한 희생이 범세계적인 재앙으로 발전할 수도 있었다.

병원균은 위험할 정도로 역동적이다. 달리 말하면, 병원균은 정체 상태로 존재하지 않는다. 따라서 치명적인 조류독감인 H5N1이 돌연변이를 일으켜서 효과적으로 전파되는 능력을 갖추게 된다면, 그 결과는 그야말로 파국일 것이다. 시각적으로는 덜 비극적이겠지만, 엄청난 지진이 닥친 후에 시체가 즐비한 공원을 걷는 기분과 똑같을 것이다. 또한 급속도로 전파되는 돼지독감인 H1N1의 독성이 조금이라도 증가한다면 치사율까지 놀랍도록 증가할 것이다. 이런 시나리오가 전혀 불가능한 것은 아니다. 1장에서 자세히 살펴보겠지만, 인플루엔자를 비롯한 많은 바이러스가 인간 숙주라는 환경과 타협하는 놀라운 능력을 지녔다. 바이러스들은 신속하게 돌연변이를 일으키며, 심지어 유전자 재편성reassortment이라 일컬어지는 과정을 통해 자기들끼리 유전자를 교환하기도 한다.

2009년, 나는 물론이고 많은 과학자들이 이런 유전자 재편성을 우려했다. H1N1 바이러스가 세계 곳곳에 폭발적으로 확산되면서, 동시에 사람이나 동물의 체내에서 H5N1을 만난다면 천지개벽을 일으킬 가능성이 적잖이 있기 때문이다. 과학자들은 조기에 이런 가능성을 알아내어 돌연변이를 일으킨 바이러스들이 확산되는 걸 신속히 차단해야 한다. 만약 어떤 사람이나 동물이 두 인플루엔자 바이러스에 동시에 감염된다면, 그는 효과적인 혼합용기mixing vessel가 되어, 바이러스들이 유전자를 교환할 최적의 기회를 제공할 수 있다.

어떻게 그런 교환이 가능할까? 일종의 유성생식으로 H5N1과 H1N1이 생산하는 모자이크 딸-바이러스는 양쪽 모두의 유전자를 지닐 수 있다. 이런 유전자 재편성은 유사한 성격을 지닌 바이러스들에 의해 복합적으로 감염된 개체에서 얼마든지 일어날 수 있다. 이러한 경우에는 모자이크 딸-바이러스가 H1N1에서는 확산성을 물려받고,

H5N1으로부터 치사율을 물려받는다면, 결국 지독한 치사율을 지닌 채 엄청난 속도로 확산되는 바이러스가 될 것이다. 우리가 가장 두려워하는 시나리오가 아닐 수 없다.

판데믹의 예방이라는 성배

판데믹에 대한 신속한 대응은 지난 100년 동안 세계보건정책의 핵심적 과제였다. 소수이지만 목소리가 큰 과학자들과 나는 백신을 확보하고 치료약을 개발하며 행동방식을 수정하는 정도로 판데믹에 대응해서는 안 되며, 그 이상의 대책을 마련해야 한다고 주장해왔다. 인간면역결핍바이러스Human Immunodeficiency Virus, HIV에서 확인되었듯이, 그런 전통적인 대응 방식은 실패작이라는 게 이미 입증되었다. HIV는 처음 발견되고 거의 30년이나 흘렀지만 여전히 확산되고 있으며, 최근의 통계에 따르면 3,300만 명 이상이 감염되었다고 하지 않는가.

그러나 HIV가 확산되기 전에 우리가 그 바이러스의 존재를 미리 알아냈다면 어떻게 되었을까? HIV는 광범위하게 확산되기 50년 전부터 인간의 몸에 존재했었다. HIV는 확산되기 시작해서 25년이 지난 후에야 프랑스 과학자 프랑수아즈 바레 시누시Francoise Barre-Sinoussi와 뤼크 몽타니에Luc Montagnier에 의해 발견되었고, 그들은 그 공로로 노벨상을 받았다. 만약 HIV가 중앙아프리카를 떠나기 전에 우리가 발견해서 그 확산을 억제했다면, 지금 세상이 얼마나 달라졌겠는가.

언젠가 우리가 판데믹을 예측할 수 있을 거라는 예상은 무척 새롭고 획기적인 생각이다. 나는 약 10년 전 존스홉킨스대학교 돈 버크Don Burke의 연구실에서 그런 얘기를 처음 들었다. 퇴역한 군의관인 버크는 월터리드 육군연구소Walter Reed Army Institute of Research, WRAIR에서 질병을 통제하기 위한 한층 전통적인 대응 방식을 연구하는 데 평생을 바친 세계적으로 유명한 바이러스 학자였다. 존스홉킨스대학교 블룸버그 보건대학원 교수로 자리를 옮긴 버크는 그보다 수년 전에 나를 박사후과정 연구원으로 고용한 적이 있었다. 내가 박사학위 논문을 끝내가고 있었을 때였다. 이때의 논문은 보르네오 북부의 열대우림에서 모기를 비롯해 피를 빨아먹는 벌레들의 도움을 받아 병원균이 영장류들 사이에서 이동하는 경로를 연구한 것이다.

내 행방을 찾을 수 없었던 버크는 미시간에 살고 있는 어머니에게 전화를 걸었다. 당시 나는 열대우림을 샅샅이 뒤지고 다닐 때였고, 어쩌다 연구기지에 들르면 어머니에게 안부전화를 하곤 했다. 그날 내가 전화하자 어머니는 육군 '장군'이 전화를 걸었다며 또 무슨 말썽을 부렸느냐고 잔소리를 해댔다. 다행히도 버크가 나를 찾은 이유는 다른 데에 있었다. 바이러스가 동물들로부터 인간에게 어떻게 이동하는지 조사하는 프로젝트를 진행하려고 하는데, 나에게 중앙아프리카에서 실시하는 이 프로젝트를 도와줄 수 있겠느냐는 질문이었다.

그 후 수년 동안 버크와 나는 중앙아프리카와 아시아에서 새로운 병원균을 찾아내는 조사방법을 꾸준히 구축해가는 동시에, 현장에서 그리고 볼티모어의 연구실에서 수많은 대화를 나누었다. 과학적인 문제를 두고 걸핏하면 맥주 내기를 했고, 우리 연구 분야의 미래에 대한 어려운 문제들에 대해 고민하기도 했다. 지금도 기억이 뚜렷한데, 어느 날 버크는 앞으로 판데믹에 대응하는 차원을 넘어 예측하는 시대가 올 거라고 말했다. 대담하지만 논리적인 생각이었다. 그래서 우리는 판데믹의 예측이 가능할 때 기대할 수 있는 변화에 대해 생각해보기 시작했다. 당시 그와 나눈 대화들은 지금 내가 동료들과 함께 시행하는 직업의 기초가 되었다. 우리는 새로운 병원균이 세계적 규모의 판데믹으로 발전하기 전에 지역적인 차원에서 이 병원균을 포착하는 것을 목표로 하고 있다. 그러기 위해서 세계 전역의 병원균 빈발 지역에 정보수집초소를 설치해 운영하고 있다.

우리가 수집한 정보 중에는 H5N1과 H1N1 같은 신종 인플루엔자 바이러스들이 적지 않다. 안타깝게도 세상 사람들은 이러한 바이러스의 위협에 금세 무관심해지고, 이를 심각하게 생각하지 않는다. 언론의 관심도 바이러스의 위협에 금방 시들해진다. 하지만 H5N1과 H1N1은 박멸되지 않아, 그 바이러스들이 다시 창궐하면 처음 인지되었을 때만큼이나 인간에게 엄청난 위협을 줄 것이다. H5N1과 H1N1은 지금도 어딘가에서 인간을 감염시키고 있다. 예컨대 언론에서 완전히 잊힌 지 수년이 지난 2009년에도 H5N1에 감염된 사례가 적어도 73건이나 실험실에서 확인되었다. 실제 감염된 사례에 비하면 턱없이 적은 수인 게 거의 확실하며, 2008년에 확인된 감염숫자와 크게 다르지 않았다. H1N1에 감염된 사례도 확산되고 있는 듯한데,

가령 우리가 정보수집초소를 설치한 열대우림의 외딴 지역에서도 H1N1이 발견되었다.

1만 달러 이하로 인간 게놈 전체의 배열 순서를 정리하고, 휴대폰을 지상 어디에서나 사용할 만큼 거대한 텔레커뮤니케이션 기반시설이 조만간 구축될 시대에 우리가 살고 있긴 하지만, 놀랍게도 판데믹과 그 원인인 병원균에 대해 아는 것은 거의 없는 실정이다. 게다가 판데믹이 작은 마을에서 대도시로, 다시 세계 전역으로 확산되기 전에 이를 미리 예측하고 예방하는 방법에 대해서는 더더욱 아는 것이 없다. 2부에서 살펴보겠지만, 앞으로 인간과 동물 간의 교류가 꾸준히 증가할 것이므로 판데믹의 빈도도 더욱 증가할 것이다. H5N1의 치사율과 H1N1의 확산력을 지닌 모자이크 바이러스, 되살아난 사스(Severe Acute Respiratory Syndrome, SARS, 중증급성호흡기 증후군), HIV 같은 새로운 레트로바이러스, 우리를 기습적으로 공격할지도 모를 신종 병원균 등의 위협은 앞으로 더욱 커질 것이다. 인간들을 죽음에 몰아넣을 정도로 괴롭힐 것이며, 지역경제까지 파괴해서 최악의 화산 폭발, 허리케인, 지진 등 우리가 상상하는 것보다 훨씬 더 가혹하게 인류를 위협할 것이다.

이러한 바이러스의 폭풍이 조만간 닥칠 듯하다. 이 책의 목적은 그 폭풍을 이해하는 데 있다. 요컨대 판데믹의 특징을 연구해서, 판데믹이 어디에서 시작되어 어떤 방식으로 진행되는지 파악하는 데 있다. 그러나 나는 미래를 암울하게만 그리지는 않을 것이다. 바이러스를 처음 발견하고 100년이 지난 지금까지, 인간은 바이러스를 꾸준히 연구해왔고 적잖은 성과를 거두었다. 아직 많은 과제가 남아 있지만 우리 시대에 이루어낸 수많은 첨단 테크놀로지를 이용한다면, 기상학자들이 허리케인의 진로를 예측하듯이 판데믹을 예측하는 수단을 고안해낼 수도 있을 것이다. 더 나아가서는 판데믹의 발생 자체를 예방할 수도 있을 것이다. 이런 목표가 현대 보건정책의 성배聖杯이다. 뒤에서 확인하겠지만, 그 성배는 멀지 않은 곳에 있다.

제1부

몰려드는 먹구름들

THE VIRAL
STORM

바이러스 행성

마르티누스 베이에링크Martinus Beijerinck, 1851~1931는 신중한 사람이었다. 그의 모습이 담긴 몇 안 되는 사진 중에 그가 네덜란드 델프트 실험실에 앉아 있는 사진 한 장이 있다. 1921년경 그가 달갑지 않은 은퇴를 며칠 앞두고 찍은 사진이다. 안경을 쓰고 양복을 깔끔하게 차려입은 그는 현미경, 여과기, 시약병들과 평생을 함께한 사람으로 기억되고 싶은 듯하다. 베이에링크에게는 남다른 믿음이 있었는데, 그중하나가 '결혼과 과학은 양립할 수 없다'는 생각이었다. 또한 한 자료에 따르면 학생들에게 독설을 퍼붓기로 유명한 사람이었다. 이 괴팍하고 무뚝뚝한 사람은 생물학의 역사에서 거의 잊힌 사람이지만, 지상에서 가장 다양한 형태를 띤 생명체를 처음으로 발견해낸 핵심적인 연구를 시도했다.

베이에링크가 19세기 말에 관심을 기울였던 여러 연구 중에는 담배 잎의 성장을 저해하는 질병이 있었다. 담배모자이크병으로 인한 수확 감소 때문에 파산한 담배상인 데르크 베이에링크의 막내아들이 바로 그 자신이었다. 어린 담배가 담배모자이크병에 걸리면 잎이 변색되어 독특한 모자이크 무늬가 형성되고 성장 또한 급격히 느려진다. 특히나 자신이 미생물학자였기에, 그는 아버지의 사업을 수렁에 밀어넣은 질병의 불분명한 원인을 파헤치지 못해 십중팔구 좌절했을 것이다. 모자이크병도 다른 감염증처럼 전염되고 확산되었지만, 현미경으로 분석해도 그 병의 원인이라 할 만한 박테리아는 발견되지 않았다. 베이에링크는 미립자용 자기瓷器 여과기를 이용해서 모자이크병에 걸린 담배 잎에서 수액을 걸러냈다. 이런 치밀한 여과를 거친

담배모자이크병의 원인을 밝히는 데 평생을 바친 네덜란드의 생물학자 마르티누스 베이에링크

후에도 수액에는 건강한 담배를 병들게 하는 뭔가가 남아 있었다. 당시 생각대로 모자이크병의 원인이 박테리아라면, 박테리아는 너무 커서 그런 미세한 여과기를 통과할 수 없어야 했다. 다른 무엇이 모자이크병의 원인인 게 분명했다. 당시에 살아 있는 생명체로 인정되던 그 어떤 것보다도 훨씬 작은 미지의 물질인 게 분명했다.

대다수의 동료는 모자이크병의 원인이 되는 어떤 박테리아가 결국 발견될 거라고 믿었지만, 베이에링크는 무언가 새로운 형태의 생명체가 담배모자이크병의 원인인 게 확실하다는 결론을 내렸다.[1] 그는 이 새로운 생명체를 '바이러스'로 명명했다. 라틴어로 독을 뜻하는 단어였다. '바이러스'란 단어는 14세기부터 존재했지만, 오늘날 바이러스에 해당되는 병원균을 가리켜 이 단어를 사용한 것은 그때가 처음이었다.[2] 흥미롭게도 베이에링크는 바이러스를 '살아 있는 액성 전염물질contagium vivium fluidum'이라 칭하면서 바이러스가 실제로 액성일 거라고 생각했다. 이런 이유에서 베이에링크는 그 '액성'을 강조하기 위해 바이러스, 즉 독이란 용어를 사용했다. 바이러스의 특성은 소아마비와 구제역 바이러스를 연구하기 시작한 때에야 제대로 확립되었다.

베이에링크 시대는 현미경이라는 새로운 세계가 과학자들 앞에 펼쳐지기 시작한 때였다. 한층 개선된 현미경을 통해 관찰하고, 점점 정교해지는 여과기를 사용함으로써 미생물학자들은 오늘날까지 우리를 놀라게 하는 사실을 깨달아갔다. 인간의 감각으로는 느끼지도 못하고 보지도 못하는 미생물의 세계, 놀랍도록 다양하고 광활한 보이지 않는 세계가 존재한다는 것이다.

나는 지금 스탠퍼드대학교에서 '바이러스 라이프스타일'이라는 세미나식 강의를 맡고 있다. 강의 제목은 전도유망한 학생들의 호기심을 자극할 목적으로 결정되었지만, 바이러스의 관점에서 세계를 관찰하는 법을 가르치겠다는 강의 목표 중 하나도 간접적으로 전달하고 있다. 바이러스를 비롯한 여타 병원균을 이해하기 위해서, 또 그런 병원균이 판데믹을 일으키는 과정을 알아내기 위해서는 먼저 병원균의 관점에서 이해할 필요가 있다.

나는 강의 첫날 학생들에게 다음과 같은 사고실험thought experiment을 실시한다. 어떤 병원균이라도 인식해낼 수 있는 강력한 안경이 있다고 해보자. 온갖 병원균을 볼 수 있는 그런 마법의 안경을 쓰는 순간, 무척 역동적이고 완전히 새로운 세계가 곧바로 눈앞에 펼쳐진다. 바닥은 물론이고 벽까지 미세한 것들로 들끓을 것이고, 여하튼 모든 곳이 전에는 보이지 않던 생명체들로 우글거린다. 커피잔, 무릎과 무릎 위에 놓인 책의 표지 등 모든 것의 표면이 작은 벌레들로 뒤덮여 있다. 상대적으로 큰 박테리아가 훨씬 작은 병원균들과 뒤섞여 있다.

이런 외계의 군대는 어디에나 존재한다. 때로는 덩치가 가장 작은 군인이 가장 강력한 힘을 발휘한다. 병원균들 중에서도 가장 작은 녀석들이 생명의 그물에서 문자 그대로 한 가닥 한 가닥에 뭉쳐 있다. 그 가장 작은 녀석들은 지구상 어디에나 있어 감히 피할 수 없으며, 지구에 존재하는 온갖 종의 박테리아와 온갖 식물과 동물 및 균류를 감염시킨다. 19세기가 끝나갈 쯤에 베이에링크가 발견한 생명체가 바로 그 작은 녀석들이며, 병원균의 세계에서 가장 중요한 위치를 차지한다. 그 작은 녀석이 바이러스이다.

현미경과 함께 시작된 바이러스의 역사

바이러스는 두 가지 기본 성분으로 이루어진다. 하나는 유전물질인 RNA나 DNA이고, 다른 하나는 유전자를 보호하는 단백질막이다. 바이러스에는 스스로 성장하거나 생식할 수 있는 메커니즘이 없기 때문에, 자신들이 감염시킨 세포에 기생한다. 달리 말하면, 바이러스는 생존을 위해서 세포로 이루어진 생명체를 감염시켜야 한다. 바이러스는 생물학적 자물쇠와 열쇠 시스템을 이용해서 박테리아든 인간이든 할 것 없이 숙주세포를 감염시킨다. 바이러스의 단백질막에는 목표로 삼은 숙주세포의 벽에 있는 '자물쇠_{학계에서는 수용체라 부른다}'에 꼭 맞는 '열쇠'가 있다. 이 열쇠가 자신에게 꼭 맞는 세포 자물쇠를 찾아내면 그 세포 조직의 문이 열린다. 그럼 바이러스는 숙주세포에 들어가 세포 조직을 강탈해서 성장하고 번식한다.

지금까지 알려진 바에 따르면, 바이러스는 가장 작은 병원균이다. 만약 인간의 몸이 운동장 크기로 부풀려진다면, 전형적인 박테리아는 축구공 정도의 크기가 된다. 하지만 전형적인 바이러스의 크기는 축구공의 육각형 조각 하나 정도에 불과하다. 인간은 먼 옛날부터 바이러스의 영향을 받으며 살아왔지만, 바이러스는 발견하는 데 그처

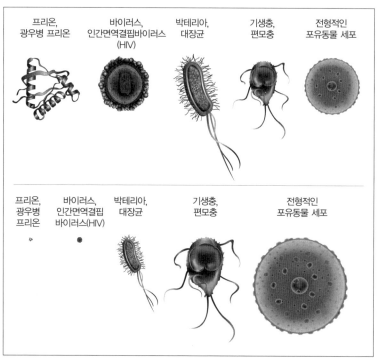

프리온,   바이러스,   박테리아,   기생충,   전형적인
광우병 프리온   인간면역결핍바이러스   대장균   편모충   포유동물 세포
                (HIV)

프리온,   바이러스,   박테리아,   기생충,   전형적인
광우병   인간면역결핍   대장균   편모충   포유동물 세포
프리온   바이러스(HIV)

병원균의 상세도(위)와 축적도(아래)

럼 오랜 시간이 걸렸다고 해서 놀라울 것은 없다.

　바이러스는 가장 다양한 형태를 지닌 생명체이지만, 약 100년 전
베이에링크에 의해 발견되지 전까지는 인간에게 철저히 감추어진 존
재였다. 박테리아가 어렴풋이나마 처음 발견된 때는, 안토니 판 레이
우엔훅Antoni van Leeuwenhoek, 1632~1723이라는 사람이 포목상들의 거울을 이
용해서 최초의 현미경을 제작한 약 400년 전이었다. 그 현미경을 이
용해서 레이우엔훅은 처음으로 박테리아를 보았다. 박테리아의 발견

은 근본적인 패러다임의 변화를 뜻했기 때문에, 영국 왕립협회는 그로부터 4년 후에야 그 보이지 않는 생명체가 레이우엔훅의 기발한 발명품이 만든 인공물만은 아니라고 인정했을 정도였다.

보이지 않는 생명체에 대한 인류의 과학적 이해는 안타까울 정도로 느릿하게 진전되었다. 지난 수천 년 동안 다른 주된 과학 분야에서 인류가 이루어낸 획기적인 발전에 비교하면, 보이지 않는 생명체에 대한 이해는 비교적 근래에야 이루어졌다. 예컨대 예수의 시대에 인간은 지구의 자전, 지구의 대략적인 크기, 지구에서 태양과 달까지의 거리 등을 이미 알고 있었다. 그 지식들은 우리가 우주에서 차지하는 위치를 이해하는 밑바탕이 되었다. 갈릴레오가 망원경을 사용해서 우주를 처음 관측한 때가 1610년이었지만, 레이우엔훅의 현미

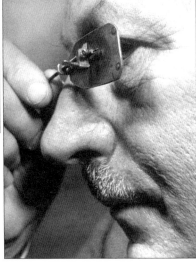

왼쪽: 레이우엔훅 현미경의 복제품, 17세기
오른쪽: 레이우엔훅 현미경을 사용하는 방법

경은 그로부터 50년 후에야 탄생했다.

레이우엔훅의 발견이 패러다임의 변화를 뜻한다는 말은 결코 과장이 아니다. 인류는 수천 년 전부터 행성과 항성의 존재를 알고 있었다. 하지만 보이지 않는 생명체와 그런 생명체의 편재성에 대한 이해는 현미경이 발명된 후에야 시작되었다. 새로운 생명체의 발견은 오늘날까지 계속 이어지고 있다. 가장 최근에 발견된 새로운 생명체는 프리온이다. 프리온을 발견한 과학자는 그 공로로 1997년에 노벨상을 받았다. 프리온은 세포도 없고, 지금까지 알려진 지상에 존재하는 모든 생명체가 자신의 청사진으로 사용하는 유전물질인 DNA나 RNA도 없는 기묘한 병원체이다. 하지만 프리온은 분명히 존속할 뿐만 아니라 끊임없이 확산되고 있다. 특히 광우병을 유발하는 병원균으로도 유명하다. 따라서 이제 지상에는 더 이상 새롭게 발견될 생명체가 남아 있지 않다고 말한다면 그보다 오만한 언행은 없을 것이다. 새롭게 발견되는 생명체가 있다면 십중팔구 보이지 않는 세계에 속한 생명체일 것이다.[3]

지상에 존재하는 생명체는 대략 두 부류로 나뉘어진다. 하나는 비세포생물이고, 다른 하나는 세포생물이다. 비세포생물에서 주로 알려진 존재가 바이러스이다. 한편 지상을 지배하는 대표적인 세포생물은 원핵생물이다. 박테리아와 그의 사촌격인 고세균이 여기에 속한다. 원핵생물은 적어도 35억 년 전부터 지구에서 살아왔다. 원핵생물은 무척 다양하며, 이들을 모두 합하면 지구의 생물량에서, 상대적으로 더 인지 가능한 세포생물인 진핵생물보다 훨씬 많은 양을 차지한다. 우리에게 친숙한 동물과 식물 및 균류는 모두 진핵생물이다.

생명체는 육안으로 보이는 생명체와 보이지 않는 생명체로도 분류할 수 있다. 우리 감각은 상대적으로 큰 생명체만을 인지할 수 있기 때문에, 생명체의 풍요로움을 고려할 때 약간의 편협성을 띤다. 박테리아와 고세균, 바이러스 및 극미한 진핵생물로 이루어지는 보이지 않는 생명체들이 실질적으로 지구를 지배하고 있기 때문이다. 만약 무척 높은 지능을 가진 외계 생명체가 지구에 착륙해서 다양성과 생물량을 기준으로 생물 백과사전을 편찬한다면, 백과사전의 절반 이상이 보이지 않는 세계에 할애될 것이다. 반면에 우리가 흔히 생물과 동일시하는 것들, 즉 균류와 식물과 동물은 서너 권의 얄팍한 책으로 끝날 것이다. 더구나 인간은 동물편에서 각주의 수준을 넘지 못할 것이다. 흥미로운 각주이겠지만, 여하튼 각주의 신세를 벗어나지 못할 것이다.

지상에 존재하는 병원균의 다양성을 도식화하려는 연구는 아직 초기 단계에 불과하다. 바이러스만을 고려해봐도 아직 알려지지 않는 것이 얼마나 많은지 대략 짐작할 수 있다. 모든 종류의 세포생물에는 최소한 한 가지 유형의 바이러스가 기생한다고 여겨진다. 요컨대 세포를 지닌 생물에는 어김없이 바이러스가 기생할 수 있다. 바이러스는 조류藻類, 박테리아, 식물, 벌레, 포유동물 등 모든 세포생물에서 살아갈 수 있고, 심지어 극미한 생명체에도 기생할 수 있다.

모든 종류의 세포생물에 하나의 바이러스만 존재하더라도 바이러스는 지상에서 가장 다양한 생명체가 된다. 인간을 비롯해 대다수의 세포생물에는 무척 다양한 종류의 바이러스가 기생하고, 이는 어디에서나 발견된다. 바다와 육지는 물론이고, 깊은 지하에서도 발견된다. 다양성을 기준으로 평가할 때 우리 지구를 지배하는 생명체는 미생물이라고 말할 수 있다.

지금까지 발견된 가장 큰 바이러스는 600나노미터에 불과한 '미니바이러스Minivirus'이다. 바이러스들은 원래 작다. 그러나 지금까지 발견된 바이러스의 숫자만으로도 생물학적으로 중요한 의미가 있다. 1989년 노르웨이 베르겐대학교의 외이빈 베르그Oivind Bergh와 그의 동료들은 전자현미경을 이용하여 1밀리리터의 바닷물에서 무려 2억 5,000만 개에 달하는 바이러스 입자를 찾아냈다는 혁명적인 논문을 발표했다.

반면에 다른 방법으로 바이러스의 생물량을 포괄적으로 측정하면 상상을 초월할 정도로 어마어마하게 크다. 한 측정치에 따르면 지상에 존재하는 모든 바이러스를 머리부터 꼬리까지 일렬로 늘어놓을 경우, 그 길이가 2억 광년을 넘어 은하수의 가장자리를 훨씬 넘어선다고 한다. 바이러스는 대체로 우리를 귀찮게 하는 세균으로 여겨지지만, 실제로는 과거에 이해했던 수준을 훌쩍 넘어 우리에게 상당한 영향을 미치는 역할을 한다. 과학자들은 이제야 그 역할을 이해하기 시작했을 뿐이다.

바이러스가 생존을 위해서 세포생물을 감염시켜야 하는 것은 사실이지만, 바이러스의 역할이 반드시 파괴적이거나 해로운 것은 아니다. 지구의 생태계를 구성하는 주된 요소들과 마찬가지로, 바이러스도 지구의 균형을 유지하는 데 중요한 역할을 한다. 이를테면 해양 생태계에 존재하는 박테리아의 20~40퍼센트가 매일 바이러스에 의해 죽임을 당한다. 그렇게 죽임을 당한 박테리아들이 아미노산, 탄소, 질소 등의 형태로 유기물질을 배출하는 중요한 역할을 한다. 이 분야에 대한 연구는 거의 없지만, 어떤 생태계에서나 바이러스가 '독점 파괴자' 역할을 해냄으로써, 즉 하나의 박테리아가 지나치게 지배적인 위치를 차지하는 걸 억제함으로써 생태계의 다양성이 유지된다고 여겨진다.

바이러스의 편재성을 고려할 때, 바이러스가 파괴적인 역할만을 한다면 그 결과는 끔찍할 것이다. 바이러스가 세포생물을 감염시켜 파괴하는 데만 그치지 않고 많은 세포생물에게 이득을 준다는 점에서 생태계에 얼마나 중요한 역할을 하는지는 향후의 연구에서 조금씩 밝혀질 것이다. 베이에링크가 처음 발견한 이후, 바이러스에 대한 연구의 대다수가 생명을 위협하는 바이러스에 집중된 이유는 충분히 이해된다. 똑같은 이유에서, 독뱀은 뱀의 세계에서 극히 일부에 불과하지만 우리는 독뱀에 대해 많은 것을 알고 있지 않은가. 3부에서 바이러스학의 미개척 영역을 살펴볼 때, 바이러스에서 기대할 수 있는 혜택까지 살펴보기로 하자.

확산 본능을 지닌 감염체

바이러스는 지금까지 알려진 모든 유형의 세포생물을 감염시킨다. 압력이 높은 지구의 상부지각에서 살아가는 박테리아든 인간의 간세포든, 바이러스에게는 모든 곳이 기생해서 살아가며 자손을 낳을 공간일 뿐이다. 바이러스나 다른 병원균의 관점에서 인간의 몸은 서식지에 불과하다. 숲이 새와 다람쥐에게 서식할 공간을 제공하듯이, 우리 몸은 병원균들이 살아갈 독립된 환경을 제공한다. 물론 병원균들이 인간의 몸이란 환경에서 생존하려면 많은 고난을 이겨내야 한다. 모든 생명체가 그렇듯이 바이러스도 생존을 위한 자원을 확보하기 위해서 서로 경쟁해야 한다.

바이러스는 우리 면역체계에게 끊임없이 저항을 받는다. 우리 면역체계가 바이러스의 침입을 저지하고, 어떻게든 침입한 바이러스를 억누르거나 죽이기 위해 온갖 전술을 구사하기 때문이다. 또한 바이러스는 끊임없이 생사의 갈림길에서 선택을 강요받는다. 구체적으로 말하면, 확산되어 우리 면역체계에게 생포되는 위험을 무릅쓸 것인가, 아니면 일종의 동면 형태로 잠복해서 자신의 안전을 지키지만 대신 후손을 포기하느냐 하는 선택의 갈림길이다.

단순헤르페스 바이러스에 의해 흔히 생기는 입술 헤르페스 등을 보면, 바이러스가 인간의 몸이라는 복잡한 서식지에서 기생할 때 겪는 어려움을 약간이나마 엿볼 수 있다. 단순헤르페스 바이러스는 신경세포에서 피난처를 찾는다. 신경세포는 우리 몸에서 특별히 보호

받는 위치에 있는데, 이는 면역체계로부터 피부와 입과 소화관의 세포와 같은 수준의 관심을 받지 못하기 때문이다. 하지만 헤르페스 바이러스가 확산되지 않고 신경세포 안에서만 머물면 꿈도 희망도 없는 지경에 이르기 마련이다. 따라서 헤르페스 바이러스는 때때로 신경세포의 신경절을 뚫고 얼굴까지 퍼져나가, 입술 헤르페스를 일으키며 다른 사람에게로 확산될 기회를 엿본다.

바이러스가 언제 어떻게 행동을 개시하느냐는 여전히 오리무중이지만, 어떤 결정을 내릴 때 주변의 환경적 변수들을 주기적으로 점검하는 게 거의 확실하다. 단순헤르페스 바이러스에 감염된 성인들 중 대다수는 스트레스가 입술 헤르페스의 원인 중 하나일 거라고 생각한다. 또 임신이 감염의 원인인 듯하다고 경험적으로 말하는 사람들도 있다. 이런 주장들은 아직 추측의 수준에 불과하지만, 바이러스가 극심한 스트레스나 임신으로 인한 환경적인 변화에 활발하게 반응한다고 해서 놀랄 것은 없다. 극심한 스트레스는 죽음의 가능성을 뜻할 수 있기 때문에 바이러스에게는 확산을 도모할 마지막 기회일 수 있다. 숙주의 죽음은 바이러스에게도 죽음을 뜻하기 때문이다. 한편 임신은 출산 과정에서, 혹은 출산 후에 필연적으로 뒤따르는 입맞춤 과정에서 아기와의 접촉을 통해 바이러스에게 확산될 기회를 제공한다.

숙주에서 숙주로의 전파는 어떤 감염체라도 본능적으로 바라는 것이며, 일부 감염체는 한 단계 더 나아간다. 예컨대 '플라스모디움 바이박스 히베르난스'라는 말라리아 원충은 계절까지 고려하는 듯하다. 단순헤르페스 바이러스보다 훨씬 큰 말라리아 원충을 비롯한 기생충은 바이러스나 박테리아와 같은 감염체이지만, 특히 이들은 진핵동물에 속한다. 따라서 바이러스나 박테리아보다 동물에 훨씬 가깝다. 모기를 통해 전파되는 플라스모디움 바이박스 히베르난스는 극지방의 기후에서도 끈질기게 생존한다. 그런 추운 지역에서는 계절적으로, 즉 모기들이 부화하는 짧은 여름 동안에만 모기를 감염시킬 수 있다. 이 말라리아 원충은 일 년 내내 후손을 생산하려고 에너지를 낭비하지 않고, 일 년 중 대부분의 시간을 인간의 간에서 잠복한 상태로 보낸다. 그러나 여름이 되면, 생기를 되찾아 후손으로 알을 낳고, 감염된 인간의 피를 통해 확산된다. 말라리아 원충을 깨우는 것이 무엇인지 아직 정확히 밝혀지지는 않았지만, 최근의 연구에 따르면 모기에 물리는 순간이 말라리아 원충에게 확산의 계절이 시작되었다는 걸 알리는 것으로 여겨진다.

바이러스와 그밖의 병원균들이 확산 시기를 결정하는 방법은 다른 유기체가 사용하는 선택 방법과 다르지 않다. 열대의 과일나무가 열매를 맺을 때나 물소가 짝짓기를 할 때나, 생물은 생식의 시기를 적절하게 선택해야 더 성공적으로 후손을 생산할 수 있다. 성공적인 후손 생산은, 생식의 시기를 정확히 결정하는 형질들이 존속되고 다양화된다는 뜻이다. 병원균이 우리 체내에서 확산의 시기를 어떻게 결정하느냐가 질병에 중대한 영향을 미친다.

인간을 감염시키는 병원균의 대다수는 상대적으로 해롭지는 않지만, 우리를 병들게 만드는 해로운 힘을 지닌 병원균들도 적지 않다. 병은 리노바이러스(코감기)나 아데노바이러스(호흡관 상부)에 의해 흔한 감기로 나타나기도 하지만, 때로는 천연두처럼 생명을 위협하는 질병으로 드러나기도 한다.

생명과 관련된 병원균들은 생존을 위해 기생하는 서식지 자체를 파괴하는 모순된 특성 때문에 진화생물학자들에게 예부터 연구과제였다. 어떤 새가 자신과 후손들이 살아가는 숲을 파괴하는 습성을 보이는 것과 유사하다. 하지만 진화는 주로 개체의 차원에서, 심지어 유전자의 차원에서 일어난다. 진화는 장래를 대비해서 계획적으로 일어나지 않는다. 따라서 바이러스가 막다른 길로 치닫는 식으로 확산되는 걸 막을 장치가 없다. 이런 바이러스로 인한 멸종은, 바이러스와 숙주가 궁극적으로 치러야 할 대가에는 아랑곳없이 바이러스가 온갖 생명체와 상호관계를 맺기 시작한 때부터 잠시도 끊이지 않았을 것이다.

바이러스의 관점에서는 질병이 전파에 미치는 영향이 더욱 중요하다. 서문에서 보았듯이, 과거에 감염된 생명체는 죽거나, 회복한 후에 멸종을 피하기 위해 병원균을 깨끗이 씻어낼 것이기 때문에 모든 병원균은 평균적으로 적어도 하나의 새로운 생명체를 감염시켜야 한다. 이른바 R_0, 즉 '기본감염재생산수'라는 법칙이다. 새로운 감염자의 평균수가 1 미만으로 떨어지면 병원균이 확산되지 않는다. 병원균은 숙주에서 숙주로 걸어갈 수도 없고 날아갈 수도 없기 때문에, 전략적으로 확산에 유리한 숙주를 선택하기 마련이다.

병원균의 관점에서는 어떤 병적 증상이 확산을 도모하기에 가장 적합한 수단일 수 있다. 병원균에 감염되면 우리는 기침을 하거나 재채기를 한다. 이런 증상 덕분에 병원균은 우리 호흡을 통해 확산된다. 설사를 하면 지역의 급수시설을 통해 병원균이 확산될 수 있다. 또 병원균으로 인해 피부에 염증이 생기면 피부접촉을 통해 확산된다. 이런 경우 병원균이 불쾌한 증상을 유발하는 이유는 명백하다. 그러나 불쾌한 증상과 치명적인 병원균은 별개의 것이다.

병원균에게는 숙주를 살려두고 새로운 병원균들을 재생산하는 상황이 가장 이상적이다. 이런 전략을 사용하는 병원균들이 있다. 예컨대 성행위가 왕성한 시기에 성인의 약 50퍼센트가 인간유두종 바이러스Human Papilloma Virus, HPV에 감염된다. 달리 말하면 세계 인구의 약 10퍼센트가 감염된다. 숫자로는 6억 5,000만 명으로 눈앞이 아찔할 정도이다. HPV의 일부 계통은 자궁경부암을 유발하지만 대부분은 그렇지 않다. 숙주를 사망에 이르게 하는 계통들은 오랫동안 숙주에 기생한 후에야 병리적 증상으로 나타난다. 암을 유발하는 HPV 변종을 억제하는 백신이 현재 보편적으로 사용되고 있지만, 무해한 HPV 계통들은 때때로 보기 흉한 사마귀로 발전하는 정도여서 여전히 방치되고 있다. 이런 바이러스들은 우리 목숨까지 위협하지 않아 효과적으로 확산될 수 있지만, 몇몇 바이러스는 놀라운 치사율로 우리 목숨을 위협한다.

바실루스 안트라시스Bacillus anthracis, 탄저균는 양과 소 같은 초식동물들이 간혹 인간을 감염시키는 박테리아 병원균으로, 감염된 생명체의 목숨을 신속하고 효과적으로 앗아가는 탄저병을 일으킨다. 풀을 뜯는 과정에서 포자 형태로 체내에 들어간 탄저균은 재활성화되어 급속도로 동물의 몸 전체로 확산되고, 감염된 동물은 갑자기 폐사한다. 그러나 숙주가 죽어도 탄저균에게는 종말이 아니다. 죽어가는 숙주의 에너지 자원을 이용해서 엄청난 수로 번식한 후에 탄저균은 포자 형태로 되돌아간다. 풀을 뜯는 숙주가 살아가는 초지의 공통된 특징인 바람이 포자들을 주변 지역으로 퍼뜨리면, 포자는 새로운 숙주가 찾아오기를 기다린다. 탄저균의 경우, 강인한 포자 덕분에 숙주의 죽음에 따른 부정적인 영향에서 벗어난다.

이런 상황은 포자를 형성하는 박테리아에게만 국한된 것이 아니다. 설사를 유발하는 콜레라 박테리아와 극심한 바이러스성 질환을 일으키는 천연두 바이러스는 짧으면 며칠, 길면 수주 만에 감염자를 죽일 수 있다. 그러나 죽음이 있기 전에, 그 치명적인 증상에서 수조 개의 병원균이 퍼져나가 새로운 희생자를 찾아 나선다. 인간의 죽음은 인간의 입장에서는 안타깝기 그지없는 결과이지만, 병원균의 관점에서는 새로운 숙주를 찾기 위한 노력의 결과에 불과하다.

병원균의 관점에서 병원균이 숙주에게 미치는 영향은 생존력과 번식력에 대한 평가일 뿐이다. 숙주를 교체하는 것은 시작에 불과하다. 일부 병원균은 우리 행동에도 영향을 주며, 자신들의 이익을 도모하기 위해서 우리를 좀비처럼 행동하게 만든다. 대표적인 예가 고양이 기생충인 톡소플라스마 곤디Toxoplasma gondii이다. 기생충학자들은 이를 톡소라고 줄여 부른다. 톡소는 인간부터 설치동물까지 광범위한 포유동물을 감염시킬 수 있지만, 생명주기는 고양이 배 속에 들어간 후에야 끝난다. 이 기생충은 엉뚱한 포유동물의 배 속에 들어가더라도 결국에는 고양이를 찾아가는 기막힌 방법을 알아냈다. 이 기생충이 감염된 설치동물의 신경계까지 어떻게 퍼져나가 뇌를 장악하는지 신중하게 추적한 연구보고서들이 있다. 이 기생충에 감염된 생쥐는 고양이를 피하며 상당한 시간을 보내지만, 얼마 후에는 고양이를 매력적인 상대로 보기 시작한다. 이런 치명적인 끌림은 생쥐에게 죽음을 뜻한다. 그러나 톡소 낭포囊胞는 생쥐를 잡아먹은 대가로 감염된 고양이의 체내에서 생명주기를 끝낸다.

정말로 치명적인 질병이라면 감염된 피해자를 죽음으로 몰아갈 개연성과, 감염된 피해자에게서 다른 피해자들에게로 전파되는 효율성 사이에서 균형점을 찾아야 한다. 두 가지를 모두 취할 수는 없다. 어떤 숙주에 기생하며 많은 병원균을 만들어내면, 그 병원균들이 퍼져나가 숙주를 해칠 가능성이 높아지기 마련이다. 따라서 병원균들은 때때로 무척 다양한 방법을 사용해서 숙주를 약탈한다. 숙주를 오랫동안 살려두어야 숙주를 이용해서 수개월 동안, 혹은 수년 동안 많은 피해자를 감염시킬 수 있기 때문이다. HPV 바이러스가 대표적인 예이다. 반대로 급속도로 퍼져 나가 죽음에 이르게 하는, 하루 만에 수십 명을 감염시키는 병원균들도 있다. 천연두와 콜레라가 대표적인 예이다.

지구의 마지막 미개척지, 병원균의 세계

작은 병원균이 숙주를 교체할 수도 있고 숙주의 행동에도 영향을 미칠 수 있다는 사실은, 병원균에게 조직적으로 행동하는 재주가 있다는 뜻이다. 과학자들이 다양한 종의 게놈을 정리하며, 그런 생명체들을 제대로 기능하게 조절하는 게놈 지도의 상대적 크기에 대한 정보까지 제공한 덕분에, 우리는 생명체의 재주가 무척 대단하다는 걸 조금이나마 짐작할 수 있다. 많은 세포생물의 게놈 수는 수십억 개에 달한다. 예컨대 인간에게는 약 30억 개의 염기쌍(유전정보 조각들)이 있고, 옥수수에는 약 20억 개의 염기쌍이 있다. HIV와 에볼라 바이러스처럼 유전정보로 DNA보다 RNA를 사용하는 바이러스들에게는 유전정보를 담은 염기쌍이 평균 약 1만 개 정도에 불과하다. 생물학적으로는 믿기 힘들 정도로 적은 숫자이다. 바이러스들이 숙주의 행동에 영향을 미치는 것처럼 복잡하기 이를 데 없는 힘을 발휘할 수 있는 이유는 말할 것도 없고, 이처럼 적은 양의 유전정보로 어떻게 자신을 복제할 수 있는지도 놀랍기만 하다.

바이러스는 상대적으로 적은 유전자의 한계를 극복하기 위해서 다양한 수법을 동원한다. 달리 말하면, 다양한 수법을 활용해서 게놈의 힘을 극대화한다. '중복판독틀overlapping reading frame'이란 현상이 가장 눈에 띄는 수법이다. 약 1만 3,000개의 문자로 이루어진 시, 즉 T. S. 엘리엇의 〈황무지〉를 예로 들어 설명해보자. 에볼라 바이러스가 지닌 염기쌍의 숫자와 비슷하다. 〈황무지〉에는 우리가 문학에서 기대하는 특징들, 즉 의미와 속도와 지시관계가 있다. 이와 마찬가지로 에볼라 바이러스의 게놈에도 의미가 있다. 문자에 해당되는 염기쌍이 유전자를 이루고, 유전자들은 단백질로 전환되어 바이러스에게 어떤 역할을 부여한다. 〈황무지〉의 첫 연은 약 1,000개의 문자로 이루어진다. 1연을 두 번째 문자부터 읽기 시작하고, 나머지 단어들에서는 첫 문자를 앞이나 뒤로 옮겨보라. 그야말로 재앙이다. "4월은 가장 잔인한 달이다April is the cruelest month"라는 구절은 "Prili sthec rueles tmonth"가 되는 것이다. 도무지 무슨 말인지 알 수가 없다.

이번에는 1연에 또 다른 시가 감추어져 있다고 가정해보자. 달리 말하면, 첫 문자부터 읽거나 두 번째 문자부터 읽어도 누군가 이해할 수 있는 멋진 시가 된다고 상상해보자. 또 1연을 거꾸로 읽더라도 똑같은 문자들에서 또 하나의 멋진 시가 펼쳐진다고 상상해보자. 바이러스가 정확히 이런 식으로 기능한다. 시인이나 컴퓨터 과학자라면, 이런 시를 지어내서 지금과 같은 바이러스를 만들어낸 자연선택만큼 창조적인 사람이란 걸 세상에 과시하고 싶을 것이다. 중복판독틀을 지닌 바이러스는 동일한 염기쌍들로 이루어진 끈을 이용해서 3개까지 다른 단백질의 유전 암호를 지정함으로써 게놈의 효율성을 극대화하여, 적은 수의 게놈이 훨씬 강력한 효과를 발휘하게 만든다.

중복판독틀은 바이러스가 주변 세계와 타협해야만 하는 광범위한 적응 중 하나에 불과하다. 바이러스에게 훨씬 더 중요한 과제는 유전자적으로 새로운 것을 생성하는 힘이다. 바이러스에게는 자신을 다른 것으로 바꾸는 데 사용할 수 있는 다양한 연장통이 있다. 가장 기본적인 방법이 단순한 돌연변이이다. 어떤 유기체도 완벽하지 않다. 언제든 세포는 우리 몸에서 분열되어 딸세포를 만들어낼 수 있고, 바이러스는 숙주세포에서 복제될 수 있다. 그때 오류가 끼어든다면 성적 교합이 없어도 후손이 생겨나고, 그 후손이 부모와 같지 않을 수 있다. 하지만 바이러스는 완전히 새로운 차원까지 돌연변이를 일으킨다.

바이러스는 지금까지 알려진 생물 중에서 돌연변이율이 가장 높다. RNA 바이러스 같은 일부 바이러스군은 오류율이 상당히 높아서, 오류의 결과로 인해 그 바이러스들이 본질적인 기능까지 상실하는 지경에 이르기도 한다. 다수의 돌연변이가 새로운 바이러스들을 폐사시키지만, 바이러스들이 생성해낸 후손의 숫자가 많으면 일부 돌연변이체는 살아남아 부모보다 훨씬 강력한 힘을 지닐 가능성도 높아진다. 이런 경우 돌연변이체는 숙주의 면역체계를 성공적으로 이겨내고 신약에도 너끈하게 견뎌내거나 완전히 다른 종으로 숙주를 옮길 가능성도 높다.

중학교 생물수업에서는 '생물은 유성생식체와 무성생식체로 이루어진다'고 가르친다. 하지만 바이러스와 여타 병원균은 이런 교과서에 의문을 제기할 수밖에 없는 방식으로 유전정보를 교환한다. 예컨대 다른 종류의 두 바이러스가 동일한 숙주에 기생할 경우, 때때로 그들은 동일한 세포를 감염시켜 유전정보를 서로 교환하는 토대를 마련한다. 이런 경우 두 바이러스에서 완전히 다른 유전자를 받아들인 모자이크 딸바이러스가 탄생할 수 있다. 유전자 재편성이 일어날 경우 어떤 바이러스들 사이에서는 유전자 조각 전체가 교환된다. 재조합 과정에서 한 바이러스의 유전물질이 교환되어 다른 바이러스로 들어간다.

이처럼 유전자가 혼합될 때 바이러스들은 신속하게 완전히 새로운 종을 만들어낼 기회를 얻는다. 돌연변이의 경우와 마찬가지로 이 새로운 딸바이러스는 생존력과 확산력을 겸비한 새로운 청사진을 갖는 경우가 적지 않다.

병원균에 대한 우리의 지식은 아직 초보 단계이다. 이 보이지 않는 병원균의 광활한 세계는 지구만이 아니라 우리 자신에게도 무척 중요하지만, 우리는 그 세계에 대해 모르는 것이 너무 많다. 지상에 존재하는 식물과 동물의 대부분은 이미 발견되었지만, 새로운 병원균은 지금도 꾸준히 발견되고 있는 실정이다. 동물과 식물, 흙과 물에서 살아가는 병원균의 다양성에 대한 현재의 연구는 빙산의 일각에 불과하다. 이런 연구에서 수백만 개의 표본을 얻게 되면, 생명에 대한 우리의 이해도 한층 깊어질 것이다. 특히 병원균에 대한 지식의 축적은 새로운 항생제의 개발을 앞당길 수 있을 것이며, 향후에 닥칠 판데믹을 예측하는 데도 도움이 된다. 병원균의 세계는 신세계이며, 우리 지구에서 아직 발견되지 않은 생명체들로 이루어진 마지막 미개척지이다.

사냥하는 유인원
THE HUNTING APE

나는 눈가에 맺힌 땀을 훔쳐내고, 앞길을 가로막는 가시투성이의 가지들을 옆으로 밀쳐내며, 야생침팬지들이 찍찍거리며 울어대는 소리에 귀를 기울였다. 동료들과 함께 야생침팬지를 찾아 우간다 키발레 숲을 벌써 다섯 시간째 헤매고 있었다. 세 마리의 큼직한 수컷 침팬지가 갑자기 침묵에 빠졌다는 것은 불길한 사건이 일어났다는 뜻으로밖에 해석되지 않았다. 그런 침묵은 경쟁관계에 있는 수컷들을 죽이려고 이웃 영역을 기습적으로 침범하기 직전의 전조인 경우가 많았다. 때로는 과학자들을 습격하는 경우도 있었다. 다행히 그날 침팬지들 간의 전쟁은 없었다.

우리가 자그마한 공터에 들어섰을 때, 침팬지들은 서로 조용히 얘기를 나누고 있는 것 같았다. 또 한 무리의 붉은 콜로부스 원숭이들은 어떤 위험도 인식하지 못한 듯이 무화과나무에서 뭔가를 먹으면서 한가롭게 놀고 있었다. 수컷 두 마리가 근처에 있는 두 그루의 나무에 살금살금 올라갔고, 두목인 듯한 수컷 침팬지는 소리를 꽥꽥 지르며 붉은 원숭이들을 향해 재빨리 기어오르면서 양동작전을 펼쳤다. 원숭이들은 화들짝 놀라 부산스레 무화과나무에서 도망쳤다. 그러나 그들이 도망친 무화과나무에서는 두 마리의 사냥꾼 침팬지가 기다리고 있었다. 침팬지가 어린 원숭이 한 마리를 움켜잡고 땅으로 내려와 포획물을 동료들과 나눠 먹기 시작했다.

침팬지들이 원숭이 고기로 성찬을 즐기는 걸 지켜보면서 나는 팀워크와 전략, 그리고 적응성이라는 단어를 머릿속에 떠올렸다. 인간과 가까운 친척인 침팬지들이 그런 개념들을 알고 있는 것이었다. 하기야, 그래서 학자들이 침팬지를 연구하는 것이 아니겠는가. 과학적 문헌은 엄격하기 이를 데 없어 어떤 학술지 논문에서도 그런 단어들을 사용하지 않지만, 이 침팬지들이 조직적인 공격을 감행하기 위해서 전략적으로 협력했다는 것만은 분명했다. 두목 침팬지는 요란한 소리를 내며 공격함으로써 자신이 먹잇감을 포획할 가능성은 크게 줄어들지만, 그렇게 행동하면 동료들이 성공할 가능성이 높아진다는 걸 알아 그런 전략을 구사한다. 그리고 누가 원숭이를 잡았느냐에 상관없이 그들은 원숭이 고기를 함께 나눠 먹었다. 인간이 매일 행하는 행위와 조금도 다르지 않았다.

그런데 침팬지들이 원숭이의 살을 찢을 때 원숭이의 피와 소화관을 접촉할 수밖에 없어 병원균들과 접촉하기에 이상적인 조건이라는 생각이 문득 들었다.

인간과 가장 가까운 영장류 친척을 연구함으로써 우리는 유전적으로나 사회적으로 우리 자신에 대해 더 깊이 이해할 수 있다. 야생 영장류의 연구가 우리 자신에 대해 결코 완전한 결론을 내리게 해주지는 않는다. 그러나 화석기록에서만 간헐적으로 보석 같은 증거가 찾아지는 상황에서 아직도 야생 영장류가 살아 있다는 것은 과학자들에게 행운이다. 인간은 우리가 동물의 세계에서 유일하게 선택 받은 종이라 생각하고 싶어 하지만, 이런 생각은 증거라는 기준을 만족시켜야 한다. 우리 유인원 사촌도 인간에게만 있다고 추정되는 자질들을 지녔다면, 그 자질들은 결국 인간에게만 허락된 자질은 당연히 아닌 셈이다. 예컨대 인간이 단독으로 사냥하고 먹을 것을 공유하는 능력을 진화시켰는지 알고 싶다면, 침팬지와 보노보를 관찰하며 그들이 똑같이 행동하는지 지켜봐야 한다. 만약 그들이 똑같이 행동한다면, 우리 모두는 공통조상을 지닌 후손이기 때문에 그런 자질들을 공유한다는 논리적인 결론을 내릴 수밖에 없다.

요컨대 집단으로 사냥하는 능력이 거의 유사한 계통 내에서 진화되었다는 결론보다, 인간이 그들과 갈라지기 전에 사냥이 공통조상의 시대에 나타났다는 단순한 결론이 더 논리적이다.[1] 인간의 특성이 흥미롭다고 해서 그 특성이 인간에게만 있다는 뜻은 아니다. 많은 특성이 먼 옛날에 기원을 두고 있는 게 거의 확실하다.

인간의 소중한 면이 인간만의 유일한 특성은 아니라는 증거에 거의 본능적으로 거부 반응을 보이는 사람이 적지 않다. 하지만 우리가 인간의 고유한 특성이라고 생각하는 자질들은 다른 동물들에게서도 발견된다. 물론 과학의 목적은 우리를 기분 좋게 하는 것들을 까발리는 게 아니라, 있는 그대로 밝히는 것이다. 게다가 이런 공유된 특성들이 발견되면 우리는 그만큼 덜 외롭고 지상의 다른 생명체들과 한층 긴밀하게 연결되어 있다고 생각할 수도 있지 않은가.

이런 논리적인 경험법칙은 우리 행동에만 적용되는 것이 아니다. 기관과 세포형과 전염병도 우리를 친척들과 비교하는 새로운 방향을 제시한다. 그런 것들은 우리에게서만 발견되는가, 아니면 진화나무에서 우리와 같은 가지에 있는 다른 종에서도 발견되는가? 인간과 우리의 가까운 친척들을 면밀히 연구하면 역사의 미스터리들을 자세히 분석하기 시작해서 인간의 어떤 면이 유일하고 어떤 면이 그렇지 않은지 확실하게 분류할 수 있을 것이다. 연장의 사용과 전쟁이 인간에게만 존재하는 유일한 특성이라는 생각은, 침팬지도 똑같이 행동한다는 사실이 밝혀지면서 이미 뒤집힌 지 오래이다. 인간만의 고유한 특성이라 여겨지는 다른 자질들도 언젠가는 다른 동물들에게서 발견될지 모른다.

다행히 우리에게는 가까이에서 관찰할 수 있는 친척들이 살아 있다. 우리와 같은 영장류 계통인 유인원에는 인간, 침팬지와 보노보, 고릴라와 우랑우탄, 거의 연구되지 않은 긴팔원숭이 따위가 있다. 유인원의 뼈대에 대한 지난 100년 동안의 연구에서 우리 모두의 역사적인 관계가 대략적으로 밝혀졌다. 특히 지난 10년 동안 이런 동물들에서 얻은 유전자 자료를 분석한 결과를 보면 영장류의 관계가 한층 명확하게 밝혀진다. 유전자 자료를 연구하는 유전학자들이 흔히 제

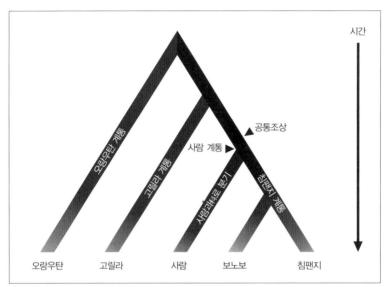

시간

공통조상

사람 계통

오랑우탄 계통

고릴라 계통

사람과로 분기

침팬지 계통

오랑우탄　　고릴라　　사람　　보노보　　침팬지

유인원의 진화를 보여주는 계통발생도

시하는 계통발생도(위 그림)는 영장류의 관계가 어떻게 분기되었는지 시각적으로 생생하게 보여준다.

사람과科에서는 두 종, 즉 침팬지와 보노보가 우리와 가장 가깝다는 게 연구 결과로 밝혀졌다. 나머지 유인원들(고릴라, 오랑우탄, 긴팔원숭이)은 실질적으로 상당히 다르기 때문에, 사람-침팬지-보노보군群의 먼 사촌으로 여겨진다. 이런 관계를 근거로, 재레드 다이아몬드 Jared Diamond가《제3의 침팬지The Third Chimpanzee》에서 자세히 설명한 것처럼, 인간을 '제3의 침팬지'로 보는 것이 가장 낫다는 이론까지 제시되었다.

한편 과학자들은 피그미 침팬지, 즉 보노보가 완전히 별개의 종이지만 침팬지와 밀접한 관계가 있는 종이라고 생각한다. 보노보는 현재 중앙아프리카 콩고 강 남쪽에서만 서식하는 반면에, 침팬지는 북쪽에서만 서식한다. 보노보와 침팬지는 무척 비슷하게 보이지만, 큰 강에 의해 분리된 이후로 행동과 생리에서 확연히 다른 방향으로 진화되었다. 현재의 추정에 따르면, 침팬지와 보노보 계통은 대략 100~200만 년 전에 분기된 것으로 여겨진다. 사람 계통이 약 500~700만 년 전에 이 사촌들로부터 떨어져 나온 후에, 다시 보노보 계통이 침팬지 계통에서 분기된 것이다.

이런 연구 결과를 통해 우리는 인간의 진화에서 무척 중요하고 많은 정보가 담긴 특징에 주목해야 한다. 인류학자들은 '가장 근래의 공통조상'이라 칭하지만, 여기에서는 간단히 '공통조상common ancestor' 이라 칭하기로 하자. 약 800만 년 전에 중앙아프리카에는 하나의 유인원 종이 살았고, 사람과 침팬지와 보노보는 그 종의 후손들이다.

논리적인 경험법칙과 간단한 상식을 동원해도 공통조상을 그런대로 상상해볼 수 있다. 온 몸이 털로 뒤덮였고, 오늘날 침팬지와 보노보처럼 대부분의 시간을 나무에서 보냈을 것이다. 중앙아프리카에서 살았을 테고, 그 지역의 주요 산물인 무화과나무류의 열매를 주식으로 삼았을 것이다. 이 유인원을 연구할 수 있다면 앞으로 우리에게 어떤 변화가 닥칠지 예상하는 데 중요한 자료를 얻을 수 있을 것이다. 전염병이 우리 관계의 미래에 결국 영향을 미친 한 가지 요인을 꼽는다면, 침팬지에게 새롭게 나타난 성향, 즉 사냥할 수 있는 능력과 육고기를 섭취하려는 욕망이었다.

인간과 침팬지의 가장 근래의 공통조상으로 440만 년 전에 살았던 여성인
아디피테쿠스 라미두스(아디Ardi)

사냥을 통한 감염

인간과 침팬지가 사냥하는 동물이라는 공통된 특징을 띤다는 사실은
비교적 최근에야 알려졌다. 1960년대 초, 영국의 영장류학자 제인 구
달Jane Goodall이 탄자니아의 곰베 국립공원에서 야생침팬지의 행동을
선도적으로 연구하며 그 침팬지들이 사냥하고 육식을 한다는 연구보
고서를 처음 발표한 때였다. 구달의 연구와, 탄자니아의 마할레 지역
에서 실시한 일본 학자들의 일련의 연구가 있기 전까지, 야생침팬지
에 대한 우리의 이해는 거의 전무했다. 침팬지가 사냥한다는 연구 결
과는 인류학자들에게 충격이었다. 우리가 침팬지에게서 갈라져 나와
침팬지와는 다른 방식으로 진화하기 시작한 후에야 사냥이 나타났다

고 대다수의 인류학자가 믿고 있었기 때문이다.

그 이후로 곰베 국립공원과 마할레 국립공원에서 야생침팬지 무리에 대해 심도 있게 행해진 연구와, 비교적 최근에 행해진 여섯 건의 연구를 통해 우리는 침팬지의 식습관에서 육고기의 중요한 역할을 더 깊이 이해하게 되었다. 침팬지는 우발적으로 사냥하지만, 결코 돌발적인 행위는 아니다. 침팬지는 숲에서 영양만이 아니라 다른 유인원(심지어 인간)까지 사냥할 수 있지만, 몇몇 원숭이 종을 집중적으로 사냥하는 경향을 띤다. 게다가 침팬지들은 협력과 각종 전략까지 구사하면서 사냥하기 때문에 무척 성공률이 높다.

1990년대 미국의 영장류학자 크레이그 스탠퍼드Craig Stanford는 붉은콜로부스 원숭이를 연구하기 시작했다. 그러나 대다수의 붉은콜로부스 원숭이가 침팬지의 손에 죽었기 때문에 그는 연구대상을 침팬지로 바꿀 수밖에 없었다. 그래서 침팬지가 어떻게 무슨 이유로 붉은콜로부스 원숭이를 사냥하는지 연구하기 시작했다. 그리고 붉은콜로부스 원숭이를 사냥하는 침팬지의 성공률이 워낙 높아, 이 원숭이들의 사회구조 자체가 침팬지들의 사냥 패턴에 크게 영향을 받는다는 사실을 알아냈다. 스탠퍼드의 추정에 따르면, 사냥술이 가장 뛰어난 침팬지 무리는 1년에 무려 1톤의 원숭이 고기를 섭취할 정도였다. 그후 서아프리카에 서식하는 침팬지 무리들을 연구한 결과에서는 침팬지들이 사냥도구를 사용한다는 사실까지 밝혀졌다. 나뭇가지를 창처럼 다듬은 도구를 사용해서 나무줄기의 구멍에 숨은 먹잇감을 사냥했다.

사냥은 결코 침팬지에게만 국한된 현상이 아니다. 보노보에 대한 연구는 제대로 진행되지 못했다. 세계에서 야생 보노보가 서식하는 유일한 나라인 콩고민주공화국에서 전쟁이 끊임없이 벌어지고 기반시설까지 부족한 상황이기 때문이다. 그러나 최근에 실시된 연구에서 이 중요한 친척들의 삶이 자세히 밝혀지기 시작했다. 지난 10여 년 동안 실시된 조사에서 찾아낸 증거에 따르면, 보노보들은 그들의 사촌인 침팬지와 인간처럼 능동적으로 사냥한다. 몇몇 보노보 서식지에서는 침팬지와 엇비슷한 수준으로 육고기를 섭취한 증거가 발견되었다.

인간과 침팬지와 보노보와 달리, 먼 유인원 친척들—고릴라, 오랑우탄, 긴팔원숭이—에 대한 연구에서는 고기를 섭취했다는 증거가 지극히 제한적으로 발견되었고, 사냥을 한다는 증거는 전혀 찾아내지 못했다. 이런 유인원들은 간혹 죽은 고기를 먹는 듯하지만, 그것마저도 무척 제한적인 듯하다. 이런 증거들을 종합할 때, 침팬지와 보노보가 포함되는 계통에서 인간이 갈라지기 전에 사냥이 나타났다는 결론이 내려진다. 약 800만 년 전에 살았던 초기의 공통조상은 어떤 도구를 사용했는지 몰라도 여하튼 사냥을 했을 것이며, 십중팔구 숲에서 함께 살던 원숭이를 사냥했을 것이다.

사냥의 등장으로 초기 조상들은 많은 이점을 누렸다. 사냥한 동물에게서 칼로리를 풍부하게 섭취함으로써 과일과 잎을 뜯어 먹는 종들에 비해 활동량이 많았을 것이 확실하다. 식량 확보가 불안정한 환경에서 원숭이 고기를 규칙적으로 보충할 수 있어 식량의 안정도 꾀

할 수 있었다. 3장에서 자세히 다루겠지만, 다른 종류의 식량이 있는 지역으로 이주하는 가능성까지 활짝 열렸다. 사냥은 우리의 첫 조상에게 많은 면에서 유익한 결과를 안겨주었지만, 치명적인 새로운 병원균의 침입에 노출되는 위험까지 안겨주었다. 그 후로 수백만 년 동안 그들의 후손에게 집요하게 영향을 미친 위험이었다.

사냥은 난잡하고 피를 동반하는 행위이기 때문에 병원균이 다른 종으로 이동하기에 안성맞춤인 조건을 제공한다. 물론 초기 조상들은 다른 종들과 이런저런 문제로 싸우면서 가볍게 긁히거나 물리기도 했다. 이런 상처는 사냥과 도살에서 비롯되는 다른 종과의 직접적인 접촉에 비교하면 아무것도 아니다.

그날 키발레 숲에서 붉은콜로부스 원숭이 고기로 배를 채우던 침팬지들의 행위는 종 간의 경계를 허물어뜨리는 대표적인 예였다. 침팬지들이 맑은 피와 기관을 접촉하고 섭취하는 행위에서, 원숭이의 체내에 기생하던 병원균들이 침팬지에게로 전염되기에 이상적인 환경이 만들어졌다. 피와 침과 배설물이 침팬지 몸에 있는 구멍(눈과 코와 입, 몸에서 긁히고 베인 곳)으로 스며들었다. 바이러스가 침팬지의 몸에 곧바로 들어가기에 최적인 기회였다. 침팬지들이 온갖 동물들을 사냥하면서부터 새로운 병원균에 노출될 가능성도 확연히 높아졌다. 이런 상황이 800만 년 전 우리 조상에게 닥치면서, 우리가 이 땅의 병원균들과 교류하는 방법까지 완전히 달라졌다.

병원균이 생태계에서 어떻게 이동하는가에 대해 우리는 이제 거의 기본원리 정도밖에 모르지만, 독소에 대한 광범위한 연구 덕분에 병원균이 어떻게 작용하는지에 대해서는 그런대로 짐작할 수 있다. 독소와 마찬가지로 병원균은 먹이사슬의 단계들을 거슬러 올라가는 과정, 즉 생물학적 증폭biological magnification이라 불리는 과정을 통과하는 잠재력을 지닌다.

임산부라면 임신 중에 특정한 종류의 물고기를 섭취하면 위험하다는 걸 대부분이 알고 있다. 해로운 화학물질들이 먹이사슬을 통해 이동한다는 게 밝혀진 덕분이다. 바다의 복잡한 먹이사슬에서, 작은 갑각류가 더 큰 물고기의 먹이가 되고, 다시 그 물고기는 몸집이 더 큰 물고기의 먹이가 된다. 이런 과정이 먹이사슬의 꼭대기에 위치하는 정점 포식자—사냥 당하지 않는 사냥꾼—에 도달할 때까지 계속된다. 갑각류는 수은 같은 독소를 지니며, 그런 독소는 주변 환경으로부터 축적된 것이다. 갑각류를 잡아먹은 물고기의 몸에도 이런 독소들이 축적된다. 이런 2등급 포식자를 먹이로 삼은 물고기의 몸에는 훨씬 더 많은 독소들이 축적된다. 먹이사슬에서 위로 올라갈수록 그런 화학물질의 농도가 높아진다. 따라서 참치 같은 정점 포식자의 체내에 축적된 독소는 태아에게 위험할 정도로 농도가 높을 수 있다.

이와 마찬가지로, 먹이사슬에서 낮은 곳에 위치하는 동물들에 비해서 높은 곳에 있는 동물들의 몸에 훨씬 다양한 병원균이 기생할 거라는 예측도 가능하다. 물고기 체내의 수은처럼 병원균 증폭이란 과정을 통해 상위 포식자의 체내에도 병원균이 축적된다. 약 800만 년 전에 살았던 우리 조상들은 사냥하기 시작하면서 다른 동물들과 접촉하는 방법도 달라졌을 것이다. 이런 변화는 먹잇감과의 접촉이 증가했다는 뜻인 동시에, 먹잇감의 체내에 있던 병원균과의 접촉도 증가했다는 뜻이다.

에이즈 바이러스의 시초

HIV-1형이 발견된 이후 20년 동안 과거에는 상상할 수 없던 규모로 많은 사람이 에이즈로 목숨을 잃었다. 에이즈 판데믹으로 세계 모든 나라의 시민들이 공포에 떨었다. 에이즈를 일으키는 병원균, HIV를 통제할 수 있는 항바이러스 약제가 개발된 오늘날에도 에이즈는 계속 확산되어, 가장 최근에 수집한 통계자료에 따르면 감염자가 3,330만 명에 이른다. 현대사회에서 HIV가 확산되는 요인은 가난과 콘돔부터, 어린아이의 포경수술 여부를 결정하는 문화적 관습까지 무척 다양하다. 이제 에이즈 판데믹은 경제적이고 종교적인 의미까지 가지며, 철학자들과 사회운동가들의 토론 대상이기도 하다. 하지만 과거에도 에이즈가 그런 관심을 받았던 것은 아니다.

HIV의 역사는 상대적으로 단순한 생태학적 상호작용에서 시작된다. 즉 중앙아프리카에서 침팬지가 붉은콜로부스 원숭이를 사냥하면서부터 시작된다. 많은 사람이 HIV가 1980년대에 시작되었다고 생각하지만, 정확히 말하면 약 800만 년 전 우리 유인원 조상이 사냥을 시작한 때부터이다.

더 정확히 말하면 HIV의 역사는 두 종의 원숭이—중앙아프리카에

서식하는 붉은머리 망가베이와 큰흰코원숭이—로부터 시작된다. 두 원숭이의 겉모습은 전 세계를 공포에 몰아넣은 에이즈 판데믹의 중심에 있는 악당처럼 도저히 보이지 않는다. 하지만 두 녀석이 없었더라면 에이즈 판데믹도 일어나지 않았을 것이다. 붉은머리 망가베이는 뺨은 하얗고 머리에 붉은 털이 돋은 작은 원숭이로, 10여 마리가 무리지어 살며 과일을 주식으로 삼는 사회성을 띤 종이다. 또한 개체 수가 크게 줄어 멸종위기에 처한 취약종으로 분류되기도 했다. 한편 큰흰코원숭이는 무척 작아서 구세계 원숭이Old World Monkey 중 가장 작은 원숭이 중 하나이다. 수컷 한 마리가 암컷 여러 마리로 구성된 작은 집단을 이루고 살아가며, 포식자의 종류에 따라 경고음을 다른 식으로 낸다.

두 원숭이의 공통점 중 하나는 자연 상태에서 원숭이면역결핍바이러스Simian Immunodeficiency Virus, SIV에 감염된다는 점이다. 하지만 두 원숭이는 각각 이 바이러스의 고유한 변종을 지닌다. 그 원숭이와 조상들이 수백만 년 동안 품고 살았을 변종이다. 두 원숭이의 또 다른 공통점은 침팬지가 그들을 무척 맛있는 먹잇감으로 생각한다는 것이다.

원숭이면역결핍바이러스는 레트로바이러스retrovirus이다. 달리 말하면 유전암호로 사용하는 DNA가 먼저 RNA로 바뀌고, 다시 우리의 살을 이루는 단백질 단위로 바뀌는 대부분의 생명체와 달리, SIV는 역으로 기능한다는 뜻이다. 이런 이유에서 '레트로' 바이러스라고 불린다. 레트로바이러스군群은 RNA 유전암호로 시작하며, RNA는 DNA로 바뀐 후에야 숙주의 DNA로 들어갈 수 있다. 그 후에 레트로

작은흰코원숭이

붉은머리 망가베이

바이러스는 생명주기를 시작해서 후손을 생산하게 된다.

　다수의 아프리카 원숭이가 SIV에 감염된 상태이다. 붉은머리 망가베이와 큰흰코원숭이도 마찬가지이다. SIV가 야생 원숭이들에 미친 영향에 대한 연구는 거의 없는 편이지만, SIV는 원숭이들에게 심각한 피해를 입히지 않는 것으로 추정된다. 하지만 SIV가 다른 숙주로 옮겨가면 그 숙주의 생명에 치명타를 입할 수 있다.

　2003년 베아트리스 한Beatrice Hahn과 마틴 피터스Martine Peeters의 연구팀이 침팬지 SIV의 진화를 역사적으로 추적한 보고서를 발표했다. 거의 10년 동안, 한과 피터스는 침팬지 SIV의 진화를 밝히기 위해 끈질기게 연구를 거듭했고 마침내 성공을 거두었다. 2003년 그들은 침팬지 SIV가 실제로는 붉은머리 망가베이 SIV의 조각들과 큰흰코원숭이 SIV의 조각들이 뒤섞인 모자이크 바이러스라는 걸 밝혀냈다. SIV는 유전자 조각들을 재조합하거나 교환하는 잠재력을 지녔기 때문에, 침팬지 SIV는 초기 침팬지 조상으로부터 유래한 것이 아니라 침팬지에게서 생겨난 것이라는 결론이었다.

　어떤 침팬지 사냥꾼 한 마리가 사냥한 두 원숭이들로부터 즉시, 혹은 바로 그날 SIV에 감염되면서 발단 환자patient zero—새로운 바이러스가 잠복하게 된 종의 첫 개체—가 되었을 것이란 가정은 상당히 그럴 듯하게 들린다. 하지만 다른 가능성도 생각해볼 수 있다. 예컨대 일찌감치 잡종으로 변한 붉은머리 망가베이 바이러스가 침팬지들 사이에서 성행위를 통해 확산되었고, 어떤 침팬지가 다른 침팬지로부터 그 바이러스에 감염된 후에, 사냥을 통해 큰흰코원숭이의 바이러스에 감염되면서 발단 환자가 되었을 가능성도 있다. 혹은 큰흰코원숭이 바이러스와 붉은머리 망가베이 바이러스, 둘 모두가 사냥을 통해 침팬지들에게 전달되고 한동안 침팬지들 사이에서 확산된 후에, 어떤 침팬지 한 마리의 체내에서 두 바이러스의 유전자들이 혼합되는 결과가 닥쳤을 수도 있다. 종을 넘나든 정확한 순서가 무엇이든 간에, 어떤 순간에 침팬지 한 마리가 두 바이러스 모두에 감염되었고, 두 바이러스가 유전물질을 재조합하고 교환하면서 망가베이 바이러스도 아니고 큰흰코원숭이 바이러스도 아닌 완전히 새로운 모자이크 변종을 만들어냈다.

이 잡종 바이러스는 망가베이 바이러스도, 큰흰코원숭이 바이러스도 혼자서는 해낼 수 없었던 방식으로 침팬지들의 세계에서 지속적으로 확산되었다. 그리고 서쪽으로 코트디부아르부터 동쪽으로는 제인 구달이 1960년대에 연구를 시작했던 동아프리카의 서식지까지 침팬지들을 감염시켰다. 현재는 침팬지에게 별다른 해를 입히지 않는 것으로 알려진 이 잡종 바이러스는[2] 오랫동안 침팬지들의 체내에서 잠복해 있었지만, 19세기 말이나 20세기 초 어떤 시점에 침팬지에게서 인간에게로 전이되었다. 침팬지가 사냥하는 동물이기 때문에 이 모든 것이 시작된 것이다.

우리가 섭취하는 고기는 청결한 상태에서 미리 포장되어 판매되며, 판매된 후에도 곧바로 냉장고에 들어간다. 동물의 도살과 도축은 농장에서 멀리 떨어진 곳, 즉 도축장에서 벌어진다. 우리는 도축하는 모습을 한 번도 본 적이 없고, 동물을 어떻게 도축하는지 상상하기도 어렵다. 며칠 전까지 살아 숨 쉬던 동물들의 몸에서 피와 체액이 흘러나오는 모습을 누가 보고 싶어 하겠는가? 이런 이유에서 동물의 도살과 도축 과정은 무척 너저분하다. 우리는 도축 과정을 보고 싶어 하지도, 생각하고 싶어 하지도 않는다. 그저 스테이크를 원할 뿐이다.

예전에 콩고민주공화국과 말레이시아 시골에서 작업할 때 나는 야생동물들을 사냥하고 도살하는 사람들과 함께 수년을 보냈다. 하지만 소비용 고기를 처리하는 절차에 결코 완전히 익숙해지진 못했다. 우리는 죽은 동물에서 털과 가죽을 제거하는 걸 당연하게 생각한다. 또 동물의 몸을 지탱해주며 사방에 분포된 많은 뼈에서 살코기를 분리하는 데 들어가는 노력도 당연하게 생각한다. 하지만 최적의 도축을 위해서 허파와 지라와 연골 등 동물의 많은 부분을 어떻게 처리해야 하는지에 대해서는 별로 중요하게 생각하지 않는다. 오두막의 더러운 바닥에서, 혹은 산막의 흙바닥에 나뭇잎을 깔아놓고 사냥한 동물을 도축하는 과정을 지켜볼 때마다 나는 충격을 받았다. 또 피 묻은 손으로 동물의 내장기관들을 뜯어내는 걸 지켜보고, 살덩이와 뼈가 내던져지며 바닥을 때리는 소리를 들을 때마다 나는 등골이 섬뜩

했다. 그래도 그런 모습은 내게 병원균의 중요성을 다시금 일깨워주는 역할을 한다.

우리는 성행위나 분만 등을 사적인 행위로 생각하는 경향이 있다. 그런 행위들이 일반적인 상호작용에서는 기대할 수 없는 수준까지 당사자들을 맺어주는 것은 분명하다. 그러나 병원균의 관점에서 보면 사냥과 도축이 최고로 친밀한 행위이다. 어떤 종을 다른 종의 모든 조직과 긴밀하게 이어주기 때문이다. 따라서 그런 조직들 하나하나에 잠복된 병원균들에게는 다른 종으로 이동하기에 더할 나위 없이 좋은 기회이다.

일반 가정의 부엌에서 행해지는 도축은 우리의 공통조상이 800만 년 전에 시작했던 모습과는 전혀 다르다. 당시 사냥이 끝나고 포획물을 어떻게 다루었는지는 누구도 정확히 알 수 없지만, 키발레 숲에서 붉은콜로부스 원숭이의 고기를 나눠 먹던 침팬지들과 무척 유사했을 것이라고 여겨진다. 힘센 수컷이 한 손으로 포획물을 잡고, 다른 손과 이빨을 사용해서 뱃가죽을 찢어낸 후에 맛있는 내장부터 뜯어냈을 것이다. 침팬지의 한 손에 내장이 쥐어져 있고 온몸의 털이 피로 뒤덮인 모습을 보면서, 새로운 병원균이 포획물에서 침팬지에게로 옮겨가기에 더없이 좋은 조건이리라 상상했었던 기억이 지금도 생생하다.

우리는 지금도 사냥하고 도축하지만, 사냥한 동물에서 살코기를 얻기 위해 사용하는 방법은 과거의 방법과 확연히 다르다. 인간과 침팬지의 초기 조상들은 요리할 줄 몰랐다. 도축에 필요한 연장도 없었다. 물론 치위생이란 개념도 없었다. 원숭이의 부러진 뼈의 상처, 입가의 벗겨진 피부, 팔의 찢어진 상처 등을 통해서 포획물의 병원균이 초기 조상들을 감염시켰을 것이다. 사냥이 도래하기 전에는 없던 현상이었다. 사냥이 있기 전에도 초기 조상들은 숲에서 동물들과 더불어 살면서도 동물로부터 상대적으로 격리된 상태였지만, 사냥이 도래한 후로는 초기 조상들이 병원균에 노출되는 과정이 근본적으로 달라졌다. 사냥은 800만 년 전의 우리 조상에게도 획기적인 사건이었지만, 병원균의 세계에서도 그에 못지않게 중요한 사건이었다.

인간과 침팬지, 판데믹의 주범

하나의 생태계에서 살아가는 동물들을 비교하는 방법은 많다. 동물들이 섭취하는 먹이의 다양성, 동물들이 이용하는 서식지의 다양성, 동물들이 평년에 돌아다니는 공간의 면적 등을 조사하는 방법을 생

사냥한 포획물인 붉은콜로부스 원숭이를 먹고 있는 침팬지

각할 수 있다. 또 내가 '병원균 레퍼토리microbial repertoire'라 칭하는 방법, 즉 동물들의 체내에서 기생하는 병원균의 다양성을 기준으로 비교하는 방법도 고려해볼 수 있다. 종에 따라 병원균 레퍼토리가 다르다. 병원균 레퍼토리에는 당연히 온갖 바이러스와 박테리아 및 기생충이 포함된다. 이 다양한 병원균들에게는 해당 종이 보금자리인 셈이다. 어느 때라도 병원균 레퍼토리에 속한 병원균들을 모두 지니는 동물이 있을 가능성은 거의 없지만, 병원균 레퍼토리는 해당 종의 병원균 다양성—해당 종을 감염시키는 병원균들—을 측정하는 개념적 도구의 역할을 할 수 있다.

종들의 병원균 레퍼토리는 시시때때로 달라진다. 사냥과 도살을 통해서만 병원균이 다른 종으로 이동하는 것은 아니기 때문이다. 사냥하지도 않고 도살하지도 않는 종들도 다른 종의 특이한 병원균에 꾸준히 노출된다. 피를 먹는 벌레가 병원균이 이동하는 중요한 매개체 역할을 한다. 예컨대 모기는 다양한 동물들의 피를 빨아먹으며, 병원균이 생태계 내에 존재하는 다른 종으로 무임승차할 수 있는 물리적인 운반체 역할을 한다. 또한 동물의 배설물을 직접 접촉하거나, 물을 통해 간접 접촉하는 경우, 그런 접촉이 생태계 네트워크에서 중요한 연결고리가 되어 병원균이 별개의 세계에 존재하는 다른 숙주들에게 전파될 수 있다.

그러나 모기와 물은 종간種間 이동에서 좁은 통로에 불과하다. 예컨대 모기는 단순한 주사기가 아니다. 모기는 자체의 면역체계를 지닌 완전히 기능적인 동물이다. 모기의 방어공격을 간신히 벗어난 병원균들은 결국 핏속에만 머물기 마련이다. 또한 물은 일반적으로 소화관에서 살아가는 병원균들에게 전달된다. 반면에 사냥과 도축은, 사냥하는 종이 포획물의 모든 조직에 존재하는 병원균들과 직접적으로 접촉하는 고속도로이다.

우리 조상은 사냥과 도축을 시작했던 순간부터, 이미 다양한 먹잇감의 조직에서 살아가는 병원균들로 이루어진 거대한 네트워크의 중심부에 서게 되었다. 박쥐의 뇌에 기생하는 바이러스, 설치동물의 간에서 살아가는 기생충, 또 영장류의 피부에 존재하는 박테리아 등 다양한 종에 기생하던 온갖 병원균이 갑자기 우리 공통조상에게로 수렴되며, 종들이 보유한 병원균의 세계를 바꿔놓았고, 결국에는 인간의 병원균 레퍼토리까지 바뀌었다.

사냥의 도래가 공통조상과 후손들의 병원균 레퍼토리에 미친 영향은 그 후로도 수백만 년 동안 꾸준히 이어졌다. 공통조상의 계통이 분기하면서 다수의 종(침팬지, 보노보, 사람)이 나타났고, 그 종들에게는 모두 사냥하는 능력이 있었다. 이 종들은 사냥한 포획물들로부터 새로운 병원균들을 받아들이며, 각자 새로운 병원균 레퍼토리를 지속적으로 만들어갔다. 때때로 서식지가 겹치면 그들은 충돌해서 병원균들을 교환하는 지경에 이르며, 서로에게 중대한 결과를 낳기도 했다.

인간은 주로 자신의 건강에만 관심을 갖기 때문에, 종간의 전염이 일방통행이 아니라는 사실을 잊고 지낸다. 나는 우간다 킴발레 숲에서 침팬지들을 연구하는 동안 이런 사실을 절실하게 깨달았다. 어느 날 오후, 이웃 마을 사람들이 우리 연구기지에 찾아와 도움을 청했다. 마을 사람들의 설명에 따르면 침팬지가 갓난아기를 습격했고, 동생을 지키려던 형까지 물어뜯어 심한 상처를 입혔다는 것이었다. 갓난아기는 그 후로 다시 보이지 않았다. 침팬지의 먹이가 된 게 분명했다. 우리가 마을에 도착하자 한 남자가 침팬지에게 물린 소년을 데려왔다. 팔 위쪽에 물린 흉한 상처는 소년에게 영원히 잊히지 않을 흉터로 남을 게 분명했다.

그 사건을 계기로 나는 침팬지의 포식 습성에 대해 더 깊이 생각하게 되었다. 그 후 동료들의 도움을 받아 시행한 연구에서 그 사건이 유일한 것은 아니라는 사실이 밝혀졌다. 1960년대 초의 여러 보고서에도 유사한 사건들이 기록되어 있었다. 흔하지는 않았지만 침팬지는 인간, 특히 어머니가 밭에서 일하면서 숲가 근처에 방치해놓은 갓난아기를 사냥하기도 했다. 침팬지가 인간까지 사냥한다는 사실에 우리는 심란하기는 했지만 놀라지는 않았다. 침팬지의 관점에서 보면, 붉은콜로부스 원숭이나 숲의 영양이나 갓난아기는 성공할 확률이 높은 사냥감에 불과하다. 인간도 때로는 금기하는 음식을 정해두지만, 기회가 닿으면 사냥하고 주변 환경에서 살아가는 온갖 동물을 먹을거리로 삼지 않는가. 계통적으로 가까운 유인원이든 멀리 떨어진 영양이든 모든 동물은 중요한 칼로리원이다. 침팬지나 인간이나 그 모든 동물들을 칼로리원으로 이용한다는 점에서는 같다.

침팬지가 인간을 사냥하고, 인간이 침팬지를 사냥하는 사실은 두 종의 병원균 레퍼토리에 중대한 영향을 미치게 되었다. 공통조상이 사냥을 시작한 이후로, 계통적으로는 밀접한 관계가 있었지만 생태적으로 뚜렷이 달랐던 까닭에 인간과 침팬지는 사냥과 다른 경로를 통해서 각자 다른 병원균을 축적해갔다. 그러나 때때로 서로 병원균을 교환하는 위험한 순간들이 있었다. 이런 교환에 담긴 의미는 다음 장에서 자세히 살펴보기로 하자.

인간은 분기된 후 멸종 위기를 겪을 만한 사건을 겪기도 했지만, 결국 농업과 가축화의 성공으로 완벽하게 재기했고, 결국에는 수혈이라는 방법과 세계여행까지 생각해냈다. 이 과정에서 우리와 유인원 사촌들과의 관계는 계속되어 우리 병원균 레퍼토리에 중요한 영향을 미쳤고, 때로는 파괴적인 결과를 낳았다. 뒤에서 다시 언급하겠지만, 이런 밀접한 관계는 지금도 계속되어 침팬지와 다른 유인원들이 인간의 몇몇 중대한 질병에서 사라진 퍼즐조각 역할을 하고 있다. 중앙아프리카에서 살아가며 다양한 종의 동물을 사냥하는 침팬지와, 급속히 영역을 넓히며 범세계적으로 관계를 맺어가는 인간이란 두 영장류 친척의 결합이 결국에는 판데믹의 주범으로 입증될 것이다.

병원균 병목현상
THE GREAT MICROBE BOTTLENECK

그것이 근처 어딘가에 있다는 것은 알았지만, 그 지역이 맞는지는 확실하지 않았다. 우간다의 퀸 엘리자베스 국립공원에서 끝이 없어 보이는 사바나를 수킬로미터나 달렸지만, 우리는 십여 그루의 나무만 보았을 뿐 정작 우리가 찾는 녀석은 만날 수 없었다. 끝없이 펼쳐진 풀밭에 작지만 넓게 퍼진 나무가 드문드문 홀로 서 있었다. 간혹 작은 무리를 이룬 얼룩말과 우간다 코브영양이 눈에 띄었다. 그러나 풍경이 열대우림과는 달랐다. 침팬지가 있을 만한 곳은 아니었고 다만 사방이 훤히 트인 건조한 사바나였다. 우리가 어떤 둑의 꼭대기에 오르자 그것이 눈에 들어왔다. 드넓은 누런 풀밭을 가로지르는 푸른 혈맥, 키암부라 협곡이었다.

지역에서 유일한 협곡은 아니지만 무척 드문 협곡이다. 열대우림에서 시작된 강이 사바나 중앙지역을 160여 킬로미터나 관통하며 형

키암부라 협곡

성된 협곡이어서 독특한 미기후microclimate를 보여준다. 협곡이 건조하기만 했을 풍경에 수분을 충분히 공급해주기 때문에, 열대우림의 나무들과 동물들이 먼 옛날부터 그 협곡을 따라 느릿하게 이동해 왔을 것이다. 따라서 수백만 년 전에 형성된 협곡이지만, 요즘 엘리자베스 국립공원의 건조한 사바나의 한복판에 앉아 있으면 침팬지까지 살아가는 무성한 열대우림이 눈에 들어온다. 정확히 말하면, 사바나 지역에 뱀처럼 구불거리며 길쭉하게 형성된 숲의 끝자락이다.

키암부라 협곡은 경계면이다. 요즘의 학자들에게는 침팬지를 추적하기에 상당히 쉬운 곳이다. 협곡에서 훤히 트인 쪽으로 자동차를 몰고 가다가 침팬지들의 울음소리를 쫓아 협곡 안쪽으로 들어가면 침팬지들을 찾아낼 수 있다. 침팬지를 쫓아 걸어다니는 힘든 작업과는 현저히 다르다. 침팬지들에게 협곡은 무척 의미 있는 것을 제공하는 곳이다. 키암부라 같은 협곡들은 수킬로미터씩 이어지는 사바나의 가장자리를 따라 상대적으로 전형적인 침팬지 서식지를 제공하기 때문에, 협곡에 서식하는 침팬지들은 열대우림에서 살아가는 침팬지들보다 초원을 탐험하고 이용할 수 있는 기회가 훨씬 많다. 실제로 침팬지들은 이런 서식 환경을 마음껏 이용한다. 일부 침팬지 무리는 사바나에서 상당히 오랜 시간을 보내며 동물들을 사냥하기도 한다.

한쪽으로 침팬지와 보노보로 이어지고, 다른 쪽으로 사람으로 갈라지는 계통 분기가 있은 후, 우리 조상들은 공통조상의 생활방식에서 점점 멀어지는 일련의 변화를 꾀하기 시작했다. 키암부라 협곡의 가장자리에 앉아 주변을 둘러보면, 이런 변화들 중에서 가장 극적인 변화 하나를 떠올리지 않을 수 없다. 구체적으로 말하면 주로 숲에 근거해 살아가던 동물로부터, 초지에서 살아가며 초지를 이용하는 능력을 지닌 동물로의 변화이다. 그런 변화가 어떤 과정을 거쳤는지는 여전히 오리무중이지만, 어느 시점에 우리 조상들은 사바나에 터를 잡기 시작했다. 이런 이주는 결국 병원균 레퍼토리의 변화를 가져왔고, 인간의 미래까지 바꿔놓았다.

병목현상 후의 '개체군 청소'

현생인류로서 우리는 침팬지와 보노보를 곁풀이 종으로 생각한다. 침팬지와 보노보는 우리의 역사에 대해 많은 것을 가르쳐주기 때문에 흥미로운 동물인 것은 사실이다. 하지만 숲 서식지에서 근근이 살아가며 거의 멸종 위기를 맞고 있어 인간과 경쟁할 수 있는 종은 아니다. 충격적으로 들릴 수 있겠지만 과거에도 그랬던 것은 아니다. 만약 수백만 년 전의 세계를 파노라마처럼 볼 수 있다면, 인간 계통과 침팬지/보노보 계통이 분기된 시기에는 상황이 매우 달랐을 것이다. 요컨대 600만 년 전에는 유인원의 세계였다.

60억 인구가 살아가는 현대 세계에서 침팬지는 10~20만 마리, 보노보는 10만 마리 정도만 남아 있다. 게다가 지구에서 인간의 손길이 닿지 않은 곳이 없지만 야생침팬지와 보노보는 중앙아프리카에 갇혀 살아간다. 이런 상황에서 우리가 소수였던 세계를 상상하려면 머리를 쥐어짜야 할 지경이다. 하지만 약 10만 년 전 농업이 도래하기 전의 시대는 우리 조상이 소수로 살아가던 세계였다.

침팬지와 보노보는 화석이 아니다. 침팬지와 보노보 및 인간 등 현생 종들은 모두 앞에서 언급한 시대 이후로 변했다. 하지만 600만 년 전, 우리 조상들이 인간으로 진화하기 위해 조심스레 첫발을 내딛었을 때는 지금의 우리보다 침팬지와 보노보의 친척들에 훨씬 가까웠다. 당시 우리 조상들은 온몸이 털로 빽빽하게 뒤덮였을 것이 거의 확실하다. 땅에서는 네 발로 기어다녔겠지만 대다수의 시간을 나무에서 보냈다. 또 집단으로 전략적인 사냥을 했다. 하지만 살코기를 조리해서 먹지 않았고, 나뭇가지로 간단하게 만들 수 있는 도구 정도만 사용했으며, 주로 숲에서 지냈다.

인간 계통이 변하기 시작해서 지금의 우리와 비슷한 특징을 띠기 시작했을 무렵의 세상은 이미 다른 곳이었다. 오늘날 키암부라 침팬지처럼 일부 침팬지 무리가 숲과 초지를 오가며 살아가는 것으로 보아, 그들에게 초지가 완전히 낯선 곳은 아니었을 것이다. 하지만 초지에서 오랫동안 머물지는 않았을 것이며, 그 시기만 해도 초지에서 시간을 보내는 개체들은 이상한 존재로 여겨졌다.

일반적으로 새로운 영역을 기웃거리는 존재들은 치열한 경쟁을 피하고 싶은 심정에서 그렇게 행동한다. 이와 마찬가지로 우리 조상들이 사바나 서식지로 이주한 이유는 새로운 영역을 개척하려는 야망보다는, 상대적으로 소수의 경쟁자와 공존할 수 있는 땅을 찾으려는 목적이었을 것이다. 이런 서식지의 이동이 뚜렷이 비효율적인 때가 많았을 터인데, 따라서 초기 조상들은 다른 서식지로 이동할 때마다 십중팔구 심각한 불이익을 받았다. 적어도 처음에는 초지에서 생활하는 데 익숙하지 않아 수많은 곤경을 겪었으며, 특히 개체수가 줄어들거나 심지어 거의 멸종의 지경에 이르기도 했다.

인간이 문자를 발명해 기록을 남기기 시작하기 직전에 존재한 개체군의 규모를 결정하기는 무척 어렵다. 그러나 여러 연구에 따르면 우리 조상의 개체 밀도는 무척 낮았다. 때로는 현재 고릴라와 침팬지의 개체 밀도보다 낮았다. 적어도 한 번은 멸종위기를 맞기도 했을 것이다. '우리 조상이 한때 멸종위기에 처한 종이었다.' 우리가 이런 가정을 사실이라 믿는 이유는 인간의 유전자에 그런 기록의 일부가 남아 있기 때문이다. 현생 인류의 유전정보를 우리와 가까운 유인원 친척의 유전정보와 비교해도 관련 정보를 조금이나마 얻어낼 수 있다.

그렇게 얻어낸 정보는 인상적이다. 엄마로부터 딸에게로만 전해진 유전정보가 담겨 있는 미토콘드리아 게놈을 분석해보거나, 게놈에 정확히 축적되는 이동성 유전인자mobile genetic element를 연구해보면, 우리 조상들의 개체군 크기를 어렴풋이나마 짐작할 수 있다. 그리고 그 결과는 우리가 예상하는 것보다 훨씬 작았다.

농업이 도래하기 전에 우리 조상은 소규모 집단으로 살았다. 이런 추정은 그다지 놀랍지 않다. 영장류로서 우리는 진화한 시간의 대부분을 숲의 환경에서 보냈다. 중요한 사건들의 정확한 시간표는 여전히 오리무중이지만, 숲의 환경에서 사바나 지역으로 이동한 사건이나 고정된 지역을 버리고 방랑하는 생활방식을 택한 사건, 그리고 이런 변화에 따라 새로운 환경에 적응할 수밖에 없었던 사건 등은 실로 엄청난 충격이었을 것이다. 현대인이 화성으로 이주해서 살아야 하는 경우와 비슷하지 않았을까 싶다. 사바나로 이주한 조상들은 상당한 대가를 치러야 했다. 그러나 여기에서 우리의 관심사는 인간에 미친 결과보다 병원균에 미친 결과이다.

우리 조상의 경우처럼, 낮은 개체 밀도는 병원체의 전파에 중대한 영향을 미친다. 감염은 확산되어야 한다. 개체군 크기가 작다면 감염이 확산되기가 무척 어렵다. 현격하게 줄어든 개체군 크기를 과학계에서는 전문용어로 '개체군 병목현상population bottleneck'이라 한다. 개체군 병목현상이 일어나면 해당 종은 병원균으로서의 다양성을 상실하기 마련이다.

병원균은 크게 두 부류로 구분된다. 급성 병원균과 만성 병원균이다. 두 부류 모두 숙주 개체군이 소규모이면 충분히 활동하지 못한다. 급성 병원균(홍역, 소아마비 바이러스, 천연두)의 경우, 감염 기간이 짧고 개체들은 죽음을 맞거나 병후 면역력을 갖는다. 달리 말하면 급성 병원균은 당신을 죽이거나 혹은 더 강하게 만든다. 급성 병원균에게는 상대적으로 개체수가 많은 집단이 필요한데, 그렇지 않으면 급성 병원균은 감염되기 쉬운 개체들에서 자신을 불사르며 개체들을 죽이거나 아니면 면역자를 남겨놓는다. 어떤 경우이든 급성 병원균은 소멸된다. 더 이상 감염시킬 사람이 없다면 그런 상황은 병원균에게 마지막이 되는 것이다.

급성 병원균과 달리 만성 병원균(HIV와 C형간염 바이러스)은 숙주에게 장기적인 면역력을 주지는 않는다. 만성 병원균은 그저 숙주에 오랫동안 기생하며 때로는 숙주와 평생을 함께한다. 급성 병원균보다 소규모 개체군에서 생존하는 능력이 훨씬 높다. 하지만 심각한 개체군 병목현상이 닥치면 만성 병원균조차 멸종의 확률이 급격히 높아진다. 개체군 병목현상이 있을 때 어떤 특정한 유전자가 없어지는 경우가 있듯이, 개체군 집단이 작을 때 만성 병원균이 사라질 확률이 높아진다. 개체들이 죽고 그들이 그 병원균을 보유한 마지막 개체라

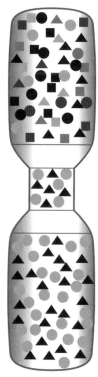

개체군 병목현상: 다양한 개체군(위)이 멸종에 버금 가는 사건(중간)으로 인해 크게 줄어들며, 그 결과로 한층 동질적인 개체군이 형성된다(아래).

면 그 병원균은 소멸되고 만다.

우리 조상들의 개체군 크기가 붕괴되어 결국 병원균의 밀도가 현저히 낮아진 개체군이 되었을 때, 개체군 병목현상으로 병원균 레퍼토리가 줄어드는 결과인 '병원균 청소microbial cleansing'가 상당한 역할을 했을 것으로 여겨진다. 병원균 청소로 우리 조상의 체내에서 수백만 년 동안 기생했던 병원균들이 사라지는 상황까지 닥쳤을 것이다. 사냥의 도래 이후로 축적된 병원균들, 또 우리가 유산처럼 물려받은 병원균들도 사라졌을 것이다. 병원균을 가족 유산의 일부로 생각하는 사람은 아무도 없겠지만, 병원균은 다양한 방법으로 가족 사이에서 유산처럼 전해진다. 요컨대 병원균은 조상으로부터 우리에게 전해지기도 하지만 때로는 죽어 소멸되기도 한다. 따라서 병원균 청소는 무척 좋은 것이지만 이는 양날의 칼이다. 뒤에서 다시 소개하겠다.

병원균을 급감시키는 불 조리법

침팬지/보노보 계통에서 인간 계통이 분기되고 얼마 후, 또 하나의 중요한 변화가 우리 조상에게 일어났다. 그로 인해 우리의 병원균 레퍼토리에도 극적인 변화가 닥쳤다. 바로 인간 조상들이 불을 이용해 조리하는 법을 깨우친 사건이었다. 물론 〈미슐랭 가이드_Michelin Guide〉에서 별 셋을 얻을 정도는 아니었지만, 여하튼 우리 조상은 불을 사용해서 음식을 조리하는 법을 깨우쳤다.

정확히 언제부터 불의 힘을 사용했는지는 지금도 풀리지 않은 미스터리이다. 아마 불은 처음에 포식자와 경쟁자로부터의 보호와 온기를 제공했을 것이다. 하지만 곧이어 음식을 변형시키는 방법이 되었을 것으로 추측된다. 하버드대학에서 나의 지도교수였던 리처드 랭엄은 《요리 본능: 불 요리 그리고 진화_Catching Fire: How Cooking Made Us Human》에서 요리와 그 파급효과를 심도 있게 다루었다. 특히 랭엄은 요리의 기원을 자세히 분석했다.

조상들은 광범위하게 요리를 시작했을 때 요리가 주는 이점으로 음식을 한층 먹기 쉽고도 맛있어지게 한다는 점 외에, 불이 병원균을 죽이는 효력에서도 많은 혜택을 보았다. 물이 끓는 비등점 이상에서도 성장하고 번식하는 초고온균_hyperthermophile처럼 일부 병원균은 그 뜨거운 온도에서 살아남을 수 있지만, 동물에 기생하는 대다수의 병원균은 요리할 때의 온도를 견디지 못한다. 요리하는 동안 병원균에 열이 가해지면 병원균을 촘촘히 메운 단백질들이 열린다. 따라서 소화 효소들이 재빨리 그 틈을 파고들어 병원균의 모든 능력을 파괴해 버린다. 우리 조상들이 거쳐야 했던 개체군 병목현상과 마찬가지로, 요리는 보편적인 삶의 양식이 되어 새로운 병원균의 유입을 줄이는 역할을 하는 동시에 다양한 병원균의 생성 억제에도 일조했다.

인간이 불을 사용했다는 최초의 확실한 증거는 북이스라엘의 고고학 발굴지에서 발견되었다. 약 80만 년 전의 것으로 추정되는 불에 그슬린 돌조각들이 근처 불구덩이에서 발견되었다. 그러나 80만 년 전에 인간이 처음 불을 사용했다는 설은 무척 보수적인 가정이다. 약 100만 년 전의 것으로 추정되는 아프리카 발굴지에서도 불에 탄 뼈들이 발견되었기 때문이다. 그 뼈들은 요리한 후에 남겨진 잔존물로 여겨지지만, 다른 고고학적 증거가 없어 확실한 증거로 대우 받지 못한다. 랭엄의 분석에 따르면, 요리의 증거는 훨씬 더 과거로 거슬러 올라간다. 옛 조상들의 유골을 면밀하게 조사함으로써 고생물학자들은 옛 조상들이 불을 사용해 요리했다는 사실을 뜻하는 생리학적 단서를 찾아냈다. 예컨대 180만 년 전부터 살았던 인류의 조상인 호모 에렉투스는 상대적으로 커다란 몸집에 비해 소화관이 짧았고 턱도 작았다. 이런 신체 구조는 그들이 씹기 쉽고 소화하기 쉬운 고열량 식사, 다시 말해서 요리된 음식을 먹었다는 증거로 여겨질 수 있다.

우리 조상이 요리를 정확히 언제부터 시작했든 간에, 호모 에렉투스의 시대 이후로 요리가 폭발적으로 증가한 것만은 확실하다. 현대인의 식단에서는 불에 가열된 음식이 대부분을 차지한다. 나는 세계 전역에서 사냥꾼들과 함께 일하면서, 카메룬의 불에 구운 호저와 비단구렁이부터 콩고민주공화국의 튀긴 나무유충까지 다양한 음식을 맛보았다. 보르네오에서는 짓궂고도 '친절한' 카다잔족 안내자가 개고기 스튜를 장난삼아 나에게 권하기도 했다. 또 내가 미국에서 지낼 때 먹었던 쇠고기와 양고기 및 닭고기를 훨씬 넘어서는 음식을 맛볼 기회도 있었다. 하지만 내가 무엇을 먹었고, 그런 음식을 어디에서 먹었더라도 한 가지는 분명했다. 음식이 불에 충분히 가열되어 조리된 음식이라면 그 음식 때문에 내가 병들 가능성은 거의 없다는 것이었다.

축소된 개체군 크기와 요리라는 두 가지 요인만이 우리 조상의 병원균 레퍼토리를 줄이는 역할을 한 것은 아니었다. 열대우림에서 사바나 지역으로 이주함으로써 우리 조상들은 다른 식물과 기후에 적응해야 했다. 또한 완전히 다른 종류의 동물들을 상대하며 사냥해야 했다. 물론 다른 동물은 다른 병원균을 뜻했다.

병원균의 다양성과 관련된 생태적 요인에 대해서 우리는 거의 모르지만, 몇몇 핵심적인 요인들이 중요한 역할을 한다는 것은 확실하다. 예컨대 동물과 식물과 균류의 생물다양성biodiversity에서 열대우림이 지상의 어떤 생태계보다 풍부하다는 사실을 모르는 사람은 없다. 우리 조상은 열대우림을 떠나서 생물다양성이 줄어든 지역으로 들어갔다. 병원균이 감염시킬 숙주 동물의 다양성이 줄어들었기 때문에 병원균의 다양성도 당연히 줄어들었을 것이다. 요컨대 사바나의 초지에는 동물이 상대적으로 적었다. 따라서 그 동물들을 감염시키는 병원균의 다양성도 떨어졌고, 그 결과로 우리 조상의 병원균 레퍼토리도 줄어들었다.

사바나에 사는 동물들도 열대우림에 사는 동물들과 현격하게 달랐다. 무엇보다 유인원과 다른 영장류의 다양성이 뚜렷하게 달랐다. 간단히 말하면 영장류는 숲을 좋아한다. 정글의 왕은 영장류이지 사자가 아니다. 비비와 버빗원숭이 같은 영장류는 사바나 서식지에서도 너끈하게 살아가지만, 영장류의 다양성에서는 사바나에 비해 숲이 월등하게 높다. 우리 조상을 가장 쉽게 감염시킬 수 있었던 병원균을 연구할 때, 어떤 서식지에서든 영장류의 다양성이 중요한 위치를 차지한다. 물론 영장류가 인간의 병원균 레퍼토리를 결정하는 유일한 종은 아니다. 따라서 나는 영장류만이 아니라 박쥐와 설치동물에게도 관심을 늦추지 않았지만, 영장류가 중요한 역할을 한다는 것만은 분명하다.

수년 전 나는 병원균이 새로운 숙주로 이동하며 확산되는 가능성의 증감 여부가 어떤 요인에 의해 결정되는지 연구하기 시작했다. 예컨대 박쥐와 뱀이 신종 병원균의 유사한 근원지로 여겨질 수는 있지만 이런 가정에는 반론이 만만치 않다. 실험실에서 병원균을 연구하는 학자들은 계통적으로 밀접한 관계가 있는 동물들이 어떤 감염원에 비슷한 비율로 감염된다고 오래전부터 생각해왔기 때문이다. 따라서 뱀보다 박쥐 같은 포유동물에게 인간과 공유하는 병원균이 훨씬 많을 것이라 여겨졌다.

이동의 문제와 윤리적인 문제를 고려하지 않는다면, 침팬지가 인간의 모든 감염 질병을 연구하는 데 이상적인 모델일 것이다. 현존하는 동물 중에서 우리와 가장 가까운 친척이기 때문에 침팬지는 우리를 감염시키는 병원균에 거의 똑같이 감염된다. 그러나 시간이 지나면서 실험실에서 침팬지를 대상으로 한 인간 병원균 연구는 점점 줄어들고 있는 실정이다. 침팬지에게 실시되는 연구와 관련된 윤리적인 문제도 있지만, 덩치가 크고 공격적인 침팬지를 가둬놓고 통제하는 것이 매우 어렵기 때문이다.

계통적으로 친척 관계에 있는 동물들은 유사한 면역체계와 생리기능, 세포형과 행동을 지니기 때문에 동일한 감염체군에 취약할 것이라 추정된다. 우리가 종을 구분하는 분류학적 경계는 과학의 체계화를 위해 인위적으로 만들어낸 기준에 불과할 뿐 자연 그대로의 것은 아니다. 바이러스는 인간이 만든 동식물 도감을 무시한다. 두 숙주가 유사한 몸과 면역체계를 공유하면, 박물관 큐레이터가 두 숙주를 어떻게 분류하든 간에 바이러스는 두 숙주 사이를 오간다. 나는 이런 개념을 학문적으로는 정확하지만 약간 어색하게 들리는 '분류학적 전이법칙taxonomic transmission rule'이라 칭해왔다. 이 법칙은 인간과 침팬지 사이에, 또 개와 늑대 사이에 적용된다.[1] 쉽게 말하면 두 종이 계통적으로 가까울수록 하나의 병원균이 성공적으로 이동할 확률이 높다는 뜻이다.

'인간의 주된 질병 중 대부분이 어떤 시점에 동물로부터 기원한 것이다!' 이는 내가 2007년 〈네이처〉에 동료들과 함께 발표한 논문의 핵심적인 결론이다. 우리는 동물에서 기원했다는 걸 쉽게 추적할 수 있는 질병들이 실질적으로 모두 온혈 척추동물, 주로 포유동물에서 시작되었다는 걸 밝혀냈다. 영장류와 박쥐와 설치동물을 주된 연구 대상으로 삼았는데, 특히 영장류는 모든 척추동물 중 0.5퍼센트에 불과하지만 인간에게서 나타나는 주요 감염 질병의 20퍼센트에 영향을 미쳤다. 우리는 각 군에 속한 동물종의 수를, 각 군에서 유발된 주요한 인간 질병의 수로 나누었다. 그랬더니 인간 질병에 대한 각 군의 중요성을 뜻하는 비율을 얻어냈다. 이렇게 얻어낸 숫자는 매우 인상적이었는데, 유인원은 0.2, 인간과 관계없는 영장류는 0.017, 영장류가 아닌 포유동물은 0.003이었다. 반면에 척추동물이 아닌 동물은 거의 0에 가까웠다. 따라서 초기 조상들이 영장류로 가득 찼던 열대우림을 떠나 영장류 생물다양성이 낮은 사바나에서 더 많은 시간을 보냈을 때, 그들은 관련 병원균의 다양성이 낮은 지역으로 이주한 것이나 마찬가지였다.

다수의 요인들이 복합적으로 작용하여 초기 조상들의 병원균 레퍼토리를 낮춘 것으로 여겨진다. 초기 조상들이 사바나 지역에서 많은 시간을 보내면서 상대적으로 적은 숙주동물들을 상대하게 되었다. 게다가 그 숙주들은 계통적으로도 먼 관계에 있는 동물들이었다. 요리가 도래하면서 육고기 섭취도 한결 안전해졌고, 사냥과 도축 과정에서 또 생고기를 섭취하는 과정에서 유입될 수 있었던 병원균들이 요리를 통해 소멸되었다. 게다가 우리 조상이 겪었던 개체군 병목현상으로 인해 이미 체내에 기생하고 있던 병원균들까지 걸러졌다. 대체로 인간으로 진화되는 과정과 관련된 조건들이 우리의 옛 친척들에게 존재하는 병원균 다양성을 떨어뜨리는 데 큰 역할을 했다. 많은 병원균이 초기 조상들에게 남아 있었겠지만, 인간과 분기된 유인원 친척들의 계통에 계속 존재한 병원균에 비해서는 훨씬 적었을 것이다.

우리 조상이 병원균 청소를 거치는 시기 동안, 유인원 사촌들은 여전히 사냥을 계속하고 새로운 병원균을 받아들였다. 또한 인간 계통에서는 사라졌을 병원균들까지 여전히 보유했다. 인간의 관점에서 보면 유인원 계통들은 인간에게서는 사라진 병원균들의 창고였던 셈이다. 비유해서 말하면 우리 혈통에서 사라진 병원균들을 보존한 노아의 방주라고 할 수 있었다. 오랜 세기가 지난 후 인간 세계가 확대되면서 이 거대한 창고가 인간과 충돌하게 된 것이다.[2] 이는 곧 인간에게 중요한 질병을 일으키는 원인이 되었다.

야생 유인원에서 인간에게로

오늘날 인간을 괴롭히는 가장 파괴적인 전염병 하나를 꼽으라면 단연 말라리아이다.[3] 모기를 매개로 확산되는 말라리아로 매년 200만 명이 사망하는 것으로 추정된다. 말라리아가 예부터 인간에게 미친 충격이 상당했기 때문에 우리 유전자에도 그 유산이 낫적혈구병sickle cell disease이란 형태로 남아 있다. 낫적혈구의 보균자는 말라리아로부터 안전하기 때문에 낫적혈구는 그대로 존재한다. 보균자의 안전이 무엇보다 중요하기 때문에 부부 모두가 그 유전자를 보유한 경우에 후손의 약 25퍼센트에 악성빈혈인 낫적혈구병이 유전병으로 나타나기도 한다. 하지만 자연선택은 '보균자의 안전'이란 방향을 그대로 유지하는 듯하다. 왜냐하면 낫적혈구병으로 고생하는 사람들의 대부분이 세계에서 말라리아가 가장 극성인 지역 중 하나인 서중앙아프리카 출신이기 때문이다.

나는 개인적인 이유만이 아니라 직업적인 이유에서 말라리아에 관심을 갖게 되었다. 말라리아가 극성인 동남아시아와 중앙아프리카에서 일하는 동안, 나는 말라리아에 세 번이나 감염되었다. 세 번째로 감염되었을 때는 거의 죽을 뻔했다. 처음 두 번은 말라리아가 흔한 지역에서 걸렸고, 말라리아의 전형적인 증상에 시달렸다. 처음에는 목이 무척 아팠고(불편한 자세로 잠을 자고 난 후의 기분과 유사하다), 그 후에는 고열과 함께 땀이 걷잡을 수 없이 쏟아졌다. 처음 두 번의 경우, 동네 의사를 찾아가 신속하게 진단 받고 치료를 받았다. 통증과 불쾌한 기분은 극심했지만 그런대로 신속하게 치료되었다.

그러나 이 치명적인 질병에 세 번째로 걸렸을 때 내가 말라리아에 걸렸다고는 꿈에도 생각하지 못했다. 당시 열대지역에 있기는커녕 볼티모어에 있었다. 요컨대 카메룬에서 돌아와 존스홉킨스대학에서 연구를 계속하고 있었다. 게다가 증상도 무척 달라 이번에는 복통이 극심했다. 열도 있어 내게 침대를 빌려주고 아침식사까지 갖다 준 친구들에게 방이 너무 춥다고 투덜거렸던 것 같다. 이전과는 다른 새로운 증상에다가, 아프리카를 떠난 지 오래였기 때문에 그 병이 말라리아일 거라고는 전혀 생각하지 못했다. 뜨거운 물을 가득 채운 욕조에 반쯤 정신 나간 상태로 앉아 물이 욕조 밖으로 넘쳐흐르는 걸 물끄러미 지켜보면서 나는 만사를 제쳐두고 병원에 가야겠다고 생각했다. 병원에 입원해서 며칠 후에야 다시 깨달았지만, 말라리아로 고생하는 수백만 명에게 이 전염병이 미치는 영향이 엄청나다는 걸 실감할 수 있었다.

내가 말라리아에 학문적으로 관심을 갖기 시작한 때는 그보다 훨씬 이전이었다. 당시 나는 보르네오의 오랑우탄 말라리아를 연구하는 박사과정 학생이었지만, 애틀랜타에 본부를 둔 질병통제예방센터에서 말라리아의 진화에 대한 세계 최고의 전문가들과 함께 1년 동안 일하는 행운을 얻었다. 그때 나는 영장류의 말라리아 원충에 관한 한 세계 최고의 전문가인 빌 콜린스Bill Collins와 함께 말라리아의 기원에 대해 토론하며 행복한 오후 시간을 보냈다. 우리 대화의 주된 주제 중 하나가 야생 유인원의 중요성이었다.

야생 유인원들의 체내에는 상당수의 말라리아 원충이 있었다. 그런 원충 중 하나가 특히 관심을 끌었다. 저명한 독일 기생충학자 에두아르트 라이흐노Eduard Reichenow, 1883~1960의 이름을 딴 플라스모디움 라이흐노위Plasmodium reichenowi였다. 라이흐노는 중앙아프리카에서 침팬지와 고릴라의 체내에 기생하는 기생충들을 처음으로 자세히 연구한 학자였다. 라이흐노와 그 시대의 학자들은 다수의 이런 기생충을 수집품인양 찾아냈고, 현미경으로 조사해서 그 기생충들이 플라스모디움 팔시파룸Plasmodium falciparum, 열대성 원충과 밀접한 관계가 있을 거라고 정확히 추정했다.

나는 질병통제센터에서 일하던 1990년대에 분자기법을 이용해서 이런 기생충들을 정교하게 조사할 수 있었다. 분자기법으로는 현미경보다 훨씬 나은 해상도를 얻을 수 있어, 우리는 이 기생충들을 플라스모디움 팔시파룸과 정밀하게 비교했다. 그러나 안타깝게도 라이흐노 시대의 기생충들은 모두 사라져버렸고 남아 있는 것은 표본 하나뿐이었다.

이 하나뿐인 기생충 플라스모디움 라이흐노위를 분석한 결과, 이 기생충이 영장류 말라리아 원충 중에서 우리에게 치명적인 영향을 미치는 인간 말라리아 원충 플라스모디움 팔시파룸에 가장 가깝다는 걸 확인할 수 있었다. 하지만 표본이 하나뿐이어서 이 기생충의 기원에 대해서는 많은 것을 밝힐 수 없었다. 당시 학자들은 오래전 공통조상에게는 하나의 기생충만이 있었지만, 수백만 년의 시간이 지나면서 이 기생충이 플라스모디움 라이흐노위 계통과 플라스모디움 팔시파룸 계통으로 분기되었을 거라고 추정했다. 하지만 그 유인원 기생충은 어렵게 생각할 필요 없이, 진화의 역사에서 비교적 최근에 인간에게 흔한 기생충이 야생 유인원들에게 전이된 결과라는 추정도 가능하다.

또 다른 가정도 가능하다. 예컨대 유인원의 기생충으로 지금까지 알려진 것이 수십여 개에 불과한데도 플라시모디움 팔시파룸은 수많은 사람들에게 확산되고 있다는 사실을 대부분의 학자가 간과하고 있다. 하지만 어쩌면 플라스모디움 팔시파룸이 인간에게 옮겨진 유인원 기생충이라고 가정해볼 수 있다.

빌 콜린스와 나는 이 기생충들의 진화 과정을 추적하려면 야생 유인원들에게서 많은 샘플을 구해야 한다는 데 의견이 일치했다. 젊은 박사과정 학생답게 나는 패기만만했지만 그런 샘플을 구하기가 얼마나 어려운지는 미처 몰랐다. 나는 콜린스에게 어떻게든 샘플을 구하겠다고 장담하며, 야생에서 유인원들의 샘플을 구할 방법을 구상하기 시작했다.

그런데 어느 날엔가 돈 버크가 카메룬에서 병원균 조사를 시작한다며 나를 불러주었다. 그는 훗날 내가 박사후과정을 밟을 때 기꺼이 지도교수를 맡아주었던 인물이지만, 당시에는 완전히 생면부지였다. 그의 요청을 받아들일 때만 해도, 나는 내가 카메룬에서 감염병 감시기지를 장기적으로 운영하며 거의 5년이란 시간을 보낼 줄은 꿈에도 몰랐다. 하지만 결국 유인원 샘플을 구했고, 콜린스에게 장담한 약속을 지켰다. 부모를 잃은 고아 침팬지들에게 보금자리를 제공하는 카메룬의 보호구역에서 일하는 사람들의 협조를 얻어, 우리는 유인원의 말라리아 원충들이 일반적인 생각처럼 특이한 것은 아니라는 사실을 밝혀냈다. 또 코트디부아르에서 비슷한 연구를 하던 동물 바이러스 학자 페이비언 린더츠Fabian Leendertz, 분자기생충학자 스티브 리치Steve Rich, 전설적인 진화생물학자 프란시스코 아얄라Francisco Ayala와 팀을 이루어, 말라리아의 기원을 파헤치기 위한 중요한 진전을 이루었다.

수백 명의 사람에게서 채취한 유전자에 내재된 플라스모디움 팔시파룸을, 서아프리카 곳곳의 침팬지에게서 채취한 약 8개의 플라스모디움 라이흐노위 표본과 비교할 수 있었다. 유전자 비교 결과는 매우 충격적이었다. 우리가 어렵게 찾아낸 8개의 침팬지 기생충 표본인 플라스모디움 라이흐노위의 다양성에 비하면, 놀랍게도 플라스모디움 팔시파룸(인간 말라리아)의 다양성은 보잘것없었다. 이런 비교 결과를 통해 플라스모디움 팔시파룸이 과거에 유인원 기생충이었고, 인간이 침팬지 계통과 분기되고 상당한 시간이 지난 후 모기를 매개로 인간에게 전이되었다는 것이 가장 설득력 있는 설명이란 게 밝혀졌다. 결국 인간 말라리아는 야생 유인원에서 유래되었다는 뜻이었다. 우리의 연구 이후에 수년 동안 많은 연구진이 야생 유인원의 기생충에 대한 연구 결과를 발표했다.

베아트리스 한과 마틴 피터스(SIV 진화에 대해 연구했던 과학자들)는 그 후에 발표한 연구보고서에서, 야생 유인원들을 감염시키는 말라리아 원충들이 우리 연구팀이 지적한 것보다 훨씬 다양하다고 주장했다. 게다가 그들은 인간 말라리아 원충인 플라스모디움 팔시파룸에 가장 가까운 유인원 기생충이 침팬지보다 고릴라에 더 많이 존재한다는 것도 증명했다. 플라스모디움 팔시파룸이 어떻게 아직까지 야생 유인원들에 존재하는지, 또 그 기생충이 침팬지와 고릴라 사이에서 어떻게 교환되었는지는 앞으로 해결해야 할 숙제이다. 여하튼 현재까지의 연구 결과로는 인간 말라리아 원충인 플라스모디움 팔시파룸이 야생 유인원에서 인간으로 전이되었다고 여겨지며, 분명 그 반대는 아닐 것이라고 여겨진다.

'계통의 진화'라는 관점에서 볼 때 말라리아가 야생 유인원에서 인간에게로 전이되었다는 사실은 중요한 의미를 갖는다. 서식지의 교체와 요리 및 개체군 병목현상에서 비롯된 병원균 청소로 과거에 존재하던 병원균의 다양성이 크게 줄어들었으며, 아울러 인간의 병원균 명부까지 새롭게 정리되었다. 이처럼 병원균 레퍼토리가 얄팍해진 상태에서 오랜 시간이 지나자, 감염병에 맞서 싸워야만 하는 많은 본능적 메커니즘들에 대한 선택압selective pressure도 줄어들었을 것이다. 따라서 우리 몸을 보호하기 위해 질병과 싸우는 전술까지 적잖이 상실했음이 분명하다.

인구가 증가하기 시작하면서 수백만 년 전에 부분적으로 씻어낸 야생 유인원 질병들이 다시 우리를 감염시킬 수 있게 되었다. 다시 찾아온 야생 유인원 질병들은 마치 고향에 돌아온 새로운 병원균처럼 영향을 주었다. 말라리아는 유인원에서 현대인에게 전이된 유일한 병원균이 아니었다. HIV를 필두로 다른 병원균의 이야기도 무척 유사하다. 인류 초기 조상의 체내에서 병원균의 다양성이 줄어들고, 그로 인해 유전적 방어력이 떨어졌다. 따라서 우리 조상의 몸에서 병원균 청소가 진행되는 동안에도 유인원 사촌들은 그대로 유지했던 병원균 레퍼토리에 우리는 취약해질 수밖에 없었다. 우리가 하나의 독립된 종으로서 변화를 거듭하는 동안, 무대의 다른 쪽에서는 바이러스 폭풍이 일어날 조건을 갖추어가고 있었다.

뒤집고 휘저어 뒤섞다
CHURN, CHURN, CHURN

굴은 신선하고 맛있었다. 그러나 손님들이 훨씬 더 인상적이었다. 나는 파리의 조그만 비스트로에서 신선한 갑각류가 담긴 접시를 앞에 두고 앉아 바다의 맛을 음미하고 있었다. 그러나 그날이 내 기억에 뚜렷이 새겨진 이유는 식당의 다른 손님 때문이었다. 옆 테이블에 흠잡을 데 없이 차려입은 프랑스 여인이 앉아 있었다. 가방과 스커트와 양말까지 모든 것이 조화를 이루었다. 완벽했다고 말할 수는 없었지만 내 눈길을 사로잡기에 충분했다. 오른쪽에는 그녀의 동반자인 조그만 푸들이 의자에 앉아 테이블에 놓인 그릇의 물을 핥아먹고 있었다. 그녀가 먹던 닭고기의 작은 조각들이 접시에서 밀려나가 빵부스러기들과 뒤섞였다. 개는 요즘 세계 전역에서 많은 사람의 삶에 중요한 역할을 한다.

아시아를 여행하는 동안 나는 보르네오 섬의 한 지역에서 시간을 보냈다. 그곳 사람들은 개고기를 먹었고, 적어도 한 번은 나도 자발적으로 개고기를 맛보았다. 반면 말레이반도의 무슬림 지역의 사람들은 종교적인 이유로 개를 만지지도 않았다. 중앙아프리카에서 시간을 보낼 때에는 지역 사냥꾼들이 좀처럼 짖지 않는 조그만 바센지종 사냥개들의 도움을 받아 사냥하는 모습을 지켜보았다. 바센지 사냥개는 독자적으로 살았지만 숲에서 사냥꾼들을 따라다니며 사냥감을 잡는 걸 도와준 대가로 약간의 고깃덩이를 얻었다. 미국에서는 많은 사람이 개를 가족의 일원으로 여기며, 개의 의료비용에 적잖은 돈을 쓸 뿐만 아니라 개가 죽으면 슬픔에 잠긴다. 샌프란시스코 우리집 근처에 있는 해변가에 앉아 있으면, 애완견을 데리고 산책하다가 개의 입에 입맞춤하는 사람을 쉽게 만날 수 있다. 파리의 식당에서 애완견과 함께 음식을 나눠 먹는 여인을 보았을 때도 나는 우리가 개라는 동물과 깊이 관련돼 있는 현실을 재확인할 수 있었다.

인간에게 있어 개가 인생의 반려자로서, 일하는 동물로서, 식당 손님으로, 심지어 단백질 공급원으로서 등등 어떤 역할을 하든, 우리가 개와 맺고 있는 관계는 긴밀하지 않을 수 없다. 인류 역사에 있어 개는 특별한 역할을 해왔는데, 가령 우리가 인간의 진화에서 '가장 획기적인 사건'들을 편찬한다면 사냥과 요리는 반드시 포함될 것이다. 또 언어와 두 발로 걷는 능력도 그 목록에서 한 자리를 차지할 것이다. 그러나 인간이라는 종에게 일어난 역사적 사건 중 가장 중요한 일은 '길들이기domestication'였다. 그리고 우리 조상이 길들인 식물과 동물 중 첫 번째로 꼽을 수 있는 게 바로 개였다.

식물과 동물을 길들이는 능력을 갖게 되면서 우리는 지금과 같은 인간이 될 수 있었다. 동식물을 길들이는 능력이 없다면 지금도 수렵 채집이라는 생활방식을 영위하며 이 땅에서 시간을 보내고 있을 것이다. 내가 수년 동안 일했던 중앙아프리카에서 살아가는 피그미족이라 불리는 바카족과 바콜리족, 혹은 남아메리카에 살고 있는 아체이족과 다를 바가 없을 것이다. 이 종족들에게는 빵도 없고 쌀도 없다. 물론 치즈도 없고 농사도 짓지 않는다. 따라서 세계 어디에나 있는 주된 전통적 의식, 예컨대 추수와 모내기 및 그와 관련된 축제도 없다. 라마단, 부활절, 추수감사절 등과 같은 축제일도 없다. 털실도 없고 무명실도 없다. 그저 야생 나무껍질이나 풀로 짠 직물, 그리고 사냥한 동물에서 얻은 가죽이 전부이다.

이런 수렵채집인들에게도 복잡한 역사가 있다. 또 그들 중 다수가 어떤 시점에선가 농업과 유사한 형태로 일하기도 했지만 결국 수렵채집의 생활방식으로 되돌아왔다. 하지만 길들이기가 광범위하게 시작되기 전에 우리 조상의 삶이 어떤 형태였는지 짐작할 수 있는 단서를 그들에게서 얻을 수 있다.[1] 수렵채집인들이 공유하는 특징은 개체군 크기가 소규모이고 생활방식이 떠돌이라는 점이다. 뒤에서 다시 보겠지만, 이런 특징들은 개체군의 병원균 레퍼토리를 낮은 수준으로 유지하는 데 중대한 영향을 미쳤다.

'길들이다'라는 의미

인간의 길들이기는 늑대를 지금 우리가 알고 있는 개로 변형시키려는 시도에서 시작되었다. 고고학적 증거와 DNA 증거에 따르면, 중동과 동아시아에서는 약 3만 년 전에 회색 늑대를 길들이기 시작했다. 회색 늑대를 길들여서 경비견이나 일하는 개로 이용하려 했고, 때로는 고기와 털을 얻기 위한 목적으로 회색 늑대를 길들이기도 했다.

개의 가축화에서 초기 역사는 아직도 불분명하다. 굳이 가정을 해보자면, 늑대들이 사람들을 뒤쫓아 다니며, 사람들이 사냥해서 먹고 남긴 것으로 배를 채웠고, 시간이 지나면서 사람에게 더욱 의지하게 되었을 거라는 것이다. 의존으로 늑대가 훗날 길들여지기 위한 조건이 갖추어진 셈이다. 그러나 어떻게 시작되었든 간에, 1만 4,000년 전에 개는 인간의 삶과 문화에서 중요한 역할을 했다. 이스라엘의 일부 고고학 발굴지에서는 인간과 개가 함께 묻힌 경우도 있었다. 초기의 개는 아마도 요즘의 바센지 사냥개, 즉 나와 함께 일했던 중앙아프리카 사냥꾼들에게 사랑 받는 조용한 사냥개와 비슷했을 것이다.

우리가 다른 동물이나 식물을 길들이기 전, 약 1만 2,000년 전에 시작된 개의 길들이기는 그 후 뒤따른 길들이기의 전조였다. 약 1만 년 전, 혹은 1만 2,000년 전에 양과 호밀을 필두로 '길들이기 혁명 domestication revolution'이 본격적으로 시작되었고, 그밖의 다른 식물과 동물의 길들이기도 뒤따라 시도되었다.

길들이기 혁명에서 비롯된 결과와 기회는 실로 엄청났다. 길들이

깔끔하고 조용한 성격으로 좀처럼 짖지 않는다는 바센지 사냥개의 암컷

기가 있기 전에 인간의 식량은 야생 환경에서 얻는 것이 전부였다. 계절에 따라 이주하는 야생동물의 사냥에 의존했던 우리 조상들은 정착하지 못하고 어쩔 수 없이 이주하는 삶을 살아야 했다. 지역 서식지에 존재하던 야생열매와 그밖의 식물 식량원도 줄어들어 계절적 이동을 해야 했다. 약간의 예외가 있기는 했지만,[2] 야생의 환경은 많은 사람을 먹여 살리기에 부족했다. 따라서 부족 집단은 50~100명을 넘지 않는 소규모로서 주로 이동하며 살았을 것으로 추정하고 있다.

길들이기가 5,000~1만 년 전에 이미 유입되었다는 것이 확실하기 때문에 그때부터 모든 것이 변했다. 식물을 재배하고 동물을 가축화함으로써 인간은 연중 내내 칼로리원을 확보할 수 있었다. 수렵채집과 가축화한 동물을 먹여 살리기 위해서라도 이주생활을 할 수밖에

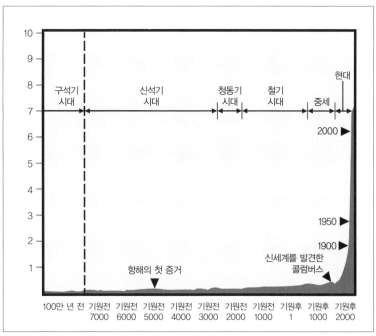

| | 구석기
시대 | 신석기
시대 | 청동기
시대 | 철기
시대 | 중세 | 현대 |

항해의 첫 증거

신세계를 발견한
콜럼버스

2000
1950
1900

100만 년 전　기원전　기원전　기원전　기원전　기원전　기원전　기원전　기원후　기원후　기원후
　　　　　　7000　6000　5000　4000　3000　2000　1000　　1　　1000　2000

인구수의 변화

없었지만, 농업(식물의 재배)의 등장으로 인간은 한 곳에 정착하며, 끝없는 이주에서 벗어날 수 있었다. 정착된 생활방식과 충분한 식량 생산으로 인구가 증가할 수 있는 조건이 갖추어지자 마침내 도시가 형성되기 시작했다. 인구가 증가하고 정착된 생활방식이 확립되었다. 게다가 가축화된 동물이 꾸준히 증가하더니 인간과 병원균의 관계도 바뀌었다. 그러나 인간만이 야생의 세계를 길들인 것은 아니었다.

일반적인 속설과 달리, 길들이는 능력은 인간만의 전유물이 아니다. 동물의 세계에서 길들이기의 가장 뚜렷한 예는 영장류나 돌고래 혹은 코끼리 등 척추동물이 아니라 개미에게서 찾을 수 있다. 개미는 결코 저능한 벌레가 아니다. 오히려 독특하고 복잡한 군락을 구성하며, 그 군락은 단순히 개체의 모임이 아니라 집단적 초유기체 superorganism이다.[3]

가위개미 군락은 주로 아메리카의 열대지역에서 발견된다. 초등학교에서도 널리 알려질 정도로 엄청난 힘을 지닌 일개미들은 자기 몸집보다 몇 배나 큰 푸른 잎조각을 짊어지고 보금자리를 향해 정글을 줄지어 행진한다. 하지만 가위개미에게서 가장 흥미로운 점은 그 힘이 아니다. 이 놀라운 개미들은 길들이기 기술을 완벽하게 터득하고 있다. 일개미들은 그 커다란 잎을 먹지 않고 짓씹어서 비료로 사용하는 등 텃밭을 가꾸는 데 썼다. 아타속屬과 에크로머멕스속屬으로 구성되는 가위개미는 균류에 근거한 수확물을 경작해서, 그 수확물을 식량으로 삼아 수백만 년을 살아왔다. 그야말로 농부다.

균류의 재배는 가위개미들이 지상에서 가장 성공적으로 번식한 종의 하나가 되는 데 큰 역할을 했다. 직경이 15미터, 깊이가 5미터에 이르는 가위개미 군락에는 800만 마리가 넘는 개미가 살 수 있다. 그 거대한 지하 군락은 정주적定住的 성격을 띠고 있어 때로는 같은 장소에서 20년 이상 유지되기도 한다.

이 매력적인 개미들에 많은 과학자가 관심을 기울였다. 캐나다 과학자인 카메론 커리Cameron Currie도 예외가 아니었다. 커리 박사는 분자생물학적 기법을 사용해서 개미들의 유전자, 그들이 재배하는 균류 및 그 경이로운 공동체에 속한 다른 개미들을 분석했다. 그 결과로

균류 텃밭을 가꾸는 가위개미들(벨리즈)

가위개미와 균류 사이에 진화적 관련성을 밝혀냈는데, 가위개미 군락과 균류의 종이 무려 수천만 년을 함께 살았다는 것이었다. 인간 세계에서 농업과 작물 간의 관계를 훨씬 뛰어넘는 시간이었다.

농부와 마찬가지로 가위개미들에게도 농사를 방해하는 특수한 균류인 기생균을 비롯해 여러 해충이 있었다. 커리 박사는 개미들이 수천 년 전부터 균류 작물을 재배하며 살았고, 처음부터 기생균이 무임 승차했다는 사실만 밝혀낸 것이 아니었다. 놀랍게도 농부들처럼 가위개미들도 살충제를 사용했다는 사실까지 알아낸 것이다. 가위개미들은 균류를 제거하는 화학물질을 생성하는 특수한 박테리아를 배양해서 해충의 발생을 억제한다. 개미를 해충이라 생각하는 사람들이 적지 않은 세상에서, 개미들도 자신들을 괴롭히는 해충 문제로 고민하고 있었던 셈이다.

가위개미는 수백만 년 전부터 길들이는 법을 터득했지만, 인간은 기껏해야 수천 년 전부터 동물과 식물을 길들이기 시작했다. 가위개미처럼 우리도 농작물의 수확에 악영향을 미치는 요인 중 하나가 해충이란 걸 알아냈다. 가위개미들이 재배하는 균류는 수천만 년 전부터 해충의 피해를 입었다. 물론 그 전부터 균류를 재배했을 것이다. 그러나 가위개미들이 균류를 수확하고 비료를 사용하게 되면서 더 많은 균류를 확보할 수 있게 되었고, 따라서 균류의 재배로 인해 개체군의 밀도 또한 높아졌다. 개체군 밀도가 높아짐에 따라 균류든 바이러스든 기생균의 압력도 자연스레 높아졌다.

가위개미는 균류를 재배하는 데 집중한 반면에, 인간은 농업과 축산을 완전히 새로운 차원으로 발전시켰다. 진화적 관점에서는 아주 짧은 시간이지만 인간은 수천 년 동안 한두 종을 경작하는 데 그치지 않고 광범위한 식물을 재배하거나 다양한 동물들을 길들였다.

지금은 이런 현상을 당연하게 받아들이지만, 인간이 현재 얼마나 많은 동물과 식물을 길들이고 있는지 안다면 정신이 아찔할 정도이다. 평일에 우리는 시트(목화)와 모직담요(양)가 깔린 침대에서 잠을 깬다. 가죽구두(소)를 신고, 캐시미어 스웨터(염소)를 입는다. 아침식사로 달걀(닭)과 베이컨(돼지)을 먹고, 애완동물(개, 고양이)을 향해 인사를 건네고 출근한다. 점심식사로는 샐러드(상추, 샐러리, 사탕무, 오이, 병아리콩, 해바라기씨)에 드레싱(올리브유)을 더해 먹는다. 간식으로는 과일샐러드(파인애플, 복숭아, 체리, 시계꽃 열매)나 혼합 견과

류(캐슈, 아몬드, 땅콩, 콩류)를 먹는다. 저녁식사에는 카프레제 샐러드(토마토, 버펄로 모차렐라), 완두콩을 곁들인 파스타(밀), 싱싱한 바질을 더한 훈제연어를 먹는다. 모두가 재배되고 길들여진 것이다.

많은 사람들이 모여 특별한 식사를 즐기는 날이 간혹 찾아온다. 이런 날에는 가축화된 세 동물(소, 돼지, 닭)과 10여 가지의 식물로만 끝나지 않는다. 한마디로 우리는 길들이기의 달인들이다.

실질적으로 모든 생명체의 주된 칼로리원인 야생식품은, 이제는 대부분의 사람들에게 진귀한 사치품으로 여겨질 지경이다. 내 친구들인 노엘레와 조반니는 이탈리아 레조 근처에 있는 자그마한 언덕 기슭 마을 밖의 숲에서 채집한 식물들로 맛있는 야생 아스파라거스 파이를 만든다. 그러나 요즘 야생채소는 흔히 볼 수 없는 특별한 음식이 되었다. 대다수의 나라에서 자연산 연어는 양식 연어보다 훨씬 비싸다. 나의 친구들인 미니와 크리스가 매년 매사추세츠의 오두막에서 즐기는 야생 사슴고기는 이제 일반적인 칼로리원이 아니라 꿈만 같은 '자연으로의 회귀'를 뜻하게 되었다.

주로 야생에서 영양원을 구하던 종에서, 이제는 대부분의 음식을 직접 재배해서 얻은 종으로 전환함으로써, 우리는 미개척 서식지의 들쑥날쑥한 식량자원에 의존할 필요가 없는 존재가 되었다. 이런 전환으로 동물과 식물의 길들이기가 본격적으로 전개되었다. 또한 일부는 식량의 생산에 집중하는 반면에 다른 사람들은 다른 목표를 추구할 여유, 예컨대 바이러스 연구에 몰두할 여유를 갖게 되었다. 여하튼 길들이기가 도래하기 전에 우리 조상이 매달려야 했던 수렵채집에서 우리는 해방되었다. 이런 변화는 인간과 병원균 사이의 관계도 근본적으로 바뀌놓았다.

또 다른 경로, 가축화된 동물

세계 곳곳의 현장에서 나와 동료들은 사냥꾼들과 긴밀히 협조하며 일한다. 그들이 야생동물을 포획하고 도살해서 먹을 때마다 그들에게 전이되는 새로운 병원균이 있는지 조사한다. 하지만 사냥꾼들만이 우리의 연구대상은 아니다. 시골 마을에서 키우는 가축들, 즉 개와 염소와 돼지 및 마을 사람들과 함께하는 여타 동물들까지 우리의 연구대상이다. 야생이든 가축이든 모든 동물들은 그 자체로 고유한 병원균 레퍼토리를 지니고 있다. 농장에서든 집에서든 혹은 가축 무리에서든 병원균은 밀집된 환경에서 번성한다.

　가축화된 동물들은 인간에게 다양한 통로로 새로운 병원균을 전염시켜왔다. 이 동물들은 종별로 각각 가축화되기 전의 병원균 레퍼토리를 지녔기 때문에, 가축화로 인해 접촉하기 시작하면서 인간과 병원균을 주고받게 되었다. 재레드 다이아몬드는 《총, 균, 쇠Guns, Germs, and Steel》라는 뛰어난 책에서 이런 교환의 증거와 더불어 인간의 역사에 미친 영향까지 자세히 분석했다. 특히 재레드는 온대지역에서 가축화가 성행한 까닭에 온대지역 사람들의 병원균이 더 다양하다는 사실을 입증해보였다. 예컨대 홍역은 우역牛疫에서 유래한 것이다. 우역은 소의 바이러스가 인간에게 유입된 예이다. 가축화에 따라 인간에게 전이된 바이러스가 지금도 인간을 괴롭히고 있는 셈이다.

인간은 삶의 동반자로든 보호용으로든 식용으로든 가축화된 동물과 밀접한 관계를 유지하며 살아간다. 이런 관계가 때로는 극단으로까지 치닫는다. 파푸아뉴기니에서 일부 종족의 여자들은 돼지에게 젖을 먹인다. 돼지는 그들에게 중요한 가축이기 때문에 돼지를 살리기 위해서 인간의 젖을 먹이는 것이다. 이런 밀접한 접촉은 병원균이 이동하기에 더없이 확실한 통로이다.

가축화한 동물에서 기원한 병원균 중 다수가 수천 년 전에, 혹은 우리가 그 동물들을 처음 가축화한 시점에 인간의 몸으로 유입되었다. 처음에는 가축들에 속했지만 우리에게 들어온 병원균들이 5,000년 혹은 1만 년 전 동물의 길들이기가 최고조에 이르렀을 때 우리 조상의 병원균 레퍼토리를 높이는 데 큰 역할을 했다. 그런데 시간이 지나면서 이런 상황도 변했다.

예컨대 개가 인간에게 전이한 병원균의 대부분은 그 유전자가 재조합되었다. 달리 말하면, 인간의 병원균 레퍼토리는 개를 비롯해 우리가 길들인 다른 동물들의 병원균 레퍼토리와 융합되었다. 더구나 지금도 우리는 가축들에게 모유를 먹이지는 않더라도 온기를 얻기 위해 껴안고 함께 뒹굴며 놀지 않는가. 우리 조상과 야생동물의 관계보다 우리와 가축의 관계가 훨씬 밀접한 것은 부인할 수 없는 사실이다.

개가 길들여지기 전에 개의 병원균들이 인간의 몸에 들어갔을 것이고, 인간의 병원균도 개에게 전이되어 살아남은 게 적지 않았을 것이다. 당시에 성공적으로 전이되지 못한 병원균들은 지금도 인간의 몸에 전이될 가능성이 없다고 보아도 무방하다. 따라서 그런 병원균이 우연히 한두 명을 감염시키더라도 확산될 가능성은 없다. 확산이야말로 우리가 진정으로 두려워해야 할 병원균의 조건이다.

인간과 동물이 가깝게 교류한 지 수천 년이 흘렀다. 그 과정에서 인간은 가축과 일종의 '병원균 평형상태'를 이루었다. 그렇다고 가축들이 이제 우리 병원균 레퍼토리에 전혀 영향을 미치지 않는다는 뜻은 아니다. 오히려 정반대이다. 가축들은 인간에게 꾸준히 새로운 병원균을 유입한다. 이런 병원균들은 가축 자체의 것은 아니고, 가축들이 접촉하는 야생동물들의 것이다. 가축들은 병원균 매개microbial bridge 역할을 하는 것으로 보면 된다. 야생동물의 새로운 병원균이 우리 몸으로 전이되는 매개체 노릇을 한다.

가축이 인간과 야생동물 사이의 병원균 매개 역할을 한 사례는 얼마든지 찾아볼 수 있다. 가장 널리 알려진 예가 니파 바이러스Nipah virus이다. 아주 흥미로운 이 바이러스의 발생과정을 연구하기 위해 피터 다스작Peter Daszak과 흄 필드Hume Field가 공동으로 추적하였다. 그들은 수년간의 추적 끝에 이 바이러스가 인간과 사육장이라는 복합적인 세계에서 어떻게 살아가는지 자세하게 입증해냈다.

니파 바이러스는 말레이시아 니파라는 마을에서 처음 발견되었다. 1999년 말레이시아와 싱가포르에서 확인된 감염자 2,577명 중 100명이 사망할 정도로 치사율이 상당히 높다. 생존자 중에서도 50퍼센트 이상에게서 심각한 뇌손상이 발견되었다.

니파 바이러스의 기원을 추적하기 위한 첫 단서는 감염자들의 패턴이었다. 대다수의 환자가 양돈장에서 일하는 사람들이었다. 처음에 연구원들은 질병을 일으키는 바이러스가 일본뇌염 바이러스라고 생각했다. 일본뇌염 바이러스가 아시아 열대지역 전역에서 흔했기 때문이었다. 하지만 증상이 확연히 달랐고 치사율도 높아, 조사팀은 그때까지 확인되지 않은 새로운 병원균일 거라는 결론을 내렸다.

니파 바이러스의 초기 증상은 고열과 식욕감퇴, 구토와 독감증세 등으로 일반 바이러스에 감염된 증상과 흡사하다. 그러나 사나흘이 지나면 신경계에 심각한 징후가 나타난다. 이 바이러스가 인체에 미치는 영향은 사람마다 다른데, 가령 마비를 일으키고 혼수상태에 빠지는 사람이 있는가 하면, 환각 증세를 보이는 사람도 있다. 한 환자는 돼지들이 자신의 침대를 빙빙 돌아다닌다고 하소연하기도 했다.

MRI로 촬영해보면 환자의 뇌가 심각하게 손상된 흔적이 군데군데 보이며, 뇌 손상이 시작되면 대체로 며칠 후에 사망한다. 1999년 말레이시아와 싱가포르의 경우, 이 바이러스에 감염된 환자 이외에 추가로 감염된 환자는 확인되지 않았다. 그러나 그 후 방글라데시에 다시 나타났을 때, 니파 바이러스가 적어도 일정한 조건 아래에서는 인간에서 인간으로 전파될 수 있다는 증거를 확인하게 되었다.

과학자들은 새로운 바이러스를 발견하면 그 바이러스의 보유숙주 reservoir, 즉 그 바이러스를 먹여 살리는 동물을 찾아내려 거의 광분할 지경이 된다. 보유숙주라는 개념은 여러모로 유용하지만 한계도 있다. 과학자들은 종간種間의 뚜렷한 차이에 주로 주목한다. 우리는 동물의 세계를 과科―속屬―종種으로 구분하지만, 이런 구분이 편의에 의한 것임을 종종 망각한다. 분류학자는 콜로부스 원숭이, 비비, 침팬지, 고릴라, 인간의 차이를 명확하게 분류하겠지만, 이 동물들을 구분하는 특징들이 병원균에게는 무의미한 경우가 많다. 바이러스의 관점에서 다른 종들의 세포가 적절한 수용체를 지니고, 생태적 환경이 전이의 기회를 제공하면, 비비의 털이나 인간의 직립 자세는 조금도 중요하지 않다.

일부 바이러스는 다수의 숙주에서 동시에 지속적으로 존재할 수 있다. 뼈가 부러질 듯이 통증이 심해서 '브레이크본breakbone 열병'이라고도 불리는 바이러스성 질환인 뎅기열은 대부분의 도시에서 발병된다. 하지만 뎅기열 바이러스는 열대우림의 야생 영장류의 체내에도 존재하며, 열대지역에서는 야생조류에서 발생한다는 뜻에서 '야생조류 뎅기열sylvatic dengue'로도 불린다.[4] 야생조류 뎅기열은 영장류의 종을 구분하지 않고 무차별적으로 감염시킨다. 요컨대 숙주범위가 무척 넓은 편이다.

박사과정 중 무수한 과학 논문을 읽었지만, 그중 유난히 나의 뇌리에 박힌 이론은 손가락으로 꼽을 정도이다. 지금도 뚜렷이 기억하는 논문 하나는 야생조류 뎅기열의 광범위한 숙주를 찾아내기 위한 실험 과정을 기록한 연구보고서이다.

이 보고서를 발표한 과학자들은 지금의 기준에서는 비윤리적으로 여겨지는 방법을 사용했다. 즉 다양한 종의 영장류를 우리에 가둬두

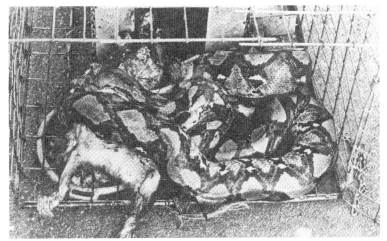
우리에 갇힌 비단뱀은 뎅기열 바이러스에 감염되지 않았다

고, 뎅기열 바이러스를 지닌 숲 모기들이 마음껏 활동할 수 있는 높이로 우리를 매달아놓았다. 그 후 과학자들은 어떤 종이 뎅기열에 감염되었는지 확인하기 위해 바이러스 샘플을 추출했다. 배가 엄청나게 불룩해진 비단뱀을 발견한 경우를 제외하고는, 우리에게 이 실험은 대체로 효과가 있었다. 커다란 뱀이 우리 속으로 기어들어가 겁에 질린 원숭이를 삼켜버린 것이었다. 잘못 계산한 비단뱀은 불룩해진 배 때문에 우리의 철망을 빠져나가지 못하고 불쌍한 원숭이처럼 우리에 갇히는 신세가 되고 말았다. 비단뱀은 뎅기열 바이러스에 감염되지 않았다. 그리고 파충류와 포유류 모두를 감염시킬 수 있는 바이러스는 거의 없다.

야생조류 뎅기열 바이러스는 다수의 종에서 생존할 수 있다. 그 때문에 뎅기열 바이러스는 영장류 중에서 한 종만이 밀집해 살아가며,

그 바이러스의 생존 환경을 보장해주는 지역 이외에서도 존속할 수 있는 것으로 보인다. 뎅기열 바이러스가 한 숙주동물에서 다른 동물, 특히 모기로 옮겨가기 위해 활용하는 메커니즘 덕분에 이런 이동이 무리 없이 이루어진다.

존속 기회를 얻은 바이러스

뎅기열의 경우, 엄격하게 말해서 하나의 보유숙주가 있다는 주장은 이제 무의미하다. 그러나 니파 바이러스는 1999년에 발견되었을 때 보유숙주가 무엇인지 명확하지 않았다. 당시 과학자들은 "야생동물이든 가축이든 그 지역의 동물들이 니파 바이러스의 보유숙주일까?"라는 의문을 품었다. 바이러스가 인간에게 전이되기 전에 어떤 동물의 체내에서 살았는지 알아낼 수 있다면 이 의문을 해결하는 데 도움이 될 것이다. 또 보유숙주가 어떤 동물이냐에 따라서 축산방법을 바꾸거나 행동에 약간의 변화를 시도할 수 있을 것이며, 아울러 바이러스가 인체에 유입되는 가능성을 효과적으로 차단할 수 있다. 요컨대 바이러스의 교환과 직결되는 위험한 접촉을 피하게 된다.

병원균이 보유숙주인 동물의 체내에서 스스로 존재할 수 있느냐를 파악하면, 공중위생 전략도 이에 따라 수정할 수 있다. 병원균은 양방향으로 이동할 수 있다. 따라서 니파 바이러스처럼 인간에게서 새롭게 발견된 병원균은 동물에서 기원한 것이지만, 기존의 병원균들이 인간에서 동물로 옮겨가는 가능성도 배제할 수 없다. 인체에 기생하는 병원균에 대한 동물전염원 때문에 병원균의 통제 노력이 실패로 돌아갈 수 있다. 요컨대 우리가 특정 지역의 사람들을 감염시킨 병원균을 박멸하더라도 그 병원균이 동물들 몸에서 살아남아 다시 나타나는 등 치명적인 결과를 낳을 수 있다. 따라서 인간을 감염시킨 병원체를 완전히 박멸하기 위해서는 그 병원균이 인체 밖에서도 살아갈 수 있는지 알아내야 한다.

니파 바이러스가 1999년 출현했을 때 과학자들은 보유숙주를 찾는 데 전력을 기울였다. 수년이 지난 후 야생동물과 가축과 식물 간의 복잡한 관계가 밝혀졌다. 동식물의 길들이기가 병원균이 인간에게 옮겨가는 통로를 제공한다는 복잡한 과정을 강조하는 이야기였다.

니파 바이러스가 출현했던 말레이시아 양돈장은 작은 규모가 아니다. 수천 마리의 돼지가 좁은 우리에 갇혀 있어서 바이러스가 확산되기에는 더없이 좋은 환경이다. 양돈업자들은 소득을 극대화하기 위해서 돼지를 파는 데 그치지 않고 주변 토지까지 적극적으로 활용한다. 예컨대 말레이시아 남부인 이 지역에서는 양돈장 안팎에 망고나무를 재배하고 있는데, 이는 망고를 팔아 부수입을 올려 영농사업의 생존력을 높이기 위한 자구책이다.

망고나무는 양돈업자들에게 맛있는 과일로 부수입을 안겨주지만, 프테로푸스Pteropus라는 학명으로 알려진 큰박쥐(여우박쥐라고도 한다)를 끌어들인다. 뜻밖에도 이 박쥐가 니파 바이러스의 보유숙주였다. 달리 말하면 큰박쥐가 니파 바이러스를 야생세계와 연결하는 고리였다. 프테로푸스 박쥐, 즉 큰박쥐가 망고로 배를 채우는 동안 돼지우리에 오줌을 누고 먹다 남은 망고를 떨어뜨린다. 잡식성 동물인 돼지가 망고를 먹으면 니파 바이러스에 감염된 박쥐의 타액과 오줌까지 먹는 셈이 되고, 따라서 니파 바이러스가 밀집된 돼지들에게 신속하게 확산된다. 그 돼지들이 도축과 판매를 위해 다른 장소로 이동하면 다른 양돈장까지 감염시키고 때로는 돼지를 키우는 사람들까지 감염시킨다.[5]

길들이기가 시작되고 수천 년 후에 나타난 니파 바이러스는 길들

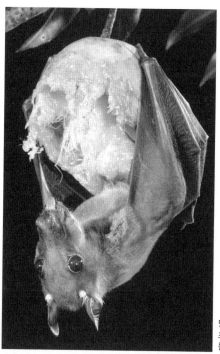

망고를 먹는 왈버그 견장과일박쥐(학명은 에포모포러스 왈버기). 돼지에게 니파 바이러스를 감염시키는 주요인이다

이기가 인간과 병원균의 관계에 미치는 영향을 극명하게 보여준다. 길들이기 혁명 이후로 정착해서 살아가는 사람이 증가하고 규모가 커졌다. 따라서 길들이기가 있기 전에 조상들이 병원균에 감염되는 경우와는 결과도 달랐다. 농업이 도래하기 전에는 소규모 집단이 이동하는 삶을 살았다. 동물들로부터 유입된 새로운 병원균이 이런 집단을 휩쓸면 일부는 목숨을 잃었고 나머지는 면역력을 얻었다. 이런 지경에 이르면 바이러스들이 저절로 소멸되었다. 숙주가 없는 바이러스는 생존할 수 없기 때문이다.

마을과 소도시가 농지를 중심으로 형성되기 시작했다. 마을들은 외따로 고립된 삶을 살지 않았다. 마을들은 처음엔 오솔길로, 그 후에는 도로로 연결되었다. 우리 생각에는 이 마을들 하나하나가 독립된 기능을 지닌 단위체일 수 있지만, 바이러스의 관점에서 보면 마을들 전체가 하나의 커다란 공동체였다. 이처럼 마을들을 연결한 공동체의 규모가 커지면서, 인류의 역사에서 급성 바이러스가 인간의 몸에서 영구히 살아남는 기회가 주어졌다.

B형 간염처럼 숙주의 체내에서 영구히 살아가는 만성 바이러스는 자손을 오랫동안 지속적으로 전달할 수 있기 때문에 반드시 대규모 개체군이 필요하지는 않다. 만성 바이러스는 무척 작은 공동체에서도 '싸우다 도망간 사람만이 살아서 다음날 다시 싸울 수 있다'라는 장기적인 전략을 채택해서 꿋꿋하게 살아남는다. 반면에 홍역 같은 급성 바이러스는 오랫동안 하나의 개체에 머물지 않고 감염시킬 다른 숙주를 끊임없이 찾아다닌다. 급성 바이러스는 개체군 전체를 헤

집고 돌아다니는데, 그 과정에서 목숨을 잃는 사람도 있고 면역력을 형성하는 사람도 있다. 그리고 더는 감염시킬 사람이 하나도 남지 않게 된다.

따라서 길들이기가 있기 전에 우리 조상이 소규모 집단으로 이동하던 생활방식에서, 급성 바이러스는 인간이 다른 종과 공유하는 병원균이 아니면 오랫동안 지속될 수 없었다. 예를 들어 설명해보자. 침팬지 개체군은 때때로 소아마비 바이러스의 공격을 받는다. 선구적 영장류학자 제인 구달이 연구한 침팬지 개체군도 마찬가지였다. 소아마비를 일으키는 바이러스는 지속적으로 살아남으려면 대규모 개체군이 필요하다. 그러나 1966년 제인 구달과 그녀의 동료들은 자신들이 연구하던 야생침팬지들이 인간 소아마비와 무척 유사한 질병에 걸린 것을 확인할 수 있었다. 이완성 마비 증상까지 관찰될 정도였다. 이 바이러스의 발생으로 탄자니아의 침팬지 공동체들은 엄청난 피해를 입었고 많은 동물이 목숨을 잃었다.

침팬지 소아마비를 일으킨 바이러스는 실제로 인간에게 소아마비를 일으키는 바이러스였다. 인간 소아마비 바이러스가 같은 시기에 소아마비 환자로부터 침팬지들에게 전이된 것이었다. 구달 박사의 연구팀이 침팬지들에게 백신을 투여했다. 그 덕분에 침팬지 공동체는 그런대로 피해를 줄였을 가능성이 있다. 그러나 길들이기 이전의 우리 초기 조상처럼, 침팬지들의 개체군 크기는 이 바이러스가 지속적으로 살아남을 수 있을 만큼 크지 않았다. 현재의 계산에 따르면, 소아마비 바이러스가 지속적으로 유지되려면 25만 명 이상의 공동체가 필요하다. 소규모 공동체에서 소아마비 바이러스는 공동체 전체를 휩쓸며, 일부에게는 피해를 입히고, 나머지에게는 면역력을 키워준 후에 소멸된다.

그러나 우리 조상들이 농사를 짓고 동물을 가축화하면서 마을들이 서로 교류하기 시작하자, 소아마비 바이러스 같은 바이러스들은 우리를 감염시키는 데서 끝나지 않고 인간의 체내에서 유지될 수도 있게 되었다. 마을들이 점점 늘어나고, 마을 간의 교통도 개선되면서 인간의 접촉 빈도도 자연스레 증가할 수밖에 없다. 마을들을 오가는 사람들이 많아지면 병원균의 관점에서 마을들의 공간적인 분리는 문젯거리가 아니다. 교류하는 수백, 수천의 마을은 병원균에게 실질적으로 하나의 커다란 대도시일 뿐이다. 결국 서로 교류하는 사람의 수가 대대적으로 증가하게 되자 바이러스들은 항구적으로 존속할 수 있게 되었다. 출산과 이민을 통해 새로운 사람들이 꾸준히 유입되는 한, 병원균에게는 침입해서 기생할 새로운 숙주가 항상 있기 마련이다.

농업의 도래와 동물의 가축화로 병원균에게는 우리 조상을 공격할 세 가지 통로가 확보되었다. 첫째, 조상들이 가축화된 동물들과 긴밀하게 접촉함으로써 동물들의 병원균이 우리에게 건너올 수 있었다. 둘째로, 가축화된 동물들이 야생동물들과 꾸준히 접촉함으로써, 야생동물들의 병원균이 우리에게 건너올 기회가 생겼다. 끝으로, 농업의 도래로 인해 인간은 정착하는 삶을 살게 되었으며 대규모 공동체를 형성할 수 있었다. 따라서 전에는 반짝 기승을 부리다가 소멸되었을 병원균들이 지속적으로 존속할 수 있는 환경이 조성되었다. 이 세 가지 조건이 결합되면서 우리를 새로운 병원균의 세계로 인도했고, 그 결과로 다음 장에서 보듯이 최초의 판데믹이 발생하기에 이르렀다.

제 2 부

공포의 판데믹 시대

THE VIRAL
STORM

최초의 판데믹

2002년 7월 초, 테네시 주 프랭클리 카운티에서 13세 소년인 제레미 왓킨스가 낚시를 끝내고 집으로 돌아오고 있었다. 소년은 길에서 병들어 땅바닥에 떨어진 박쥐 한 마리를 주웠다. 다른 식구들은 누구도 박쥐를 만지지 않았다. 게다가 제레미가 의붓어머니에게 박쥐를 보여주자, 의붓어머니는 제레미에게 당장 박쥐를 놓아주라고 호통을 쳤다. 굳이 박쥐가 아니어도 야생동물과 관련된 이런 사건은 세계 전역에서 매일 수천 건씩 일어나지만 대개는 별다른 탈 없이 끝난다. 그러나 제레미와 그 박쥐의 만남은 완전히 달랐다.

제레미 사건을 다룬 미국 질병통제센터의 보고서에는 그 후의 증상들이 임상적으로 자세히 기록되어 있다. 8월 21일, 제레미는 두통과 경부통을 호소했다. 또 하루 남짓 후에는 오른팔이 마비되었고 미열이 있었다. 게다가 하나의 물체가 겹쳐 보이는 복시複視 현상이 생졌고 속도 메스꺼웠다. 결국 사흘 후에 제레미는 종합병원 응급실을 찾아갔지만 근육긴장muscle strain이라는 잘못된 진단을 받고 퇴원했다. 다음 날 제레미는 다시 응급실로 실려 갔다. 이번에는 열이 38.9도까지 올랐다. 제레미는 앞에서 언급한 증상을 그대로 보였을 뿐만 아니라 말투까지 어눌해졌고, 목이 경직되어 제대로 돌리지도 못했으며 물을 삼키는 것도 어려워했다.

제레미는 곧장 지역 아동병원으로 옮겨졌다. 8월 26일, 제레미는 호흡조차 못했고 정상적으로 생각하지도 못했다. 하지만 엄청난 양의 타액을 분비해냈다. 온몸을 비틀며 격하게 행동하던 제레미가 갑자기 조용해졌고, 곧이어 생명유지 장치가 씌워졌다. 제레미의 정신 상태는 급격히 악화되어 다음 날에는 어떤 질문에도 대답하지 못할 정도였다. 8월 31일, 제레미는 마침내 뇌사판정을 받았다. 생명유지 장치를 거두자 소년은 숨을 거두었다. 사인은 박쥐에게서 옮은 광견병이었다.

제레미의 가족은 박쥐가 광견병을 보균할 수 있다는 걸 몰랐다. 더구나 박쥐가 광견병을 인간에게 옮길 수 있다는 것 또한 더더욱 몰랐다. 그들은 제레미가 박쥐에게 물렸다고 투덜거린 걸 기억하지 못했지만, 낚시를 끝낸 제레미가 박쥐를 주워들고 집에 돌아오는 길에 틀림없이 박쥐에게 물렸을 것이다. 또 가족들은 광견병의 잠복기간이 일반적으로 3~7주인 것도 알지 못했다. 제레미가 박쥐와 접촉한 후 첫 징후가 나타난 때도 그 시간 범위 내에 있었다. 제레미를 죽음으로 몰아간 바이러스에 대한 자세한 연구가 진행되었는데, 그 결과 테네시 주에서 흔히 발견되는 은빛 집박쥐pipistrelle bat가 다양한 광견병을 옮긴다는 걸 밝혀냈다.

　광견병은 죽어가는 과정이 끔찍하기 이를 데 없다. 환자가 죽기 며칠 전부터 거의 좀비로 변하기 때문에 그야말로 환자들의 가족을 망연자실하게 만드는 질병이다. 광견병 바이러스는 감염된 사람들을 거의 사망에 이르게 하는 얼마 안 되는 바이러스 중 하나이다. 프랭클린카운티 종합병원 응급실 의사들이 처음에 제레미를 근육긴장이라고 잘못 진단하고 집으로 돌려보낸 것은 분명 비극이긴 하지만, 그때도 제레미를 살리기에는 이미 늦은 때였다. 감염된 후에 신속히 사후조치를 취하지 않았기 때문에 제레미는 죽을 수밖에 없는 운명이었다.

판데믹을 정의하는 기준

다른 관점에서 보면, 광견병을 일으키는 바이러스는 치명적인 위협이지만 자연이 빚어낸 놀라운 창조물이기도 하다. 총알처럼 생긴 광견병 바이러스는 길이가 180나노미터, 직경이 75나노미터에 불과하다. 광견병 바이러스를 하나씩 차곡차곡 쌓을 수 있다면 1,000개 이상을 쌓아야 머리카락 한 올 정도의 굵기가 된다. 광견병 바이러스는 거의 무시해도 좋을 정도로 게놈이 하나뿐이고, 다섯 종류의 단백질에 대한 유전정보도 1만 2,000조각에 불과하다. 이처럼 단순하고 작지만 엄청난 치사율을 내세우고 있다.

광견병 바이러스는 작지만 무척 복잡한 일을 해낸다. 세포에 침입해서 유전자들을 방출하여 새로운 바이러스들을 만들어낸 후 확산시키는 바이러스의 기본적인 역할 이외에, 몇 가지 독특한 재주를 부린다. 다른 숙주에 침입하는 순간부터 광견병 바이러스는 우선적으로 신경경로를 따라 움직이며 중추신경계로 향한다. 또한 타액에 집중적으로 모이는 경향이 있다. 중추신경계를 감염시킨 바이러스 입자들이 숙주의 행동에 영향을 미친다. 그 결과로 숙주는 공격성을 띠고 침도 제대로 삼키지 못하며, 물을 유난히 무서워한다. 이런 증상들이 복합되면 공격적인 숙주는 문자 그대로 바이러스로 가득한 거품을 내뿜는다. 물을 마시지도 못하고 삼키지도 못하는 숙주는 누군가를

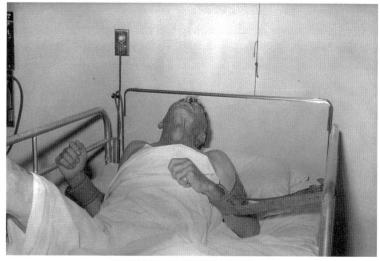

광견병에 걸려 묶인 채 병상에 누워 있는 환자

물어뜯을 기회를 호시탐탐 노린다. 그렇게 숙주에게 물린 사람은 광견병 바이러스가 전이되었을 가능성이 있다.

광견병은 분명 무섭고 치명적이지만, 세계 공동체적 차원에서는 두려워할 필요가 없다. 어떤 바이러스가 무척 치명적이라고 해서 판데믹으로 발전할 거라는 뜻은 아니기 때문이다. 현재 세계 전역에서 광견병으로 사망하는 사람이 매년 5만 5,000명이 넘는다. 공중위생 대책이 절실하게 필요하지만 그렇다고 전 세계를 위협하는 판데믹은 아니다. 미국 질병통제예방센터를 비롯한 많은 국가의 보건기관이 광견병을 오랫동안 추적한 결과에 따르면, 광견병이 사람에서 사람으로 전염된 사례는 지금까지 단 한 건도 없었다. 제레미 왓킨스처럼 광견병으로 사망한 사람들은 모두 동물로부터 전염된 경우였다. 판데믹의 관점에서 보면 광견병은 판데믹으로 발전할 기본적인 조건을 갖추고 있지 못하다.

그럼 판데믹은 정확히 무엇일까? 판데믹을 정의하기는 상당히 어렵다. 판데믹pandemic은 '모두'를 뜻하는 그리스어 pan과 '사람'을 뜻한 demos가 합해진 단어이다. 하지만 인간 모두를 감염시키는 병원체는 현실적으로 상상하기 어렵다. 그런 상황은 바이러스가 넘기에는 너무 높은 장벽이다. 인간을 비롯한 여느 숙주에서나 개체들은 유전적 감수성susceptibility이 다를 수 있다. 따라서 유전적 면역을 띠어 감염에 개의치 않는 사람들이 적잖게 있을 수 있고, 또한 어떤 개체군의 모든 구성원을 감염시킨다는 것은 거의 불가능하다.

인간을 감염시키는 가장 흔한 바이러스로 인간유두종 바이러스HPV

가 있다.[1] 하지만 이 바이러스도 모든 사람을 괴롭히는 것은 아니다. HPV는 미국의 경우 14~60세 사이의 여성 중 30퍼센트가 감염된 것으로 추정된다. 바이러스치고는 상당히 높은 감염률이다. 세계 일부 지역의 감염률은 훨씬 더 높다. 놀랍게도 남성이든 여성이든 성적으로 활발한 연령대의 과반수가 일정한 시점에서 HPV에 감염된다. 이 바이러스의 변종은 200가지가 넘으며, 모두가 피부나 생식기 점막을 감염시킨다. 이 바이러스는 침범하면 수년 동안, 심지어 수십년 동안 적극적으로 활동한다. HPV 변종의 대다수가 우리에게 어떤 문제도 야기하지 않는 것이 그나마 다행이다. 질병을 일으키는 일부 변종은 암의 원인이 되기도 한다. 가장 뚜렷한 예가 자궁경부암이다.[2] 다행히 대부분의 HPV는 사람에서 사람으로 전이되더라도 별다른 해를 입히지 않는다.

현재 과학계가 파악한 바에 따르면, 일부 바이러스만이 인체를 고향으로 삼는다. HPV보다 훨씬 많은 사람을 감염시키는 체외의 바이러스들이 있다. 우리를 감염시키는 모든 바이러스를 알아내는 작업은 이제야 첫걸음을 떼었을 뿐이다. 그래도 지난 10년간의 연구에서 사람을 감염시키지만 특별한 질병을 야기하지 않는 듯한, 전에는 알려지지 않은 다수의 바이러스가 새롭게 발견되었다. TT바이러스는 감염된 첫 환자, 이름의 머리글자가 T.T인 일본인 환자의 이름을 따서 지어졌다. 지금까지 TT바이러스에 대한 연구는 거의 진행되지 않았지만, 일부 지역에서 상당히 흔한 바이러스이다. 스코틀랜드의 유능한 바이러스 학자 피터 시몬즈Peter Simmonds가 발표한 보고서에 따르면, 유병률이 스코틀랜드 헌혈자의 경우에는 1.9퍼센트에 불과하지만, 아프리카 감비아 국민의 경우는 83퍼센트로 놀라울 정도로 높다. 다행히 TT바이러스는 인체에 해롭지 않은 듯하다.

GB바이러스도 최근에 발견된 바이러스로 많은 사람에게서 발견되지만 아직은 연구가 거의 되지 않은 상태이다. 이 바이러스는 외과의사 G. 베이커의 이름을 따서 지어졌는데, 당시에는 그의 감염이 바이러스 탓이라고 잘못 진단되었다.[3] 나는 TT바이러스와 GB바이러스가 얼마나 흔한지 직접 조사해보았다. 우리 연구팀은 바이러스를 찾아내는 무척 정교한 방법을 사용해서 두 바이러스를 빈번하게 확인했지만, 놀랍게도 우리가 진정으로 찾고자 하는 위험한 요인을 포착해낼 수는 없었다.

TT바이러스와 GB바이러스는 둘 다 흔하지만 모든 사람을 100퍼센트까지 감염시키지는 않는다. 따라서 그리스 문자에서 유래한 '판데믹'의 정의를 충족하지는 못한다. 세계보건기구WHO는 소수만을 감염시키는 1단계 바이러스로부터 시작해서, 감염이 전 세계로 확산되는 경우인 6단계까지 판데믹을 모두 여섯 단계로 분류했다.

세계보건기구는 2009년 H1N1을 판데믹으로 규정해서 엄청난 비난을 받았다. 하지만 H1N1은 누가 뭐라 해도 판데믹이었다. H1N1은 2009년 초 소수의 감염자에서 시작되었지만, 같은 해 말에는 세계 전역으로 확산되었다. H1N1이 판데믹이 아니라면 무엇이 판데믹이란 말인가? 확산되는 병원균을 판데믹으로 규정하느냐 않느냐는 치사율과 관계가 없다. 판데믹은 확산력을 뜻할 뿐이다. 1장에서 논의했듯이 H1N1의 치사율이 50퍼센트에 이르지는 않는다고(실제로는 1퍼센트 이하) 말한 바 있지만, 그것이 100만 명을 죽이지 못하고 중대한 위협이 되지 않는다는 뜻은 결코 아니다.

솔직히 내 생각에는 판데믹이 세계를 휩쓸어도 우리가 인지조차 못하는 경우가 있을 수 있다. 예컨대 TT바이러스나 GB바이러스처럼 외부로 나타나는 증상이 거의 없는 바이러스가 오늘 인체에 침입해서 전 세계로 확산되더라도 우리는 전혀 인식하지 못할 것이다. 현재 질병을 탐지하는 전통적인 시스템은 뚜렷한 증상을 나타내는 병원균만을 포착해낼 뿐이다. 따라서 즉각적인 피해를 주지 않는 바이러스는 놓치고 넘어가기 십상이다.

물론 '즉각적'이란 개념이 '결코'라는 뜻은 아니다. HIV 같은 바이러스가 오늘 인체에 침입해서 전 세계로 퍼지더라도 수년 동안은 탐지되지 않을 것이다. 중대 질병들은 감염되고 상당한 시간이 지난 후에 증세가 나타나기 때문이다. HIV는 곧바로 확산되기 시작하지만, 처음에는 상대적으로 크게 신경 쓰이지 않는 징후로만 나타난다. HIV로 인한 중대 질병인 에이즈는 수년 후에야 나타난다. 따라서 판데믹을 탐지해내기 위한 전통적인 방법들은 주로 증상에 초점을 맞추고 있다. 그러니 소리 없이 확산되는 바이러스는 우리 레이더망에서 벗어나 파괴적인 수준까지 확산된 후에야 인간의 경각심을 비로소 얻게 된다.

제2의 HIV를 또다시 놓친다면 공중보건정책의 참담한 실패가 될 것이다. 하지만 새로운 바이러스들이 TT바이러스나 GB바이러스처럼 완전히 무해할 가능성이 높더라도 사람들에게 신속하게 확산된다면 철저하게 감시할 필요가 있다. 1장에서 보았듯이 바이러스는 언제든 변할 수 있고, 언제든 돌연변이를 일으킬 수 있다. 다른 바이러스들과 재조합되고 유전물질을 혼합함으로써 치명적인 새로운 바이러스를 만들어낼 수 있다. 인체에 존재하는 새로운 바이러스가 전 세계로 확산된다면, 우리는 그 바이러스에 대해 속속들이 알아내야 한다. 선과 악의 경계는 백지장 한 장에 불과하기 때문이다.

판데믹의 최초 주범

편의상 우리는 판데믹을 모든 대륙의 사람들에게 확산되는 새로운 병원균으로 정의할 것이다(남극은 제외). 물론 대륙별로 서너 명씩 열두 남짓한 사람만 감염되어도 이론적으로는 판데믹이 된다고 반박할 사람이 있을 것이다. 맞는 지적이지만, 병원균이 그처럼 온 대륙으로 확산되면서 소수만을 감염시킬 가능성은 거의 없다. 설령 열두 명만 감염되는 그런 경우가 일어나더라도, 그 가능성 자체가 우리 모두에게 잠재적인 위험일 수 있다.

새롭게 확산되는 병원균이 실제로 판데믹이 되는 때를 정확히 규정하는 것은, 판데믹이 어떻게 발생하느냐 하는 문제보다 이 책이 목적 면에서 덜 중요하다. 내가 판데믹에 대한 연구를 시작하면서 알고 싶었던 것은 어떤 병원균이 동물이나 식물을 감염시킨 후에 온 대륙

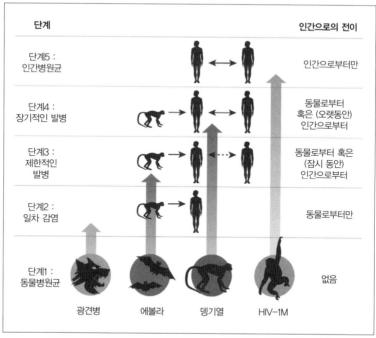

단계		인간으로의 전이
단계5 : 인간병원균		인간으로부터만
단계4 : 장기적인 발병		동물로부터 혹은 (오랫동안) 인간으로부터
단계3 : 제한적인 발병		동물로부터 혹은 (잠시 동안) 인간으로부터
단계2 : 일차 감염		동물로부터만
단계1 : 동물병원균	광견병 에볼라 뎅기열 HIV-1M	없음

동물 병원균이 인간에게 국한된 질병을 일으키는 병원균으로 발전해가는 5단계

의 인간에게로 확산되는 과정이었다.

2007년에 나는 동물에게만 기생하는 병원균이 어떻게 범세계적으로 인간에게도 확산되는 병원균으로 발전할 수 있는지 파악하기 위한 5단계 분류시스템을 개발하고자 했다. 그러기 위해, 앞에서도 언급한 박학다식한 생물학자이자 지리학자인 재레드 다이아몬드와 열대지역 의료전문가인 클레어 파노시언Claire Panosian과 함께 작업했다. 이 시스템은 동물만을 감염시키는 병원균(단계1)에서부터, 인간만을 감염시키는 병원균(단계5)까지 순차적으로 올라간다.

재레드와 나는 로스엔젤레스에 있는 그의 집에서 이 모든 과정에 대해 토론하고, 그 내용을 글로 쓰며 자주 오후시간을 함께했다. 점심식사를 끝내고 휴식할 때도 우리는 바이러스가 어떻게 전이되는지 사고실험을 반복하며 난상토론을 벌였다. 비록 늙긴 했지만 누구보다 사랑 받는 재레드의 애완용 토끼 백스터와, 그가 상상해낸 질병, 무시무시한 백스터폭스(직역하면 '백스터의 천연두' —옮긴이)를 중심으로 기막힌 생각 하나를 떠올리기도 했다. 상상 속에서조차 대부분의 인간 질환이 동물에서부터 시작한 셈이었다.

요즘에는 농장이나 농장 부근에서 사는 사람이 거의 없다. 야생식물과 동물을 주식으로 삼아 살아가는 수렵채집인은 더더욱 없다. 우리는 건물과 도로로 가득한 세계에서 살아간다. 이 세계를 지배하는 주역은 바로 우리 자신이다. 모든 대륙에서 거의 70억 인구가 살아가지만, 우리는 지구의 생물학적 다양성과 비교하면 아주 작은 조각에 불과하다.

1장에서 언급했듯이, 다양한 형태로 살아가는 대부분의 생명체는 보이지 않는 세계에 존재한다. 즉 박테리아, 고세균, 바이러스로 존재하고 있다. 인구수가 많고, 인간의 발길이 닿지 않은 곳이 없지만, 보이지 않는 병원균에 비하면 인간의 다양성은 조족지혈이다. 인체에 존재하는 병원균도 마찬가지이다. 포유동물에 기생하는 대부분의 병원균은 인간이 아닌 다른 동물들에 존재한다. 예컨대 과일먹이박쥐는 악명 높은 보유숙주이다. 과일먹이박쥐는 대규모 군락을 이루며 살고, 이동이 빈번한 '여행자'여서 생물 다양성이 풍부한 다수의 지역을 이어준다. 대체로 군락을 이룬 과일먹이박쥐 한 종의 병원균 다양성이 주로 고립된 삶을 살아가는 나무늘보보다 훨씬 다채롭다.

아무리 적게 잡아도 지상에는 5,000종 이상의 포유동물이 있는 것으로 추정된다. 반면에 인간은 한 종에 불과하다. 다른 포유동물들을 통해 앞으로 우리를 감염시킬 수 있는 병원균이, 이미 우리를 감염시킨 병원균보다 많을 수밖에 없다. 이런 이유에서 우리는 이 과정을 피라미드 모양으로 개념화하여 단계1에서 가장 다양한 병원균을 설정했다.

앞에서 지적했듯이, 향후에 인간을 위협할 새로운 판데믹의 가능성을 지닌 대부분의 병원균은 동물의 체내에 존재한다. 가축화된 동물들도 분명히 위협요인이다. 그러나 가축들에게 원래 존재했던 병원균의 대부분은 이미 인간에게 전이되어 인간의 병원균 레퍼토리를 구성하는 역할을 끝냈다고 보아도 무방하다. 이제 가축으로부터의 위협은 야생동물의 병원균을 인간에게 옮기는 매개 역할을 하는 경우이다. 게다가 가축의 절대 숫자는 상당히 많지만, 우리가 동물의 세계에서 극히 일부만을 가축화했기 때문에 포유동물의 다양성에 비교하면 소수에 불과하다. 따라서 새로운 판데믹에 관한 한 야생동물이 기원일 가능성이 아주 높다.

1990년대에 나는 박사과정 연구를 위해 말레이시아에서 시간을 보냈다. 그때 유능한 기생충학자인 재니트 콕스Janet Cox와 발비르 싱Balbir Singh과 함께 작업하였다. 재니트와 발비르는 실험실 여과지에 말라붙어 있는 소량의 피에서 말라리아 병원균을 검출해내는 독창적인 방법을 고안해냈다(그 실험실 여과지는 아무런 무늬가 없고 두꺼운 흰 종이와 비슷했다). 이 기법 덕분에 외딴 지역에서도 표본을 채취하거나 현장에서 검사를 실시하기가 한결 쉬워졌다. 피는 실온에서 쉽게 마르기 때문에 이 기법을 사용하면 전기가 없는 지역에서 표본을 차갑게 보관해야 하는 번거로움을 피할 수 있었다. 재니트와 발비르는 나에게 그 실험실 기법을 가르쳐주었고, 게다가 그들의 귀여운 자녀들 재스와 세레나(이제 둘 다 대학생이다!)는 말레이시아 북동부에 있는 켈란탄이라는 흥미진진한 주를 알려주었다.

켈란탄 주는 태국과 국경을 마주하고 있는 자그마한 주이다. 갑작스레 경제적으로 부흥하며 현대화된 말레이시아는 그 때문인지 대부분의 지역에서 전통이 사라져버렸다. 하지만 이곳은 예전의 전통을 그대로 고수하는 지역이다. 켈란탄 주민의 다수는 지금도 말레이시아 전통의상을 즐겨 입으며, 목요일과 금요일을 공식적인 주말로 이용하고 있다. 또한 대다수의 지역에서는 술을 (적어도 공식적으로는) 구경조차 할 수 없다. 켈란탄에서 삶의 속도는, 한껏 부산스럽고 역동적인 동남아시아 국가들 가운데 내가 방문했던 어떤 곳보다도 여유가 넘쳐흘렀다.

켈란탄에 볼 만한 구경거리로는 코코넛을 따는 짧은꼬리원숭이가 있었다. 그 원숭이는 무엇보다 과학적인 이유에서 발비르와 재니트와 나의 관심을 끌었다. 말레이시아 북부와 태국 남부의 일부 코코넛 농장에서는 순전히 실리적인 이유에서 동남아시아 원숭이의 한 종인 돼지꼬리원숭이들을 코코넛나무에 올라가게 하여 코코넛을 수확하도록 훈련시켰다. 잘 훈련된 원숭이는 한 시간에 코코넛을 50개까지 수확할 수 있다. 그 정도면 유능한 농부라 할 만하다.

어느 날 저녁식사를 끝낸 후 발비르가 지독한 신경질환으로 고생하는 한 남자에 대한 이야기를 해주었다. 바이러스나 다른 병원균이 원인으로 추정되는 질환의 징후였는데, 그 남자는 짧은꼬리원숭이가 코코넛을 수확하는 농장에서 일하는 사람이었다.

짧은꼬리원숭이들과 조련사들의 오랜 관계는, 내가 재레드와 클레어의 도움을 받아 개발한 분류시스템에서 1단계와 2단계를 연구하기에 더없이 좋은 조건이었다. 우리는 짧은꼬리원숭이의 체내에 있는 병원균들을 조사해서 그 병원균들이 종의 한계를 넘어 인간에게로 전이되는지 감시할 수 있었다. 우리가 조사대상으로 삼은 흥미로운 목표 중에는 치명적인 헤르페스 B 바이러스도 있었다.

헤르페스 B 바이러스는 이름만으로는 특별히 무섭게 들리지 않지만, 인간에게는 가장 치명적인 바이러스 중 하나이다. 놀랍게도 이 바이러스는 짧은꼬리원숭이에게는 거의 아무런 피해도 입히지 않는다. 코코넛을 따는 짧은꼬리원숭이에게 헤르페스 B 바이러스는 인간에게 단순헤르페스 바이러스 정도에 불과해서 미세한 병변만을 일으킨다. 주로 깨물기나 섹스 같은 친밀한 접촉을 통해 바이러스가 옮겨진다고 알려져 있다. 물론 붉은꼬리원숭이들에게도 헤르페스 B 바이러스가 불편하기는 하겠지만 치명적이지는 않다. 하지만 이 바이러스가 인간에게 전이되면 심각한 신경증상을 일으키며 십중팔구 죽음으로 끝난다. 서양의 영장류 조련사들에게 이 바이러스가 전이된 사례가 과거에도 적잖게 발표되었다. 애틀랜타 여키스 지역 영장류연구센터에서 짧은꼬리원숭이가 뱉은 침이 눈에 들어간 젊은 여성이 그로 인해 헤르페스 B 바이러스에 감염되어 사망한 슬픈 사례도 있었다.

그런데 켈란탄에서 코코넛을 수확하는 일꾼들은 별다른 보호장치도 없이 매일 짧은꼬리원숭이들과 일하지만, 놀랍게도 당시까지 그들에게 헤르페스 B 바이러스에 감염된 사례는 한 건도 보고되지 않았다.

발비르와 재니트와 나는 켈란탄 지역에서 짧은꼬리원숭이들과 조련사들을 면밀하게 연구함으로써, 헤르페스 B 바이러스가 인간에게 유입되는 과정을 감시하였다. 그 뒤 잠재적인 판데믹이 시작되는 과정의 첫 단계까지는 그런대로 확인할 수 있었다. 하지만 어린 제레미 왓킨스가 광견병에 걸린 사례에서 보았듯이, 헤르페스 B 바이러스도 2단계를 벗어나 그 이상의 단계로 확산되지는 않았다. 헤르페스 B 바이러스는 짧은꼬리원숭이에서 인간에게로 전이되지만 인간들 사이에서는 확산되지 않는 수준에 머무른 것이었다. 짧은꼬리원숭이에게 감염된 사람은 비참하게 죽음을 맞았지만, 그 피해자는 결코 그 바이러스를 가족이나 다른 사람에게 옮기지 않았다는 얘기다. 따라서 헤르페스 B 바이러스가 판데믹으로 발전할 가능성은 없었으므로 우리는 이내 다른 종류의 바이러스로 눈을 돌려야 했다.

극심한 통증의 에볼라 바이러스

우리가 동물들과 접촉하는 한 병원균의 유입을 완전히 차단할 수는 없다. 매일 수많은 사람이 동물의 병원균에 노출되긴 하지만 막상 감염되더라도 사망에 이르는 경우는 극히 드물다. 반려동물로 키우는 개와 고양이의 박테리아처럼 대부분의 경우가 우리 몸에 별다른 해가 없는 감염이다. 따라서 병원균의 관점에서 바이러스의 전이는 2단계에서 끝나는 경우가 대다수이다. 요컨대 한 사람을 감염시키면 그것으로 끝이라는 말이다.

하지만 때때로 인간에게 잠재적으로 충격을 줄 수 있는 예외적인 사건이 발생하기도 한다. 동물에서 인간으로 전이된 병원균이 다른 인간에게로 전염될 수 있는 경우이다. 이런 능력을 지닌 병원균은 3단계까지 올라가서 판데믹으로 향해간다.

2007년 8월 말, 콩고민주공화국 카사이옥시당탈 주의 외딴 지역에서 정체불명의 질병이 발병했다는 소식이 보건당국에 조금씩 전해지기 시작했다. 발병 지역은 루에보였다. 루에보는 20세기 초, 증기선이 루아루아 강에서 항해하던 시기에 종착 지점이던 곳으로서 역사적으로 중요한 도시였다. 고열, 지독한 두통, 구토, 견디기 힘든 복통, 혈변, 탈수증 등 사례 보고서에 열거된 징후들은 심상치 않았다. 사례가 처음 인지된 때는 6월 8일로, 두 마을에서 추장들의 장례식이 있은 후였다. 게다가 감염 증세를 보이는 사람들은 예외 없이 장례식에 참석한 사람들이었다.

콩고 보건당국은 그런 증상들을 장례식과 관련지어 에볼라 바이러스의 가능성을 조심스레 예측했다. 에볼라 바이러스는 피와 체액의 직접 접촉으로 전염되는 바이러스이다. 따라서 콩고 보건당국은 그에 따라 대응책을 마련했다. 콩고 방역팀의 팀장은 장 자크 무엠베Jean-Jacques Muyembe라는 사람이었다. 무엠베는 현재 콩고 국립생물의학 연구소 소장이자 교수이다. 바이러스성 출혈열에 관한 한[4] 세계 어떤 학자보다 경험이 많은 인물이다. 하지만 그는 그런 내색 없이 해맑은 웃음과 온화한 태도를 지닌 사람이었다.

무엠베의 방역팀은 오래전부터 협력관계를 지속해온 협력자들에게 도움을 청했다. 유능한 바이러스 학자로 중앙아프리카에서 유일하고도 최고수준의 생화학 봉쇄연구소를 운영하며 치명적인 바이러스들을 연구하는 에릭 르루아Eric Leroy도 그중 한 명이었다. 르루아와 무엠베 및 미국 질병통제센터와 국경없는 의사회Medecins Sans Frontieres, MSF에서 파견한 연구원들이 루에보에서 발발한 바이러스를 억제하기 위해 협력했다. 그들은 소량으로 채취한 바이러스 유전정보의 염기서열을 분석해서 그 원인이 바로 에볼라 바이러스인 것을 밝혀냈다.

에볼라 출혈열로 막상 밝혀지자 콩고 사람들만이 아니라 전 세계 사람들도 두려움에 떨었다. 에볼라 바이러스에 감염된 사람들은 엄청난 고통에 시달리며 손쓸 틈도 없이 사망한다. 게다가 확산력도 대단하여, 정확한 숫자는 밝혀지지 않았지만 2007년 루에보 발병으로 약 400명이 감염된 것으로 추정되고 있다. 그들 모두가 하나의 동물에서 한 사람에게 처음 전이되어, 다시 곧바로 다른 사람들에게까지 확산된 바이러스의 피해자였다. 결국 하나의 바이러스가 그렇게 많은 사람을 감염시킨 셈이었다. 그리고 감염자의 약 3분의 2가 목숨을 잃었다.

에볼라 바이러스에 대해 많은 사람이 호기심을 갖는 이유는, 우리가 그 치명적인 바이러스에 대해 아는 것이 거의 없다는 사실과도 부분적으로 관계가 있다. 실제로 에볼라 바이러스는 치명적이지만 여전히 풀리지 않는 미스터리이다. 현재 에볼라 바이러스에 대해 알려진 것은 가끔 인간에게 발병된다는 것이 거의 전부이다. 그리고 다수의 동물 종을 통해 인간에게 유입될 수 있다는 것도 밝혀졌다.

르루아와 그의 동료들은 여러 종의 박쥐에서 에볼라 바이러스를 확인하였고, 그 박쥐들이 에볼라 바이러스의 보유숙주일 가능성을 제시했다. 또한 에볼라 바이러스가 고릴라와 침팬지 및 일부 종의 영양을 감염시킬 수 있다고 주장하는 연구보고서들도 있다. 여하튼 에볼라 바이러스가 판데믹으로 가는 과정에서 3단계에 이른 병원균인 것은 확실하다. 요컨대 에볼라 바이러스는 인간을 감염시키고 인간 사이에서 확산될 수 있지만, 지속적으로 확산되는 수준으로까지는 이르지 못했다. 결론적으로 에볼라 바이러스는 국부적인 발병을 일으키는 잠재력을 지녔다고 본다.

르루아와 그의 동료들과 협조해서, 우리는 2007년 루에보의 집단 발병과, 약 1년 후인 2008년 12월 콩고민주공화국의 정확히 같은 지역에서 소규모로 일어난 집단 발병을 유발한 바이러스를 정밀하게 조사했다. 그 결과 두 집단의 발병을 일으킨 바이러스들이 거의 동일하지만 에볼라 바이러스 중에서도 가장 치명적인 군#, 즉 자이르군과 완전히 다른 새로운 형인 것을 밝혀냈다.

루에보 집단 발병이 새로운 변종 바이러스에서 비롯되었다는 사실은 의미심장했다. 동물에서 인간으로 전이될 수 있는 바이러스의 유전자 풀genetic pool이 일반적인 생각보다 훨씬 깊다는 뜻이었다. 이제 우리는 에볼라 바이러스의 변종이 인체, 특히 야생 과일먹이박쥐를 사냥하거나 그 고기를 먹었던 사람들의 체내에 침입했다는 걸 알고 있다. 달리 말하면, 에볼라 바이러스가 기생할 수 있는 숙주들을 우리가 완벽하게 모르고 있었다는 뜻이다. 이제는 에볼라 바이러스를 3단계 병원균으로 분류하지만, 우리가 지금까지 연구한 결과에 따르면 인체에 침입할 수 있는 에볼라 바이러스의 변종들이 아직 완전히 발견되지 않은 듯하다. 동물들의 체내에 분명히 기생하지만 아직 발견되지 않은 에볼라 바이러스의 변종은 이미 발견된 에볼라 바이러스의 어떤 변종보다 더 폭넓게 확산될 가능성도 없지 않다.

에볼라 바이러스에 그럴 만한 힘이 있을까? 우리가 가정한 피라미드 분류시스템에서 에볼라 바이러스는 더 높은 단계까지 올라갈 수 있을까? 판데믹의 관점에서 보면, 지금까지 에볼라 출혈열의 모든 집단 발병은 중도에서 사그라졌다. 에볼라 바이러스는 분명히 확산될 수 있지만, 우리에게는 천만다행으로 제한적인 확산에 불과하다.

인플루엔자의 접촉감염이나 공기감염과 달리 지금까지의 연구 결과에 따르면, 에볼라 출혈열의 대다수는 감염자와의 친밀한 접촉에 따라 피와 체액을 통해 전염되는 것으로 밝혀졌다. 요컨대 감염으로 죽은 사람의 매장을 준비하거나 환자를 돌보는 과정에서 전염된다. 따라서 광범위하고 지속적인 확산의 가능성이 제한 받는 것이다.

에볼라 바이러스가 병원균 사이의 경쟁에서 판데믹으로 발전하기에 불리한 또 다른 단점이 있다. 에볼라 출혈열의 극심한 증상은 무척 특이하기 때문에 확산을 미리 방지할 수 있다는 점이다. 에볼라 출혈열처럼 극심한 증상을 보이는 바이러스는 별로 없기 때문에 원인균이 상대적으로 쉽게 확인되어 환자를 신속하게 격리할 수 있다. 극심한 증상을 보이는 환자만이 에볼라 바이러스를 확산시키기 때문에 격리와 동시에 확산을 차단하는 효과가 있다. 미국 질병통제예방센터와 국경없는 의사회 같은 조직들은 에볼라의 집단 발병을 억제하기 위해서 이런 방법을 주로 사용한다. 요컨대 발병지에 들어가 환자들을 격리시켜 피와 체액의 접촉을 차단하는 방법이다. 지금까지 발생한 에볼라 바이러스의 경우에는 이런 전략이 효과가 있었다. 하지만 확산력이 훨씬 뛰어난 바이러스의 경우에는 이런 전략이 종종 실패하기도 한다.

4단계 병원균에 대한 미스터리

1996년과 1997년, 콩고민주공화국에서 상당히 다른 유형의 집단 발병이 있었다. 1년 이상 계속되었는데, 이때의 통계가 제멋대로여서 정확하지는 않지만 500명 이상이 사망한 것으로 추정된다. 에볼라 출혈열의 경우처럼 이 사례도 열병과 통증 및 오심惡心으로 시작되었다. 며칠 후에는 에볼라 출혈열처럼 출혈은 없는 대신에 얼굴부터 시작해서 차츰 온몸에 발진이 돋고 고름이 잡혔다. 인류 역사에서 가장 큰 재앙으로 손꼽히는 천연두와 그 증상이 약간 흡사했다. 그러나 천연두는 20년 전에 박멸되었기 때문에 천연두일 가능성은 거의 없었다.

이 집단 발병의 원인은 천연두가 아니었다. 원숭이두창monkeypox이라 불리는 바이러스들과 같은 군에 속하는 바이러스(진성두창바이러스 속, orthopoxvirus)였다. 원숭이두창은 오래전부터 인간에게 침입한 것이 분명하지만, 천연두를 박멸하기 위해 노력 중이던 1970년에야 처음 인지되었다. 그전까지 원숭이두창 환자는 천연두 환자로 잘못 진단되었을 가능성이 크다. 원숭이두창의 궁극적인 보유숙주는 아직까지 오리무중이지만, 원숭이가 아닌 것만은 확실하다. 오히려 다람쥐나 다른 설치동물일 가능성이 크다. 그런데 원숭이두창 바이러스는 인간을 제외한 영장류들을 감염시킬 수 있다. 간혹 인간이 그 바이러스에 감염된 원숭이와 접촉해서 원숭이두창에 걸릴 수 있기 때문에 이러한 이름으로 잘못 붙여지지 않았나 싶다.

나는 2005년부터 UCLA의 유행병학자 앤 리모인Anne Rimoin 및 장 자크 무엠베를 비롯한 콩고민주공화국 방역팀과 함께 원숭이두창에 대해 역학조사를 실시했다. 앤은 세계에서 가장 외진 지역들을 다니며 원숭이두창 같은 새로운 질병들을 정밀하게 감시하는 힘든 작업으로 거의 10여 년을 보낸 유능한 유행병학자였다. 그녀는 어떤 일이든 열

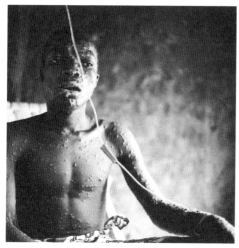
원숭이두창에 감염된 젊은이

정적으로 임하곤 했는데, 언젠가 콩고의 한 시골마을에서 오토바이에 달린 거울을 보며 아이라인을 그리던 모습이 기억에 남는다.

2007년 우리는 원숭이두창이 단순한 집단 발병은 아닌 것 같다는 보고서를 발표했다. 앤과 그녀의 연구팀이 장기적으로 조사한 결과에 따르면, 원숭이두창이 인간들 사이에 전염되는 풍토병인 게 거의 확실했다. 달리 말하면 지구상의 외진 곳에서 흔히 발생하는 질병이었다. 이는 앤의 연구팀이 원숭이두창을 조사하는 전통적인 방법을 버리고, 감염지역으로 알려진 곳들에 감시초소를 세우고 지속적인 관찰을 통해 얻어낸 결과였다. 원숭이두창 환자는 1년 내내 발생하여 꾸준히 증가하는 추세였다.

결국 얼마나 열심히 관찰하느냐가 문제였다. 나는 그 지역들을 방문할 때마다 원숭이두창 환자를 볼 수 있었다. 그곳에는 감염된 동물

콩고민주공화국에서 원숭이두창 바이
러스의 비밀을 밝힌 앤 리모인 박사

들과 접촉한 탓에 원숭이두창에 걸린 사람도 있었지만, 상당수는 다른 사람으로부터 전염된 경우였다. 바이러스가 새로운 숙주종으로 완전히 전이하기 시작했다는 징조였다.

원숭이두창 같은 끔찍한 사례가 세상에 알려지지 않은 채 존재할 수 있다는 사실이 놀랍지 않은가? 이는 우리가 원숭이두창을 연구한 지역이 세상에서 가장 외진 곳이기 때문이다. 이 지역에 가려면 소형 비행기를 전세 내서 날아가거나, 콩고 강의 지류를 따라 무려 3주 동안 항해해야 한다. 더구나 일부 지류는 우기에만 항해할 수 있다. 아름답지만 가혹하기 이를 데 없는 환경이고, 길도 거의 없다. 대부분의 마을이 단순한 오솔길로 이어져 있다. 연구팀은 환자가 발생한 지역까지 때때로 오프로드 오토바이를 몰고 10시간을 달리기도 했는데, 닭과 돼지를 피해서 달리는 것마저 무척이나 힘든 고통이었다.

콩고 방역팀의 헌신적인 노력과 뛰어난 능력에도 불구하고, 현재 콩고민주공화국에서 국민보건에 투자되는 미약한 자원으로 면적이 프랑스보다 4배나 큰 국토 전체를 감시한다는 것은 거의 불가능한 일이다. 하지만 콩고민주공화국은 세계에서 새로운 바이러스들이 창발되는 가장 중요한 지역 중 하나이다. 이제 세계가 하나로 연결된 마당에 이런 바이러스들을 감시하는 데 필요한 기반시설에 투자하는 않는다면, 온 세상이 더 잦은 유행병에 시달릴 것은 불을 보듯 뻔하다.

원숭이두창이 4단계 병원균으로 발전할 수 있느냐 없느냐는 두고 볼 일이다. 4단계에 이른 병원균들은 인체에 전적으로 기생할 수 있지만, 동물 보유숙주에서도 여전히 살아갈 수 있다. 4단계 병원균들은 인간에게만 국한된 병원균으로 발전하는 여정에서 마지막 단계에 속하는 것들이다. 따라서 4단계 병원균들은 공중보건에 중대한 위협거리이다. 과학자들이 뎅기열 백신을 성공적으로 개발한다면 수많은 사람에게 도움이 될 것이다. 그러나 백신접종만으로는 뎅기열을 완전히 박멸할 수 없다. 모든 사람이 백신을 맞더라도 뎅기열 바이러스가 아시아와 아프리카의 숲에 사는 원숭이들에게 존속할 수 있다는 사실은, 뎅기열이 언제라도 인간에게 다시 침입할 수 있다는 뜻이기 때문이다.

원숭이두창은 현재 3단계 병원균으로 분류되지만 이 상황은 언제든 변할 수 있다. 우리가 2007년부터 현장조사를 시작한 이후로 원숭이두창 환자가 콩고민주공화국에 꾸준히 증가한다는 사실을 확인할 수 있었다. 천연두가 1979년에 박멸된 이후로 천연두 면역프로그램을 중단한 것에도 부분적인 원인이 있지 않을까 싶다. 면역주사를 맞지 않고 감염되기 쉬운 아이들이 점점 늘어나면서, 원숭이두창의 사례도 꾸준히 증가했다. 따라서 앞으로도 환자가 계속 증가한다면 지금은 하나인 원숭이두창 바이러스가 다른 숙주로 전이되거나 돌연변이를 일으킬 기회도 늘어나기 마련이다. 어떤 경우든 일단 확산이 되고 나면 원숭이두창이 다음 단계로 올라갈 가능성 또한 배제할 수 없다. 이런 이유에서라도 우리는 원숭이두창 바이러스에 대한 경계심을 늦추어서는 안 된다.

많은 병원균이 전적으로 인체에 기생하는 병원균들이 되기 위한 여정을 시작하지만, 지금까지 이 여정에 성공하는 병원균은 소수에 불과하다. 현대 질병통제센터는 그런 병원균마저 억제하는 데 목적을 두고 있다. 결핵의 원인인 박테리아 병원균과 말라리아 원충처럼[5] HIV 같은 바이러스들은 일반적으로 인간에게만 존재하는 것으로 여겨진다. 하지만 전적으로 인간에게만 존재하는 병원균이라고 단정하기 어려울 때가 적지 않다. 야생생물의 질병들에 대한 포괄적인 자료가 없다면, 인간에게만 전적으로 존재한다고 여겨지는 병원균의 보유숙주가 어딘가에 감추어져 있을 수 있기 때문이다. 그러나 야생동물들의 병원균 다양성에 대한 우리의 지식 수준은 아직 걸음마 단계에 불과하다. 저 바깥에 무엇이 있는지 우리는 아는 것이 거의 없다.

인간유두종 바이러스와 단순헤르페스 바이러스 같은 병원균은 현재 인간에게만 존재하는 것이 거의 확실하지만, 수백만 년 전부터 우리 체내에 존재했을 가능성이 크다. 반면에 HIV 같은 병원균은 이도 저도 아닌 애매한 영역에 있다. 100년 남짓 전에 HIV의 원인이 되었던 바이러스가 지금도 침팬지의 체내에서 계속 살고 있을까? HIV와 무척 유사한 바이러스들은 침팬지에서 발견되었지만, 우리가 자연에서 살아가는 모든 침팬지를 조사한 것은 아니다. 따라서 훨씬 더 유사한 친척들이 어딘가에 있을지도 모른다. 더구나 최근의 연구에서 일부 아프리카 유인원들에서 말라리아 원충의 다양성을 확인했다는 사실을 고려하면, 어떤 열대우림에서 서식하는 유인원들이 '인간' 말라리아를 공유하고 있을 가능성도 배제할 수 없다.

보유숙주도 대단히 중요한 문제이다. 우리는 1979년 마침내 천연두를 박멸했다고 대대적인 자축연을 벌였다. 인간을 지독히 괴롭히던 전염병의 박멸은 공중보건의 역사에서 최대의 업적이라 할 만했다. 하지만 천연두의 기원에 관련해서는 여전히 밝혀지지 않은 부분이 많이 남아 있다.

천연두는 길들이기 혁명이 진행되던 중에 처음 나타난 듯하다. 낙타가 기원이라는 증거가 있기는 한데, 이는 낙타가 지금까지 천연두 바이러스와 가장 가까운 바이러스 친척으로 알려진 낙타두창camelpox에 감염되기 때문이다. 하지만 천연두와 유사한 대부분의 바이러스는 설치동물에도 존재하기 때문에, 오히려 낙타는 천연두 바이러스가 설치동물로부터 인간에게 전이되는 매개숙주일지도 모른다. 그렇다면 북아프리카나 중동 혹은 중앙아시아의 설치동물 속에서 절박하게 살아가는 바이러스가 있지는 않을까? 천연두와 유사한 바이러스가 다시 나타나서 인간 세계에 확산되지는 않을까? 만약 그런 바이러스가 다시 나타난다면 증상이 원숭이두창과 무척 유사해서, 원숭이두창처럼 한동안 잘못 판단될 가능성이 크다.

우리 기준에 따르면 천연두는 5단계 병원체의 하나로 규정되어야 마땅하다. 요컨대 천연두는 인간의 체내에서만 생존할 수 있는 수준에 이른 바이러스이다. 그런데도 우리가 그런 바이러스를 결국 박멸하는 데 성공했다는 사실에는 자부심을 가질 만하다. 천연두의 이력은 대단했다. 지금까지 인간을 감염시킨 어떤 바이러스보다 많은 사람에게 죽음을 안겼으니 말이다. 길들이기 혁명과 더불어 인구와 가축(특히 낙타)이 증가하면서 천연두 바이러스가 인간의 몸에 교두보를 마련하기에 적절한 환경이 조성되었다.

진정한 의미에서 최초의 판데믹이 무엇이었는지 확실히 알 수는 없지만, 천연두는 유력한 후보자인 건 분명하다. 보유숙주로 추정되는 낙타를 가축화한 이후에 천연두는 구세계 전역에 확산되었지만, 신세계 토착민들에게는 천연두가 없었다. 그러나 약 500년 전부터 서서히 세계여행이 시작되면서 구세계와 신세계가 만나자 천연두는 신세계까지 넘어갈 기회를 얻었고, 그 결과로 면역력이 없는 수백만 명의 아메리카 원주민들을 죽음으로 몰아갔다. 이런 대륙 간 이동 덕분에 천연두는 최초의 진정한 판데믹으로 선정되기에 부족함이 없다.

18세기 중반쯤 천연두는 세계 방방곡곡으로 확산되었을 뿐 아니라, 일부 섬나라를 제외하고는 모든 곳에서 뿌리를 내렸다. 게다가 엄청나게 많은 사람을 죽였다. 18세기에는 유럽에서만 1년 동안 천연두로 사망한 사람이 40만 명에 이르렀다. 다른 곳에서는 사망률이 훨씬 높았을 것이다.

여행하고 탐험하며 정복하려는 인간의 성향은 신세계 발견 이후 지난 500년 동안 더욱 가속화되었다. 그 과정에서 천연두 판데믹도 뒤따랐다. 전 세계를 촘촘하게 연결한 교통망으로 인간과 동물은 더욱 가까워졌고, 그로 인해 새로운 바이러스가 출현할 가능성도 덩달아 높아졌다. 세계가 하나로 긴밀하게 연결된 것만큼, 딱 그만큼 유행병에도 공격 받기 쉬운 세계가 되어버린 것이다.

하 나 의 세 계

ONE WORLD

1998년 오스트레일리아와 중앙아메리카에서 독자적으로 활동하던 과학자들이 연구 현장인 숲에서 떼죽음을 당한 개구리들을 발견했다고 발표했다. 어떤 종이 그처럼 대규모로 떼죽음을 당한 경우는 극히 드문 현상이었다. 세계적으로 양서류 개체군이 한동안 감소하기는 했지만, 이번 사건은 도시의 유독한 부산물이나 인간 활동에서 비롯된 환경 위협에 노출될 가능성이 거의 없는 원시적인 서식지에서 일어난 떼죽음이었다.

현장 생물학자들은 물론이고 관광객들까지 숲 바닥에서 죽어 널브러진 엄청난 수의 개구리를 보았다. 더구나 청소동물들이 죽은 동물들을 신속하게 먹어치우는 속성 때문에 무척 희귀한 장면이 연출되기도 했다. 따라서 포식자는 이미 살아 있는 개구리를 잡아먹어서 배를 두둑하게 채운 상태였고, 죽은 개구리들은 먹다 남은 것으로 해석할 수 있었다. 실제로 이런 학살은 빙산의 일각에 불과했다. 당시엔 양서류의 학살이 전례 없이 대규모로 진행되고 있었다.

죽어가는 개구리들도 한결같이 비슷하고 걱정스런 징후를 보였다. 모두가 무력증에 빠졌고, 껍질이 벗겨졌으며, 뒤집어놓으면 몸을 똑바로 되돌리지도 못했다. 첫 발표가 있고 수개월이 지난 후 그 현상에 대한 설명이 잇달아 발표되었다. 오염, 자외선, 질병 등이 원인으로 지목되었다. 하지만 죽음의 패턴이 일정했다는 점을 고려하면 특정한 병원균이 원인일 가능성이 가장 컸다. 개구리들의 죽음은 어떤 병원균이 한 지역에서 다른 지역으로 파도처럼 확산된 것을 의미했다. 달리 말하면 어떤 전염병이 중앙아메리카와 오스트레일리아의 개구리 세계를 휩쓸었다는 뜻이었다.

과학자들로 구성된 다국적 팀이 개구리들의 질병원을 찾아내면서 결국 이 미스터리는 1998년 7월에야 해결되었다. 연구팀은 죽음을 맞은 대다수의 개구리가 특정한 균류에 감염되었다는 증거를 찾아냈다. 그들이 찾아낸 균류는 흔히 호상균류壺狀菌類로 알려진 바트라코키트리움 덴드로바티디스Batrachochytrium dendrobatidis였다. 연구팀은 예전의 경우 벌레와 썩어가는 식물에서만 발견되었던 호상균류의 흔적을, 이번에 상당수의 죽은 개구리에서 찾아내었다. 연구팀은 죽은 개구리로부터 호상균류를 채취해서 건강한 올챙이에게 주입했다. 예상대로 올챙이들은 치명적인 증상을 재현하며 죽어갔다. 바로 호상균류가 원인이었다.

호상균류에 감염되어 죽은 개구리들

파도처럼 퍼져나간 호상균류

1998년의 발표가 있은 후, 호상균류에 의한 피해가 개구리 개체군이 있는 모든 대륙에서 보고되었다. 호상균류는 해수면에서는 물론이고 6,000미터 고도에서도 살육자로서 위력을 발휘한다. 라틴아메리카에서만 서식하는 눈부시게 아름다운 할러퀸 두꺼비 113종 중 30종이 멸종된 이유가 호상균류와 관계가 있는 것으로 추정되었다. 무려 30종이 이 땅의 생물다양성에서 영원히 사라진 것이다.

　호상균류의 확산과 파괴력에 대해 이제는 상당히 많은 부분이 밝혀지긴 했지만 아직도 밝혀지지 않은 부분이 많다. 호상균류가 출현하기 이전에 이미 양서동물 개체군이 급격히 감소되었기 때문이다.

따라서 호상균류가 개구리 개체군의 유일한 감소 원인은 아니지만 제법 큰 몫을 차지하는 것만은 분명하다. 지난 100년 동안 인간의 발자국이 사방팔방으로 뻗치면서 개구리들의 적절한 서식환경이 꾸준히 줄어든 것도 무시하지 못할 요인이다.

호상균류가 어디에서 기원하여 어떻게 확산되느냐 하는 의문은 여전히 오리무중이다. 남아프리카에서 채취한 표본을 분석한 결과에 따르면, 호상균류는 적어도 1930년대부터 아프리카 개구리들을 감염시켰다. 여느 대륙보다 수십 년이 앞선 시간이다. 따라서 호상균류가 아프리카에서 기원했다고 추정할 수 있다. 그렇다면 어떤 시점에 호상균류가 무척 효과적으로 확산된 것이 틀림없는데, 대체 호상균류는 어떻게 전 세계로 그처럼 신속하게 퍼져나갈 수 있었을까?

하나의 가능성은 개구리의 수출이다. 남아프리카에서 호상균류의 증거를 발견한 연구자들은 감염된 개구리들 중 일부 종이 인간의 임신 진단검사에 흔히 사용되었다는 사실을 지적했다. 임신한 여성의 소변을 아프리카발톱개구리(제노푸스 레비스)의 체내에 주입하면 개구리가 배란을 일으키기 때문이다. 무척 번거로운 방법이었지만, 요즘 흔히 사용되는 임신 진단키트의 초기판으로 볼 수 있다. 1930년대 초에 이 개구리가 임신 진단검사에 유용하다는 사실이 밝혀진 후, 수천 마리의 아프리카발톱개구리가 전 세계로 수출되었다. 바로 이때 호상균류도 함께 옮겨간 듯하다.

그러나 아프리카발톱개구리만이 호상균류를 전 세계로 확산시킨 유일한 범인은 아닌 듯하다. 호상균류의 생명주기에서 한 단계는 물속에서 활발히 확산되기 때문에 물도 요인 중 하나였을 가능성이 크다. 또한 인간의 이동도 큰 역할을 했을 것으로 여겨진다. 구두와 운동화도 적잖은 역할을 했을 것이다. 결국 이 작은 균류는 인간의 몸에 무임승차해서 전 세계의 개구리들에게 죽음을 안겨주었다.

호상균류의 확산으로 전 세계에서 개구리들이 떼죽음을 당했고, 일부 종은 멸종하기도 했다. 야생생물의 관점에서 보면 비극적인 손실이었다. 호상균류의 존재를 처음으로 확인한 연구자 중 하나인 미국의 고인류학자 리 버거Lee Berger는 2007년에 발표한 논문에서 "(호상균류가) 개구리에 미친 영향은 역사시대에서 질병으로 인한 척추동물 다양성의 가장 비극적인 손실이다"라며 보수적인 과학 학술지에서는 흔히 볼 수 없는 주장을 서슴지 않았다.

호상균류에 의한 비극적인 사건은 양서동물을 넘어 더 큰 동물의 세계에도 영향을 미칠 수 있다는 경각심을 사람들에게 심어주었다. 지난 수백 년 동안 인간은 세계를 하나로 연결하는 데 전력을 기울였다. 아프리카에서 살던 개구리들이 생소한 지역으로 옮겨지고, 인간이 문자 그대로, 하루는 오스트레일리아의 진흙을 밟던 운동화로 다음날에는 아마존강 일대를 누비고 다닐 수 있는 세상이 되었다. 이처럼 이동이 빈번해지면서 호상균류 같은 병원체들의 활동범위도 전 세계로 넓어졌다. 이제는 다른 사람과 접촉하지 않으면서 살 수 있는 세상이 아니다. 이제 우리는 병원균들마저 세계화된 세상에서 살고 있을 정도로, 좋든 싫든 세계는 하나가 되었다.

어떻게 우리는 이런 지경에 이르렀을까? 인류의 역사에서 대부분의 시간을 우리는 제한된 영역에서 살았다. 대다수의 생명체는 혼자서는 짧은 거리를 이동할 수 있을 뿐이다. 박테리아 같은 단세포 생물은 편모鞭毛라는 채찍처럼 생긴 꼬리가 있어 이동할 수 있지만, 편모만을 흔들어대서는 박테리아가 멀리까지 이동할 수 없다. 식물과 균류도 씨나 포자를 생성해서 바람을 타고 수동적으로 이동할 수 있다. 또한 동물을 이용해서 이동하는 방법을 사용한다. 열매와 호상균류 같은 균류의 포자가 동물의 몸에서 발견되는 이유가 여기에서 설명된다. 그러나 육상 생물들은 일반적으로 평생 수킬로미터 반경을 벗어나지 않는다.

지상에서 고정된 삶을 살아가는 생물들 중 예외가 있다면 코코스야자나무이다. 코코스야자나무의 씨, 즉 코코넛은 바닷가에 밀려오는 많은 씨drift seed처럼 부력과 내수성을 지녀 해류를 타고 먼 곳까지 흘러갈 수 있다. 동물들 중에는 박쥐와 조류의 몇몇 종이 공간의 지배자이다. 가장 뚜렷한 예가 북극제비갈매기일 것이다. 인간을 제외하면 지상에서 가장 먼 거리를 이동하는 종으로 여겨진다. 북극제비갈매기는 번식지인 북극에서 남극까지 날아가고, 매년 빠짐없이 북극으로 돌아온다. 1982년 여름 영국 북쪽의 판 군도에서 태어난 북극제비갈매기 새끼에게 꼬리표를 단 적이 있었다. 녀석은 같은 해 10월 오스트레일리아 멜버른에서 발견되었다. 태어나서 수개월 만에 무려 19만 킬로미터 이상을 여행한 셈이었다. 이 놀라운 새는 20년가량 살기 때문에 평생 약 240만 킬로미터를 여행하는 것으로 추정된다. 민간항공사에서 근무하는 조종사가 연방항공국이 허용한 최대 시간을 비행해도 똑같은 거리를 운항하려면 거의 5년이 걸린다.

새와 박쥐는 날개가 있어도 실제로는 태어난 곳 부근 안에서 살아 간다. 북극제비갈매기처럼 약간의 예외적인 종만이 주기적으로 먼 거리를 이동하도록 진화되었다. 조류든 박쥐든 심지어 인간이든 간 에 대규모 군락을 이루고 살아가며 먼 거리를 이동하는 종들이 병원 균의 유지와 확산에서 요주의 대상이다. 영장류 중에서는 인간만이 먼 거리를 이동할 수 있다. 그렇다고 다른 영장류들이 한 곳에 붙박 이로 산다는 뜻은 아니다. 종을 불문하고 대부분의 영장류가 먹을 것 을 찾아 매일 돌아다니고, 열정이 넘치는 젊은 영장류들은 습관적으 로 다른 지역으로 넘어가 짝을 맺는다. 하지만 영장류든 조류든, 바 다에서는 몰라도 지상에서는 인간만큼 먼 거리를 신속하게 이동할 수 있는 종은 없다. 이제 달나라까지 여행하는 인간의 이동성은 생명 의 역사에서 전례가 없던 유일무이한 현상이다. 그러나 그런 발전에 는 대가가 따르기 마련이다.

대륙 간의 바이러스 이동

인간은 수백만 년 전부터 두 발만을 사용해서 부지런히 세상을 여 행하기 시작했다. 직립보행으로 우리는 다른 유인원 친척들에 비해 이동하는 데 유리했다. 또한 3장에서 언급했듯이 그 결과 우리는 주변 환경의 병원균들과 자주 접촉하게 되었다. 하지만 지금처럼 우리가 세계 방방곡곡까지 발길을 뻗치는 기회는 배의 발명으로 시작되었다.

고고학적 증거에 따르면 최초의 배는 거의 1만 년 전까지 거슬러 올라간다. 네덜란드와 프랑스에서 발견된 배들(통나무를 엮어 만들었기 때문에 뗏목이라 부르는 게 더 나을 것이다)은 주로 민물에서 사용된 것으로 여겨진다. 바다를 항해한 최초의 배는 영국과 쿠웨이트 합동 고고학발굴팀에 의해 발견되었다. 2002년 그들은 바다에서 사용된 것이 거의 확실한 7,000년 전의 선박을 발견했다고 발표했다. 쿠웨이트 수비야 신석기유적지의 석조건물 잔해에서 발견된 그 배는 갈대와 타르가 주된 재료였다. 놀랍게도 배에 바른 타르에 따개비들이 달라붙어 있었는데, 이는 바다에서 사용된 배라는 결정적인 증거였다.

유전학과 지리학의 관점에서 보면, 인간이 바다에서 배를 처음 사용된 때가 훨씬 빨랐던 것으로 추정된다. 오스트레일리아와 파푸아뉴기니의 원주민들에게서 그 증거가 찾아진다. 오스트레일리아 원주민의 유전자를 다른 지역 사람들과 비교하면, 인간이 오스트레일리아에 처음 도착한 때가 적어도 5만 년 전이란 결론이 내려진다.

그 시기에 지구는 상대적으로 추운 곳이었다. 달리 말하면, 빙하기가 절정에 이른 때였다. 상당한 양의 물이 얼음에 갇혀 있어 해수면이 지금보다 낮았고, 지금의 섬들이 육지와 연결되어 있었다. 인도네시아 열도의 많은 섬이 이른바 육교land bridge, 陸橋로 이어진 상태였다.

빙하기에 육교로 연결되었더라도 누가 오스트레일리아까지 먼 길을 걸어갔겠는가? 특히 현재 인도네시아의 발리 섬과 롬보크 섬 사이의 심해 해협은 장장 35킬로미터에 이르며, 당시에도 배로 항해해야 했을 것이다. 따라서 오스트레일리아에 처음 들어간 사람들은 어떤 형태로든 배를 이용했을 것이라 추론할 수 있다.

오스트레일리아에 처음 정착한 사람들에 대해 알려진 바는 거의 없지만, 동물들을 배에 태우고 바다를 건너기는 힘들었을 것이기 때문에 가축화가 시작되기 전에 그들이 오스트레일리아에 들어갔을 것이라 추정할 수 있다. 하지만 그들의 이주는 병원균과의 관계에 중대한 영향을 미쳤다. 발리 섬에서 롬보크 섬까지 처음 건너갔을 때 그들은 완전히 새로운 종류의 동물들과 맞닥뜨렸다.

발리와 롬보크 사이의 해협은 유명한 월리스 선Wallace's line과 직각을 이룬다. 월리스 선은 찰스 다윈과 더불어 자연선택을 독자적으로 발견한 19세기 영국의 생물학자 앨프레드 러셀 월리스Alfred Russel Wallace의 이름을 따서 붙여진 지리학적 분할선이다.[1] 발리와 롬보크 사이의 거리가 인도네시아 열도에 산재한 수백여 섬들을 분할하는 많은 수로들 사이의 거리보다 멀지는 않지만, 월리스는 해협 양쪽의 동물개체군이 확연히 다르다고 지적했다. 월리스는 빙하기의 해수면에 대해 지금만큼 정확히 몰랐지만, 발리와 롬보크가 육교로 이어진 적이 없었기 때문에 그런 생물학적 차이가 존재하게 된 것이라 추정했다. 지금의 기준에서도 그의 추정은 정확했다.

인간과 마찬가지로 동물들도 육교를 이용한다. 그러나 배를 사용한 최초의 정착민들과 달리 먼 거리를 날지 못하는 동물들은 심해라는 경계를 넘을 수 없어 한쪽에서 붙박이로 살 수밖에 없었다. 배를

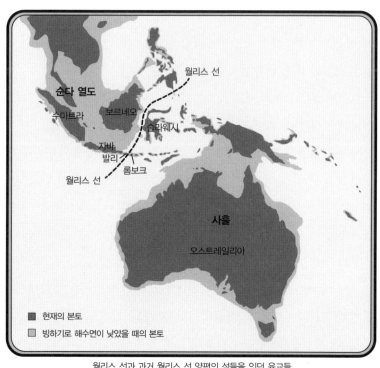

월리스 선과 과거 월리스 선 양편의 섬들을 잇던 육교들

타고 발리부터 롬보크까지 35킬로미터를 항해해서 아시아를 떠나 오스트레일리아 대륙으로 향한 최초의 탐험가들은 상당히 짧은 거리를 건넜을 뿐이지만, 영장류의 입장에서 보면 거대한 도약이었다. 해협을 넘어간 그들은 완전히 새로운 세계, 즉 원숭이도 없고 유인원도 없는 세계로 들어갔다. 그리고 완전히 새로운 병원균들과 맞닥뜨리게 된 것이다.

초기 정착민들은 오스트레일리아 동물들과 그들의 병원균들에게 공격을 받았다. 전에는 영장류를 구경조차 못한 병원균들의 습격에 초기 정착민들은 새로운 질병에 걸렸을 테지만, 이런 병원균들이 인간에 미친 영향은 제한적이었던 것으로 추정된다. 정착민이 워낙 소수였으므로 많은 종류의 병원균들이 지속적으로 유지되지 못했을 것이기 때문이다.

월리스 선을 넘은 초기의 여행들이 어떤 모습이었는지는 정확히 알기는 힘들다. 여하튼 당시에는 소규모 집단들이 완전히 분리된 상태에서 군체를 형성했을 것이고, 또한 지금 우리가 달을 정복해가는 식으로 그들도 처음에는 새로운 땅에서 조금씩 진출하며 일시적인 거류지를 구축했을 것이다. 새로운 땅이 실질적으로 정복해간 방법이 병원균의 양방향 흐름을 결정하는 데 중요한 역할을 했다. 또한 오스트레일리아에 처음 정착한 사람들은 발리의 '본토인'들과 틀림없이 어떤 접촉이 있었을 것이고, 그 접촉은 무척 빈번했을 것이다. 따라서 지속적으로 인간을 감염시킬 수 있는 오스트레일리아의 새로운 병원체는 해협으로 가로막혔던 아시아 쪽의 사람들을 침입할 수 있는 기회를 얻은 셈이다.

항해와 도로도 감염의 원인

오스트레일리아의 정복 이후에도 배를 이용한 새로운 땅의 정복은 4만 년 남짓 동안 계속되었고 횟수도 늘어났다. 그 이후의 뱃길 여행에 대해서는 그런대로 알려진 편이고, 병원균의 관점에서 멀리 떨어진 지역들이 어떻게 연결되었는지도 상당히 연구가 진행된 편이다. 현대가 도래하기 전에 배를 이용한 식민지 개척은 주로 남태평양 폴리네시아 사람들에 의해 이루어졌다.

폴리네시아 사람들의 항해에서 가장 주목할 만한 사건은 약 2,000년 전 하와이의 발견이었다.[2] 하와이를 운 좋게 처음 발견한 정착민들에게 그 섬의 발견은, 마치 건초더미에서 바늘을 찾는 것과 같았을 것이다. 하와이 군도에서 가장 큰 섬, 즉 하와이 섬의 직경은 약 160킬로미터이다. 하와이에 처음 정착한 사람들의 본거지로 추정되는 서西마르키즈는 하와이에서 무려 8,000킬로미터나 떨어진 곳에 있다. 올림픽에 나간 양궁선수의 눈을 가리고 그를 팽이처럼 빙빙 돌린 후에 표적을 맞춰보라고 하는 것과 무엇이 달랐겠는가. 하와이 섬을 발견하는 행운이 있기 전에 얼마나 많은 배, 또 얼마나 많은 섬사람이 목숨을 잃었겠는가. 우리는 그저 상상만 할 수 있을 뿐이다.

폴리네시아 사람들은 먼 거리를 항해할 때는 십중팔구 물고기를 잡아먹고 빗물을 마셨을 것이다. 하지만 그들이 탄 배에는 생물학적 동식물원이 실려 있었다. 고구마와 빵나무 열매, 바나나와 사탕수수 및 참마를 식량으로 가져갔다. 또한 돼지와 개와 닭을 싣고 여행을 떠났다. 그 틈에 쥐가 몰래 끼어들었을 것이다. 이처럼 길들여진 동식물을 싣고 여행을 시작했다는 것은, 폴리네시아 탐험가들이 생명 유지를 위한 식량만이 아니라 병원균들까지 싣고 떠났다는 뜻이다.

그리고 그들이 발견한 지역에 그 병원균들이 퍼지고, 그 지역의 병원균들과 뒤섞이는 결과가 빚어졌다.

폴리네시아 사람들의 항해는 그 시대 배경에서 보자면 놀라운 일이었지만, 15세기와 16세기에 시작된 대탐험들에 비하면 아무것도 아니었다. 유럽인들이 15세기 말 신세계를 발견했을 때쯤에는 수천 척의 대형 범선들이 대서양과 인도양과 지중해를 부지런히 헤집고 다녔고, 사람과 동물과 상품이 구세계 국가들 사이에서 무수히 오고 갔다.

항해를 통한 교류가 병원균의 확산에 영향을 미친 대표적 사례를 들자면 천연두가 신세계 사람들에게 미친 충격이다. 유럽인들이 식민지를 개척하는 과정에서 선박으로 옮겨온 천연두 때문에 아스텍, 마야, 잉카문명에 살던 사람들의 90퍼센트가 사망했다는 추정이 있을 정도이다. 하지만 천연두도 그 시대에 해로를 따라 확산된 많은 병원균 중 하나에 불과했다.

온갖 형태의 교통수단이 발전하면서 사람들 간의 교류 방법이 달라졌다. 어떤 교통수단이 됐든지 모두 나름대로 새로운 병원균의 확산에 영향을 미쳤다. 장거리 수송수단으로 선박의 독점 상황이 영원히 지속되지는 않았다. 자동차와 기차와 항공기가 등장하면서 사람과 동물만이 아니라 병원균에게도 새로운 연결망이 열렸다. 병원균에게 교통혁명은 그야말로 연결망의 혁명이었다. 교통수단의 발달로 새로운 연결고리들이 생겼고, 그런 연결고리를 통해서 인간을 감염시키던 병원균의 성격이 완전히 변했다. 덩달아 병원균이 확산되는 방법까지 달라졌다.

어떤 형태로든 도로는 먼 옛날부터 사용되었다. 운송의 매개로 수로보다 훨씬 앞섰다. 지금도 침팬지와 보노보는 자신들의 영역에서 이동을 조금이라도 쉽게 하기 위해서 숲길을 만들고 이용한다. 나는 우간다 남서부에 있는 키발레국립공원에서 야생침팬지를 연구하면서 그런 현상을 직접 목격했다. 나에게 이 연구 프로젝트를 소개한 랭엄 교수는 제인 구달이 탄자니아에 세운 곰베 스트림 연구센터에서 박사학위를 준비했다. 랭엄은 곰베의 침팬지들이 먹을 것을 제공받는 데 익숙해져 있다는 이유로 이곳의 연구 결과를 비판했다. 솔직히 연구자들은 야생침팬지들과 가까워지기 위해서 다량의 바나나와 사탕수수를 침팬지들에게 제공했다. 랭엄은 식량공급으로 침팬지들의 행동에 조금이나마 변화가 있을 것이라 생각했다. 키발레에 자신의 연구센터를 마련한 후에는 침팬지들을 엄격하게 다루었는데, 요컨대 침팬지들이 실질적으로 포기하고 더는 도망가지 않을 때까지 연구원들에게 침팬지들을 쫓아다니게 했다. 그 결과 침팬지들은 자연스레 형성된 숲길을 개량하고 연장해서, 그 길을 따라 움직인다는 사실을 확인할 수 있었다.[3]

실질적인 도로 건설이 약 5~6000년 전에 본격적으로 시작되자, 구세계 전역의 문화권들이 돌과 통나무, 나중에는 벽돌을 사용하기 시작했다. 따라서 사람과 동물과 화물의 이동도 한결 쉬워졌다. 최초의 현대식 도로는 18세기 말과 19세기에 프랑스와 영국에서 시작되었다. 이 도로들은 몇 겹으로 다져진 길이었고, 배수시설이 갖추어진

데다 시멘트를 사용해서 연중 내내 이동이 가능한 항구적인 구조물이었다.

물론 현대식 도로가 세계 전역에 확산된 속도는 일정하지 않았다. 유럽과 북아메리카의 일부 지역에는 사람이 사는 곳이면 거의 도로망이 갖추어진 반면에, 중앙아프리카 일부 지역에는 도로가 없어 접근 자체가 불가능할 정도이다. 도로가 새로운 지역에 개설되면 긍정적인 면만이 아니라 부정적인 면도 있다. 도로는 시장과 의료에의 접근성을 용이하게 해주기 때문에 대다수의 시골 지역에서 최우선적인 희망사항이지만, 질병관리의 관점에서 보면 양날의 칼이다.

도로망의 확대가 병원균의 이동에 미친 영향의 대표적인 사례 중 하나가 HIV이다. 과거 월터리드 육군연구소AWAIR에서 나와 함께 일했었던 HIV 유전학자 프랜신 머커천Francine McCutchan과 그녀의 동료들은 동아프리카의 라카이와 음베야 연구센터에서 도로가 HIV의 확산에 미친 영향을 조사하였다. 그들은 도로에 인접하여 사는 사람이 HIV에 감염될 가능성이 더 높다는 사실을 입증한 일련의 논문을 발표했다.

도로에 접근하기 쉬운 사람이 HIV에 감염될 가능성이 더 높은 이유가 무엇일까? 도로 덕분에 사람들의 이동이 편해졌고, 그런 도로를 자주 지나다니는 사람들에 의해 HIV가 확산되었기 때문이다. 성매매업 종사자를 제외하면, 사하라 남부 아프리카에서 HIV에 감염될 위험이 가장 높은 사람은 트럭 운전사다. 머커천과 그녀의 동료들이 발표한 논문에 따르면, HIV의 유전적 변이가 도로에 빈번하게 접근하는 사람들에게서 상대적으로 높았다. 도로는 다른 유형의 HIV에 감염된 사람들이 서로 만나 유전정보를 교환하는 기회를 제공한다. 그러나 도로는 기존의 바이러스가 확산되는 걸 지원하는 정도에서 그치지 않는다. 도로를 비롯해 온갖 형태의 교통수단이 판데믹의 발병에 일익을 담당한다.

철로와 항로의 혁명

좀처럼 사라지지 않는 일반적인 오해 중 하나는, HIV가 어떻게 기원했는지 우리가 모른다는 것이다. 하지만 우리는 인간을 괴롭히는 어떤 주요 바이러스들의 기원보다 HIV의 기원에 대해서 많은 것을 알고 있다. 2장에서 보았듯이 판데믹으로까지 확대된 HIV의 원흉은 인간에게 전이된 침팬지 바이러스이다.[4] 이 점에 대해서는 과학계에서 어떤 반론도 없다. HIV가 인간에게 침입하게 된 과정에 대해 축적된 증거들도 일맥상통한다. 침팬지를 사냥해서 도살하는 과정에서 침팬지의 피와 접촉하게 되는데, 이때 HIV 병원균이 인간의 체내에 침입한 것이 거의 확실하다. 이 문제에 대해서는 내가 중앙아프리카에서 사냥꾼들과 함께 작업한 내용을 설명하는 9장에서 더 자세히 다루기로 한다.

HIV의 기원에 대해 여전히 끈질기게 제기되는 유일한 의문은, HIV가 감염된 사냥꾼으로부터 어떻게 확산되었고, 의학계에서 HIV

를 발견하는 데 그렇게 오랜 시간이 걸린 이유가 무엇이냐이다. HIV의 샘플이 처음 채취된 때는 1959년과 1960년으로 에이즈가 질병으로 인식되기 20년 전이다. 진화 바이러스 학자 마이클 워로베이Michael Worobey와 그의 동료들은 바이러스를 추적하는 과정에서, 콩고 레오폴드빌(현재는 콩고민주공화국의 킨샤사)에 살던 한 여인의 림프절 조직 표본에서 어떤 바이러스 하나를 분석해냈다.

워로베이 연구팀은 표본에서 발견한 바이러스의 유전자 서열을 인간과 침팬지에서 추출한 다른 균주들과 비교함으로써, 그 바이러스가 인간에게 최초로 전이된 시기를 대략적으로 결정할 수 있었다. 그들이 사용한 유전자 분석기술로는 수십 년의 오차 이내로 정확히 지적할 수 없었기 때문에 그들은 그 바이러스가 1900년경, 확실히는 1930년 이전에 본래의 계통에서 분기되었을 거라고 결론지었다. 또한 레오폴드빌의 여인이 1959년 HIV에 감염되었을 쯤에는 HIV가 킨샤사 지역에서 이미 유전적 다양성을 띄었을 뿐만 아니라, 그곳에서 유행병으로 정착되었을 거라는 결론도 덧붙였다.

HIV가 1900년은 고사하고 1959년까지 거슬러 올라간다는 사실에 대해 의학계는 심각하게 받아들이지 않을 수 없었다. 핵심적인 의문 중 하나는, 만약 HIV가 20세기 초에 인간에게 침입하여 1959년쯤 킨샤사에서 적어도 국부적인 유행병으로 자리 잡았다면, 1980년에야 HIV가 유행병으로 확인된 이유가 무엇이냐는 것이다. 또 하나의 중대한 의문은, HIV가 20세기 중반에 갑자기 확산되도록 만든 그 특수한 조건이 무엇이었느냐는 것이다.

HIV-1이 창발되어 소중한 샘플이 처음으로 채취되었던 중앙아프리카의 프랑스어권 지역에서는 그간 많은 변화가 있었다. 캘리포니아대학교 샌디에이고 캠퍼스UCSD의 인류학자 짐 무어Jim Moore와 그의 동료들은 2000년에 발표한 논문에서, 한결 쉬워진 여행 수단이 바이러스의 확산에 미친 영향을 집중적으로 다루었다. 예컨대 1892년에 증기선이 킨샤사에서부터 중앙아프리카 열대우림의 한복판인 키상가니까지 운항을 시작했다. 증기선의 운항으로 인해 외따로 살던 사람들이 서로 교류하게 되었고, 전에는 외진 지역의 사람들을 감염시킨 후에 멸종 지경에 이르렀을 바이러스들이 도시 사람들을 넘볼 수 있게 되었다. 게다가 프랑스는 철로를 놓기 시작했고, 이 철로는 해로와 도로처럼 사람들을 만나게 해주는 역할을 담당했다. 요컨대 철로 덕분에 바이러스는 외진 지역에서 도시 한복판까지 확산되었고, 확산된 바이러스는 더 많은 사람을 숙주로 삼게 되었다.

증기선과 철로와 도로는 인간 사이의 교류를 확대하는 데 그치지 않았다. 철로건설과 기반시설을 확충하기 위한 프로젝트들은 문화의 변화까지 초래하며 중대한 충격을 주었다. 또한 철로건설에 많은 사람이 동원되었고, 때로는 강제 동원도 서슴지 않았다. 짐 무어 연구팀의 지적에 따르면, 노동자 합숙소에는 대부분 남자들이 모여 있기 때문에 HIV처럼 성교로 전염되는 바이러스가 확산되기에 더없이 좋은 조건이었다. 결국 증기선 운항과 철로 및 철로건설에 관련된 요인들이 복합되면서 초창기 HIV의 전염과 확산에 적잖은 역할을 한 것이 확실하다.

도로와 철로와 해로 건설이 병원균의 확산에 중요한 역할을 하였지만, 완전히 새로운 형태의 운송수단은 그 속도까지 더해주었다. 1903년 12월 17일, 산들바람이 계속해서 불고 부드러운 모래로 덮인 착륙 장소들이 있는 노스캐롤라이나 키티호크에서 라이트 형제는 최초로 조절 가능한 동력비행에 성공했다. 그로부터 약 50년이 지난 후, 최초의 민간 제트기가 런던과 요하네스버그를 왕래했고, 1960년쯤에는 바야흐로 항공기 여행시대가 도래했다.

　항공기의 도래로 인간의 교류는 더욱 빈번해졌고, 더불어 병원균의 교환도 훨씬 더 신속하게 이루어졌다. 병원균의 잠복기는 사람마다 다르다. 잠복기는 한 개체가 병원균에 노출되어 감염되거나 병원균을 다른 개체에게 옮길 때까지의 기간을 뜻한다.[5] 현재까지 알려진 병원균 중에서 잠복기가 하루 이하인 병원균은 거의 없다. 대다수의 병원균은 잠복기가 일주일 혹은 그 이상이다. 신속한 항공기 여행으로 잠복기가 무척 짧은 병원균까지 효과적으로 확산될 수 있게 되었다. 반면에 잠복기가 무척 짧은 병원균에 감염된 사람이 배로 여행할 경우, 그 배에 승선한 승객이 수백 명에 이르지 않는다면 배가 육지에 닿기 전에 그 바이러스는 소멸되고 말 것이다.

　민간항공기의 운항은 전염병이 확산되는 방법을 근본적으로 바꿔놓았다. '디지털 유행병학자'라고 불릴 만큼 새로운 분야의 개척자인 하버드대학 존 브라운스틴John Brownstein과 클라크 프라이펠드Clark Freifeld는 2006년에 발표한 논문에서, 기존의 자료를 활용하여 항공기 여행이 인플루엔자의 확산에 얼마나 큰 영향을 미치는지 증명하는

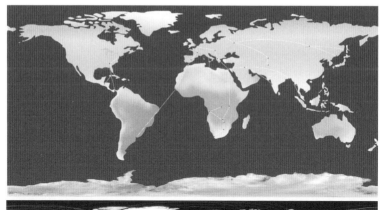

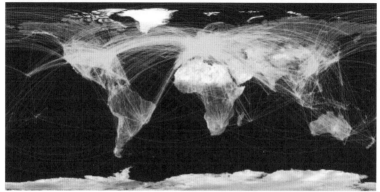

위: 1933년의 세계 항공교통
아래: 2010년의 세계 항공교통

창의적 방법을 제시했다.

존과 그의 동료들은 1996년부터 2005년까지의 계절별 인플루엔자 자료를 분석해서 그 결과를 항공기 여행 패턴과 비교했다. 그리고 미국에서 국내 항공기 여행 수요로 인플루엔자의 확산율을 예측할 수 있는 모델을 찾아냈다. 흥미롭게도 추수감사절이 낀 11월의 여행 성수기가 특히 중요한 듯하다. 물론 해외여행도 중요한 역할을 한다.

해외여행자의 수가 줄어들면 계절별 인플루엔자 극성기가 그만큼 늦게 찾아온다. 여행자 수가 적을 때는 바이러스가 확산되는 데 더 오랜 시간이 걸리기 때문이다. 존의 연구팀은 2001년 9·11테러가 인플루엔자에 미친 영향도 분석했는데, 여행금지 때문이었는지 인플루엔자 시기가 늦추어졌다고 나타났다. 반면에 프랑스에서는 여행 금지를 시행하진 않았지만 대신 경비를 강화한 탓인지 별다른 차이가 없었다.

지난 수세기 동안 세계 전역에서 여행하기가 한결 편해졌다. 철로와 도로, 해로와 항로의 혁명으로 인간은 물론이고 동물도 허락만 받으면 대륙 내에서, 심지어 대륙 너머까지 신속하고 효과적으로 이동할 수 있게 됐다. 교통 혁명으로 지구에 생명이 탄생한 이래로 유례없던 상호교류가 가능해졌다. 현재 지상에는 5만여 곳의 공항, 3,200만 킬로미터가 넘는 도로, 110만 킬로미터 이상의 철로, 해상에는 수십만 척의 크고 작은 선박이 있는 것으로 추정된다.

교통 혁명으로 인간과 동물에게 기생하던 병원균이 이동하는 방법이 근본적으로 달라졌다. 병원균이 이동할 수 있는 속도도 엄청나게 빨라졌다. 교통 혁명은 전 세계인을 하나로 묶어놓아, 전에는 적은 개체군 내에서 생존조차 힘들었던 병원균까지 번성할 수 있는 환경이 조성되었다.

8장에서 다시 보겠지만 교통 혁명으로 완전히 새로운 병원균이 나타나고, 무시무시한 동물 바이러스들이 기생 범위를 확대할 수 있게 되었다. 과학기술의 발달로 모두가 연결되는 하나의 세계가 되었지만, 병원균의 관점에서는 전에는 분리되어 제자리에만 맴돌던 감염균들이 뒤섞이는 거대한 용광로가 되었다. 삶의 터전인 지구가 병원균들이 뒤섞이는 용광로로 변하면서부터 인간이 전염병을 대하는 방식도 완전히 달라졌다. 과학기술의 발전이 우리를 판데믹의 시대로 몰아가고 있다.

친밀한 종
THE INTIMATE SPECIES

1921년 2월 2일, 영국인 아서 에블린 리아데트는 수술을 받았다. 리아데트의 증상은 전형적이었지만 수술은 그렇지 않았다. 수술 받을 당시 리아데트는 일흔다섯 살의 고령이었고, 심신에서 무력증을 느낀다고 호소했다. 머리칼은 대부분 빠졌고 얼굴은 주름살투성이였다. 한마디로 그는 하루가 다르게 늙어가는 사람이었다.

1921년 그 추운 날이 있기 수년 전, 리아데트는 파리에서 일하던 전도유망한 러시아 외과의사 세르주 보로노프Serge Voronoff에게 편지를 보내, 특별한 수술을 위해 자신의 몸을 실험대상으로 제공하겠다고 제안했다. 당시 의사 보로노프는 인간의 몸을 완전히 회춘시킬 방법이 있다고 주장하고 있었는데, 그의 주장이 사실이라면 그야말로 불로장생의 비법이 탄생한 셈이었다.

세르주 아브라하모비치 보로노프는 1866년 러시아에서 태어났다.

18세기에 프랑스로 이주해서 노벨상 수상자인 알렉시 카렐Alexis Carrel
의 밑에서 의학을 공부했다. 카렐은 혈관수술 및 혈관을 비롯해 어떤
장기라도 이식하는 새로운 방법을 개발한 공로로 1912년에 노벨상을
받았다. 카렐은 보로노프에게 외과학을 가르치며 과학의 짜릿한 재
미만이 아니라, 특히 장기이식을 위한 혁명적인 새로운 기법을 비롯
해 발견의 가능성까지 강력하게 심어주었다. 또한 카렐은 190센티미
터가 넘는 젊고 야심찬 보로노프를 친화력 있고 상상력이 뛰어난 의
사라고 여러 글에서 소개하며 제자의 앞날을 돌봐주었다.

카렐의 지도 하에 공부를 끝낸 보로노프는 이집트 왕의 주치의로
일하게 된다. 거기서 보로노프는 왕의 규방에서 일하는 환관들에게
관심을 갖게 되었는데, 아마도 거세 때문인지 환관들은 나이보다 훨
씬 늙어 보였다. 이런 관찰을 계기로 보로노프는 노화를 수술로 해결
하는 방법에 골몰하기 시작했다. 스승의 선구적인 업적에 영감을 받
고, 새로운 수술기법에 관심이 많았던 보로노프는 거의 취미삼아 이
식 실험을 시작했다. 그러나 그는 스승이 완성한 기법의 범위를 넘어
서고야 말았다. 초기 실험에서 그는 어린 양의 고환을 늙은 숫양에게
이식했고, 그로 인해 숫양의 털이 굵어지고 성적욕구도 증가했다고
주장했다. 이런 초기 연구들에서 향후에 어떤 작업이 진행되었을지
충분히 예측할 수 있다.

수년 후 파리에서, 매서운 추위가 몰아쳤던 2월의 그날, 리아데트
는 보로노프의 인체실험자가 되었다. 리아데트를 수술실로 옮기기
전 보로노프는 직접 개발한 '특수 마취상자'를 이용해서 침팬지를

먼저 마취시켰다. 덩치가 큼직한 사나운 수컷 침팬지가 곧 닥칠 일에 격렬하게 반발할 것이 뻔했기 때문에 의사들을 보호하기 위한 조치로 마취시킨 것이었다. 그 후 리아데트는 수술실로 옮겨지고 침팬지 옆에 나란히 눕게 되었다. 의사들은 침팬지의 고환을 신중하게 제거하고 얇은 조각으로 잘라내어 리아데트의 양쪽 고환에 이식했다.

이 수술은 원숭이샘 수술로 불리며 대중적인 관심을 끌었다. 1923년까지 43명이 영장류의 고환을 이식 받은 것으로 알려지며, 보로노프가 은퇴할 때쯤에는 그 숫자가 수천 명에 이르렀다. 보로노프는 보드카 공장주의 상속자로 많은 재산을 물려받았지만, 그 자신도 그 시대의 유력인사들을 수술해준 대가로 엄청난 돈을 벌었다. 검증되지는

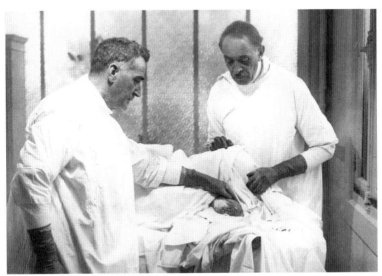

영장류의 고환 이식 수술로 유명한 세르주 보로노프 박사(오른쪽)

않았지만 무척 구체적인 소문에 따르면, 노벨문학상을 받은 프랑스 시인 아나톨 프랑스Anatole France도 그의 환자였다고 전해진다. 파블로 피카소도 보로노프의 수술대에 누웠을 거라는 소문까지 있을 정도 이다.

그러나 그 끝은 어땠을까? 보로노프 환자들 중 대다수가 수술의 효능을 확신했다. 리아데트는 1922년 〈뉴욕타임스〉 기자와의 인터뷰 에서 수술이 대성공이었다고 주장했다. 그는 기자에게 굵은 이두박 근을 자랑스레 내보였고, 그의 부인은 옆에 앉아 흡족한 미소를 띠며 고개를 끄덕였다. 보로노프와 그의 환자들이 주장한 성공이 과장된 면이 있더라도, 그 수술의 논리적 근거는 지금도 과학계에서 논란거 리이다.

보로노프와 그의 수술법은 과학계에서 따돌림을 받았다. 1950년대 초 보로노프가 세상을 떠나자, 대부분의 의사는 그를 사기꾼으로 취 급했다. 그가 극단에 치우친 탓이기도 했다. 심지어 인간 여성의 난 소를 노라라는 암컷 침팬지에 이식하는 실험까지 시도했다. 게다가 남성의 정자를 노라에게 인공수정하는 실험까지 시도했다.[1] 하지만 영국 의학계에서 가장 권위 있는 의학저널 〈랜싯The Lancet〉은 1991년 보로노프을 다룬 논설에서 "의학연구협의회는 원숭이샘에 대한 연구 에 더 많은 지원을 해야 할지도 모르겠다"라는 말로 결론지었다.

수혈이 보여주는 양날의 검

침팬지 고환 이식수술은 귀가 솔깃하게 들리지만, 비아그라처럼 혈기왕성한 20대로 만들어주지는 않는다. 우리의 관점에서 볼 때 악명 높은 원숭이샘 이식수술의 중대한 문제는 의학의 발전으로, 의도와 달리 인간(과 때로는 동물)이 병원균 이동의 새로운 통로 역할을 한다는 점이다.

현재 기준에 따르면, 보로노프처럼 우리가 인간과 침팬지의 병원균 세계를 의식적으로 연결하려는 시도는 생각할 수도 없고 용서받기도 힘든 짓일 것이다. 표본이 전혀 남아 있지 않은 상황에서 확인할 방법은 없지만, 보로노프의 이식수술로 침팬지의 조직을 이식 받은 사람들에게 위험한 바이러스들이 침입했을 가능성이 있다. 계통적으로 무척 가까운 친척인 동물들 사이에서 생체조직을 이식하는 것은 병원균이 맞닥뜨리는 '자연적인 진입 장벽'을 제거해주는 꼴이므로 병원균이 다른 종으로 전이될 수 있는 가장 위험한 방법 중 하나이다.

하지만 보로노프의 작업이 극단적이기는 했지만, 새로운 병원균의 침입이 보로노프만의 잘못은 아니었다. 지난 400년 동안 의학기술이 폭발적으로 발전하면서 개체들 간의 병원균 교환이 항상 새로운 형태로 제기된 것은 사실이다. 수혈과 장기이식과 주사는 인간의 건강을 유지하는 데 없어서는 안 될 중요한 수단이지만, 판데믹의 출현과 확산에 적잖은 역할을 해왔다. 이런 의학기술이 인류의 역사에서 전례 없던 방식으로 혈액과 장기 및 여러 조직으로 인간들 사이를 서로 연결시켜주었다. 무엇보다 의학기술은 우리를 '친밀한 종intimate species'으로 묶어주었다.

의학기술이 인체들을 연결하며 병원균의 전이를 용이하게 했다는 주장을 자세히 분석하기 전에, 혜택이란 맥락에서 의학기술을 잠시 살펴보기로 하자. 수혈과 이식만이 아니라 주사요법과 예방접종은 의학을 현시대로 끌어올린 주역들이다.

수혈이 없다면 혈우병 환자들, 중증 환자들, 부상병들이 무수히 죽어갈 것이다. 또 장기이식이 가능해지면서 백혈병, 간염, 심한 화상을 입은 사람들이 정상적인 삶을 누릴 수 있게 되었다. 이제 주사가 없는 세계를 상상하기는 거의 불가능하다. 영양제와 수분을 정맥주사로 공급하는 덕분에, 영양실조인 아이들과 설사환자를 매년 수백만 명씩 구해낼 수 있다. 주사가 있기 때문에 예방접종도 가능하다. 예방접종이 없는 세계에서 산다는 것은 천연두로부터 매일 위협 받는 세계에서 사는 것과 다를 바가 없다. 천연두는 1960년대에 예방접종으로 박멸되었지만, 만약 천연두가 되살아난다면 6장에서 언급했듯이 인간과 동물의 접촉이 더욱 빈번해진 탓에 과거보다 훨씬 무지막지한 전염병이 될 것이다.

이런 의학기술들이 유행병의 확산에 어떤 역할을 했는지 연구한다고 해서, 의학이 인간의 건강을 보호하고 유지하는 데 긍정적인 역할을 해왔다는 사실을 부인하는 것은 결코 아니다. 또한 미국 언론인 마이클 스펙터Michael Specter가 수년간의 조사 끝에 발표한 《부정주의

Denialism》에서 적절하게 반박했듯이, 반反예방접종주의자들의 근거 없는 두려움을 뒷받침하는 것으로 해석되어서도 안 된다. 하지만 의학기술이 역사적으로 사람들을 어떻게 연결했는지 이해해야 우리가 판데믹에 시달리는 이유를 이해할 수 있다. 물론 생명을 구하는 의학기술을 멀리하라는 뜻은 결코 아니다. 다만 우리가 의학기술을 사용하는 과정에서 경계심을 늦추어서는 안 된다는 걸 강조하고 싶을 뿐이다.

의학기술로 인해 인간들 사이에 병원균 교환이 증가된 가장 확실한 사례는 피의 사용이다. 역사적으로 사람이나 동물이 피로써 서로 간에 접촉하는 경우는 거의 없었다. 사냥이 도래한 이후에는 사냥과 도축을 통해 다른 동물의 피와 체액을 주로 접촉해왔다. 그런데 15세기에 들어서자 모든 것이 변했다.

일반적으로 인정되는 최초의 수혈은 1492년 교황 인노첸시오 8세에게 시행되었고, 그 역사적 사실은 역사학자 스테파노 인페수라 Stefano Infessura, 1435년경-1500년경에 의해 기록되었다.[2] 교황이 혼수상태에 빠지자 교황의 주치의들은 그를 되살리기 위해서 열 살배기 세 소년의 피를 교황에게 공급하기로 결정했다. 당시에는 정맥수혈법이 없었던 까닭에, 교황만이 아니라 피를 제공하는 대가로 두둑한 금화를 약속받았던 세 소년까지 모두 죽고 말았다.[3]

수혈법은 그 이후 비약적으로 발전했다. 오늘날 세계 전역에서 매년 약 8,000만 유닛(약 450밀리리터)의 피가 헌혈자들로부터 수집되어 이를 수혈이라는 방법으로 수많은 사람이 목숨을 구한다. 하지만 수혈은 사람들을 연결하는 완전히 새로운 방식이다. 1유닛의 피가 누군가에게 수혈되면, 그 유닛에 존재하는 바이러스와 다른 병원균들도 그 사람에게 유입된다. 수혈의 증가는 병원균에게 새로운 이동 경로를 열어준 셈이며, 때로는 말라리아의 경우처럼 다른 식으로 이동하던 병원균들에게도 새로운 이동 경로를 제공한 꼴이 된다. 수혈이란 의학기술의 발달로 새로운 형태의 연결이 가능해지면서, 수혈이 없었다면 사람들 사이에 확산될 가능성이 전혀 없을 병원균들이 전이되는 통로가 열렸다. 아울러 우리가 동물로부터 얻은 병원균까지 더욱 확산될 수밖에 없는 가능성도 생겼다. 수혈이 없었다면 그런 병원균은 저절로 소멸되었을 텐데!

수혈은 HIV와 그밖의 레트로바이러스, B형간염과 C형간염, 말라리아와 샤가스병 같은 기생충의 확산에 한몫한 것으로 여겨진다. 8장에서 다시 언급하겠지만, 흔히 광우병으로도 알려진 변종 크로이츠펠트 야콥병 같은 프리온조차, 수혈 전에 혈액을 보관하는 데 사용되는 비닐용기인 혈액봉지blood bag 안에서도 살아남을 수 있다.

혈액제제blood product 분야도 수혈을 대체할 정도로 발전했다. 혈우병 환자의 경우에는 피를 응고시키는 특정한 혈액인자가 없기 때문에 피를 흘리게 되면 생명이 위협 받는다. 이 문제를 해결하기 위해서 부족한 혈액인자를 충분히 확보할 목적에서 수십만 명의 헌혈자들로부터 적절한 혈액인자들을 추출한다. 이런 연결성의 결과는 결코 가볍지 않다. 어림잡아 생각해보면, 샌프란시스코에 사는 A형 혈우병 환자가 60세쯤 되면 혈액응고인자 VIII를 7,500회 분량이나 주사한 셈이 된다. 달리 말하면 그는 평생 동안 250만 명의 피에 내재된 병원균과 접촉했을 가능성이 있다는 뜻이다.

그나마 다행인 것은 대다수의 혈액은행이 요즘 들어 의심스런 혈액을 걸러낸다는 것이다. 예컨대 HIV에 감염된 피는 헌혈을 위한 사전검사를 통과하지 못한다.[4] 그러나 과거에는 그렇지 않았다. 1980년 초에는 혈액제제를 받은 혈우병 환자들이 HIV에 감염되는 사례들이 적지 않았다. 미국에서만 수천 명의 혈우병 환자가 감염되었고 그중 대다수가 사망했다. 지금도 우리는 현재까지 알려진 병원균만을 걸러낼 수 있을 뿐이다. 아직까지 발견되지 않는 다수의 바이러스가 매일 혈액제제를 통해 인간의 체내로 이동한다. 어떤 새로운 바이러스 하나가 인간의 체내에 유입된다면, 혈액은행을 통해 확산된 뒤에야 우리는 그 바이러스의 확산을 차단하려고 법석을 피울 것이다.

수혈보다 더 위험한 장기이식

순전히 숫자로 보면, 수혈이 장기이식보다 훨씬 많다. 수혈 횟수가 장기이식 횟수보다 월등하게 많지만, 그러나 생물학적 관점에서 보면 장기의 이동이 훨씬 더 위험하다. 장기이식에는 피의 이동만이 아니라 조직의 이동이 필연적으로 수반된다. 따라서 피와 조직에 존재하는 병원균까지 장기와 함께 수용자에게 이동한다.

장기 공여자에게도 수혈하는 동안 똑같이 의심스런 병원균이 이전될 위험이 뒤따른다. 예컨대 5장에서 다루었던 광견병의 경우, 인간에서 인간에게로 전염되지 않는다. 좀 더 정확히 말하면, 광견병이 자연 상태에서 인간에서 인간에게로 전염된 사례는 지금까지 발표된 적이 없다. 하지만 광견병 바이러스가 사람에서 사람에게로 옮겨간 사례는 10여 건 발표되었는데, 이 모든 사례가 감염된 장기를 이식받은 탓이었다.

광견병 바이러스가 전이된 사례의 과반수를 차지하는 것은 단연 각막 이식이다. 각막이 신경계와 관련된 조직들 중 하나이기 때문이다. 게다가 광견병은 주로 중추신경계를 공격하는 바이러스이다. 흥미로운 두 가지 사례를 살펴보자. 각각 텍사스와 독일에서 두 사람이 광견병에 감염된 장기를 이식 받았다. 두 경우 공여자들의 사인은 약물의 과다복용으로 잘못 판단되었지만, 그들은 간혹 광견병의 징후를 보였다. 놀랍게도 두 공여자 모두 광견병이 전격적으로 발병한 뒤 아무런 치료도 받지 못하고 사망한 듯하다. 그들이 여기저기를 돌아다니고 정상적인 생활을 영위하던 중에 광견병이 그런 지경까지 이르렀다고 생각하면 등골이 오싹할 뿐이다.

장기이식으로 전이된 휴면기의 감염증이 나중에 갑작스레 재발할 수도 있다. 1장에서 다루었던 말라리아 원충의 시베리아 변종, 플라스모디움 바이박스는 간에서 잠복하거나 휴면하는 능력까지 갖추고 있다. 잠복기간에는 말라리아의 어떤 징후도 보이지 않아 마치 핏속에 말라리아 원충이 전혀 없는 것처럼 여겨질 정도다. 따라서 아무런 의심 없이 간이식이 이루어질 수 있다.

독일에서 보고된 사례 하나를 들어보자. 카메룬에서 이주한 21세의 청년이 뇌출혈로 사망하면서 모든 장기를 기증했다. 62세의 노파가 말기 간경변으로 그 청년의 간을 이식 받았다. 이식수술을 받고 정확히 한 달 후 노파는 고열에 시달렸다. 바이박스 말라리아라는 진단을 받긴 했으나 다행히도 성공적으로 치료를 받았다. 그녀는 평생 열대지역이나 아열대지역을 여행한 적이 없었는데도, 오직 그 지역에서 건너온 간을 이식 받은 탓에 바이박스 말라리아에 걸렸던 것이다.

장기이식에는 또 하나의 중요한 골칫거리가 있다. 공여자로부터 피를 얻는 과정은 상당히 단순하지만, 장기를 얻기는 쉽지 않다. 선진국에서 수혈을 받아야 하는 사람이 피를 구하지 못하는 경우는 극히 드물지만, 장기이식의 경우는 그렇지 않다. 현재 미국에는 장기이식을 받기 위해 순서를 기다리는 사람이 약 11만 명에 이르며, 90분마다 한 사람이 장기이식을 받지 못해 죽어가는 실정이다.

이식에 필요한 장기들이 워낙 부족하여, 외과 의사들은 인간 장기를 대신할 것을 찾기 시작했다. 동물들이 1차적인 대안으로 떠올랐다. 물론 회춘을 위한 목적으로 침팬지의 고환을 인간에게 이식하는 수술은 용인할 수 없는 모험이다. 질병으로 생명을 위협 받고 있더라도, 침팬지처럼 계통적으로 가까운 동물로부터 이미 알려진 바이러스나 미지의 바이러스가 인체에 유입될 수 있다는 실질적인 가능성을 고려한다면 그런 선택은 결코 바람직하지 않다. 그러나 계통이 다른 동물들이 있다. 예컨대 성인 돼지의 장기는 크기와 무게에서 성인 인간의 장기와 흡사하다. 물론 병원균이 전이될 위험이 없지는 않지만, 침팬지의 경우에 비하면 적은 편이다.

2007년 7월, 인디애나 의과대학원의 선구적인 외과의사 조 텍터Joe Tector가 나에게 전화를 걸었다. 텍터는 그때까지 외과 의사들의 문젯거리를 해결하기 위해서, 요컨대 이식된 장기가 사람에게 거부반응을 일으킬 가능성을 크게 줄이기 위해서 돼지의 유전자를 조작할 연구팀을 구성했다. 그리고 앞으로 5년 내에 돼지의 간을 사람에게 이식하는 수술을 시작하고 싶다면서 예상되는 위험에 대해 물었다.

자신의 시도가 안전할 거라는 동의를 아무런 생각도 없는 과학자들에게 듣고 싶지는 않았던 텍터는 새로운 바이러스들을 추적하며, 그의 시도에서 예상되는 위험을 연구하는 데 몰두하고 있는 사람을 찾아 나섰다. 그는 자신의 환자들을 진정으로 걱정하며, 대기명단에 있는 대다수의 환자가 적시에 장기를 공여 받지 못하는 현실을 나에게 설득력 있게 설명했다. 또한 그의 계획이 역효과를 낳아 인간 세계에 새로운 판데믹을 야기할 가능성에 대해서도 염려했다. 텍터가 나에게 전화했을 때, 나는 수년 전부터 이종異種장기이식xenotransplantation, 즉 동물의 장기를 사람의 인체에 이식하는 가능성에 대해 연구하고 있던 터였다.

1920년대 보로노프가 파리에서 이상한 이식수술을 행한 이후, 이종장기이식 분야는 거의 40년 동안 소강상태에 들어갔다. 실제로 그 기간 동안에 이종장기이식을 시도했다는 기록은 전혀 없다. 그러나 1960년대에 들어서면서 이종장기이식이 다시 시도되기 시작했다. 새로운 항생물질과 면역억제제의 개발이 동물의 장기를 사람에게 이식

해도 괜찮을 거라는 희망을 주었다. 면역억제제는 면역체계를 약화시킴으로써 장기의 거부반응을 해결할 수 있을 것이라 생각했다.

1980년대에는 이 부분에서 세상의 주목을 받은 일련의 수술이 시행되었다. 일례가 선천성 심장병을 안고 태어난 조산아 베이비 페이 Baby Fae였다. 태어난 지 12일 만에 비비의 심장을 이식 받은 페이는 11일 동안 생존했지만 결국 숨을 거두고 말았다. 38세의 에이즈 환자 제프 게티Jeff Getty의 장기이식도 큰 뉴스거리였다. 제프가 에이즈란 진단을 받았을 때만 해도 에이즈는 '동성애자 암gay cancer'이라 불렸다. 그는 에이즈 환자들의 권익옹호를 위한 사회운동가가 되었고 많은 실험성 치료에 참여했다. 한 실험을 통해 전국적인 명성도 얻게 되었다. 에이즈에 대한 자연내성을 지닌 비비의 골수를 이식하면 자신의 몸에도 자연내성이 생길 것이란 기대감에 비비의 골수를 이식 받은 실험적 수술이었다.

게티의 실험은 결국 실패로 끝났지만, 그런 이식으로 미지의 새로운 바이러스가 인체에 침입할 가능성에 대한 전국적인 논란을 불러일으켰다. 비비처럼 계통적으로 가까운 종의 장기를 이미 면역체계가 망가진 사람에게 이식하면 죽음을 재촉하는 길일 수 있다. 에이즈 말기 단계에 이르러 면역체계가 극도로 약화된 사람이라면 새로운 바이러스가 활개 치며 적응할 수 있는 환경을 제공하는 것과 다를 바 없다.[5] 극단적으로 생각하면 바이러스가 새롭고 낯선 땅을 탐색하기도 전에 훈련을 받는 테트리 접시라 할 수 있다.

다행히 돼지는 비비만큼 계통적으로 인간에게 가깝지 않아 텍터의 실험은 성공할 가능성이 컸다. 하지만 돼지도 포유동물이다. 우리 자신을 포함해 모든 포유동물이 그렇듯이, 돼지에게도 미지의 병원균이 적지 않다. 그 다른 종으로 옮겨갈 수 있는 병원균들이 있을 것으로 여겨진다. 따라서 어떤 바이러스가 우리 몸으로 옮겨와서, 다시 다른 사람에게로 확산되는지 알아내는 것이 급선무이다. 어떤 사람이 치명적인 바이러스에 감염되었다고, 그래서 간부전으로 곧 사망할 처지에 빠졌다고 그것이 세상의 종말을 뜻하지는 않는다. 진정한 위험은 그 바이러스가 확산되느냐 않느냐에 있다.

소수이지만 돼지 바이러스를 연구하는 사람들이 가장 우려하는 바이러스는 PERVPorcine Endogenous Retrovirus, 돼지 내인성 레트로바이러스이다. PERV 같은 내인성 바이러스는 숙주의 유전물질에 영구히 통합된다. 하지만 때때로 유전자로부터 빠져나와 세포들을 감염시켜 숙주의 체내에 확산된다. 내인성 바이러스는 실질적으로 숙주 게놈의 일부이기 때문에 현재의 과학수준에서는 제거할 수 없다. 따라서 돼지 장기를 이식한 후에 그 바이러스가 인체에서 다시 나타날까 우려하는 것이다.

지난 10년 동안 나와 함께 레트로바이러스를 연구했던, 미국 질병통제예방센터의 저명한 바이러스 학자 빌 스위처Bill Switzer는 이종장기이식 수용자를 대상으로 PERV를 가장 포괄적으로 연구한 과학자였다. 스위처와 그의 동료들은 돼지 조직을 이식 받은 160명의 환자에게서 채취한 표본들을 연구했다. 놀랍게도 수용자의 약 15퍼센트에서 돼지 세포가 여전히 살아 있다는 증거가 발견되었다. 심지어 이식수술을 받은 지 8년이 지난 환자에게서도 살아 있는 돼지 세포가 발견되었다. PERV의 증거가 발견되지 않은 것이 그나마 다행이었다.

　PERV가 가장 위험한 것인지 아닌지 여부는 아직 오리무중이다. 그렇지만 PERV가 가장 위험하더라도 크게 걱정할 필요는 없는 듯하다. 텍터를 비롯한 여러 연구진의 연구 결과를 통해서 돼지 조직들에 어떤 병원체가 있을 가능성이 있고, 그 병원체들이 어떤 위험을 제기하는지 결정할 수 있기를 기대하기 때문이다. 물론 그런 연구 결과에 기초한 결정이 쉽지는 않을 것이다.

　9장에서 다시 살펴보겠지만, 바이러스를 찾아내는 현재의 수준으로는 표본에서 모든 병원균을 확정적으로 찾아내지는 못한다. 그렇다고 마냥 주저하고만 있을 수는 없다. 그 대가가 상당히 크기 때문이다. 많은 사람이 장기를 기다리며 매일 죽어가고 있다. 확률이 비록 낮긴 하지만 훨씬 더 많은 사람에게 유행병이 확산될 중대한 위험에 처해 있다. 한 사람의 생명을 구하기 위해서 인류 전체가 위협 받을지도 모를 위험을 감수해야 하는 것일까?

피할 수 없는 주사바늘

우리는 오래전부터 바늘로 자신을 찔러왔다. 그 첫 번째 증거는 뜻밖의 곳, 냉동인간에서부터 발견되었다. 1991년 9월의 어느 화창한 날, 두 독일 관광객이 이탈리아쪽 알프스를 하이킹하던 중에 시신 하나를 발견했다. 처음 발견된 계곡의 이름을 따서 외치라는 이름이 그 시신에게 붙여졌다. 처음에는 죽은 지 얼마 되지 않은 시신으로 여겨졌지만, 그 이후에 밝혀진 바에 따르면 외치는 무려 5,300년 전에 살았던 사람이었다.

외치의 시신에서 놀라운 점 하나는 문신이었다. 실제로 외치의 문신은 세계 최초로 발견된 문신이기도 하다. 허리와 발목과 무릎에 있었는데, 엑스레이로 확인한 결과에 따르면 정형외과적 질환 때문에 무척 고통스러웠을 곳에 문신을 했다. 따라서 문신이 일종의 치료법으로 사용된 것으로 추정된다.

외치가 문신을 어떤 이유에서 새겼든지, 예나 지금이나 문신에는 위험이 따른다. 문신은 바늘이나 주사기를 사용하기 때문에 피의 접촉이 있을 수밖에 없다. 하나의 도구가 여러 사람에게 반복해서 사용된다면 이는 병원균이 숙주를 바꿔 타기에 안성맞춤인 다리 역할을 하는 셈이다.

문신, 약물, 백신 등 어떤 이유로든 사용된 바늘이 적절하게 소독되지 않으면 병원균을 옮기는 역할을 할 수 있다. 수혈과 마찬가지로, 이제 광범위하게 사용되는 바늘은 병원균에게 제공된 새로운 이동 통로가 되어, 인체 내에서 생존하거나 확산할 수 있는 기회를 주었다.

주사가 흔해진 시대에 가장 눈에 띄는 병원균은 C형간염 바이러스 Hepatitis C Virus, HCV이다. HCV는 현재 세계적으로 1억 명 이상이 감염되고, 매년 300만 명 이상의 새로운 감염자가 발생하는 무척 중대한 바이러스이다. 게다가 HCV는 간암과 간경변을 통해 미국에서만 연간

냉동인간 외치의 팔목. 두 줄의 문신 흔적이 보인다

8,000명가량을 사망에 이르게 한다. 주사바늘이 없었다면 그들 중 극소수만이 목숨을 잃었을 것이다.

HCV에 대해서는 아직 미스터리한 부분이 많다. 바이러스 자체는 1989년에 공식적으로 발견되었지만, 인체에는 훨씬 오래전부터 존재했던 것으로 여겨진다. 옥스퍼드대학교의 바이러스 학자 올리버 피버스Oliver Pybus는 이 바이러스를 자신의 많은 과학적 목표 중 하나로 삼았다. 피버스는 진화생물학적 방법을 활용해서, 다른 많은 학자가 실험실과 현장에서 평생을 보내며 알아낼 수 있는 비밀보다 컴퓨터를 통해 바이러스들에 대해 더 많은 비밀을 알아내고 있다. 예컨대 그는 다양한 바이러스들에서 얻은 유전정보를 비교하는 컴퓨터 알고리즘과 수학적 모델을 이용해서, 마침내 HCV에 대해 흥미로운 사실들을 적잖이 찾아냈다.

현재 우리는 HCV가 꾸준히 증가 추세에 있다는 것을 알고 있다. 지난 100년 동안 이 바이러스는 수혈을 통해서, 또 소독되지 않은 바늘과 마약 주사를 통해서 급속히 확산되었다. 그러나 피버스를 비롯한 여러 과학자에 의한 유전자 분석에 따르면, HCV는 짧게는 500년, 길게는 2,000년 전부터 존재했다. 따라서 앞에서 언급한 원인만으로 HCV의 확산 이유가 완전히 설명되지는 않는 듯하다. 그래도 바늘과 주사로 인한 대대적인 확산이 있기 전에는 아프리카와 아시아 같은 지역에서는 HCV가 상대적으로 훨씬 적었다.

HCV는 성행위나 정상적인 접촉으로는 실질적으로 전염되지 않기 때문에, 이 바이러스가 수세기 전부터 어떻게 존속했는지 설명하기 위해서는 다른 경로의 전이를 생각해내야 한다. HCV는 어머니로부터 자식들에게 전이될 수 있지만, 이른바 모자감염vertical transmission(수직전파라고도 한다)은 특별히 효율적이지 않기 때문에 이 설명도 그다지 마뜩찮다. 오히려 할례와 문신, 의식적 흉터문신ritual scarification, 침술 등과 같은 문화적 관습이 중요한 역할을 했을 것이다. 피버스와 그의 동료들은 지리학적 정보시스템(이 점에 대해서 10장을 참조)과 질병 확산의 수학적 모델을 결합하며 피를 빨아먹는 벌레들이 또 다른 원인일 수도 있는 가능성을 증명해냈다. 그 벌레들이 오염된 바늘 역할을 하면서 어떤 숙주로부터 얻은 바이러스에 감염된 피를 다른 숙주에게 전달하는 과정을 오랫동안 반복해왔다는 것이었다.

안전하지 못한 주사를 사용하는 일이 20세기에 들면서 HCV의 확산을 더욱 부추긴 것은 사실이다. 툴레인대학교의 바이러스 학자 프레스턴 막스Preston Marx는 일련의 신중한 논문에서, 주사가 HIV의 판데믹에 일익을 담당했을 거라고 주장한다. HIV의 초기 확산에 대해서는 여전히 몇 가지 의문이 남아 있다. 유전자 자료 분석에 따르면 침팬지 바이러스가 인간에게 전이되어 HIV로 변한 때가 20세기 초이지만, HIV가 1960년대와 1970년대에야 세계적으로 확산되기 시작한 계기에 대해서는 논란이 분분하다. 많은 과학자가 이즈음에 HIV가 확산된 원인으로 6장에서 언급한 항공로의 확대를 지적하지만, 막스와 그의 동료들은 또 다른 원인을 덧붙인다.

HIV가 세계적으로 확산된 시기는 값싼 주사기가 보편화된 시기와 일치한다. 1950년대 이전까지 주사기는 수공으로 제작되어 상대적으로 비싼 편이었다. 그러나 1950년에 기계를 이용하여 유리와 금속 주사기를 대량으로 찍어내기 시작했고, 1960년대에는 일회용 플라스틱 주사기가 널리 사용되었다. 마약과 백신을 효과적으로 주입하던 방법이 발전해서 19세기 말에 약물과 백신의 주입에 주사를 적극적으로 사용하기에 이르렀다. 게다가 살균하지 않는 바늘 하나로 한 번에 100명 이상에게 예방주사를 놓는 보건 캠페인까지 있었다. 그야말로 전염병을 퍼뜨릴 수 있는 조건을 조장한 셈이었다.[6] 사냥한 침팬지의 바이러스에 감염된 사냥꾼 한 명이 수많은 사람에게 그 바이러스를 퍼뜨리는 경우와 이론적으로 다를 바가 없었다. 실제로 막스와 그의

1962년 콩고민주공화국 레오폴드빌에 천연두가 발병했을 때 킨탐보 종합병원 밖에서 실시된 예방접종

동료들은 HIV가 본격적으로 확산된 것이 바로 이러한 이유 때문일 것이라고 가정한다.

막스의 연구가 1992년 〈롤링 스톤Rolling Stone〉지에 처음 제기되었던 것처럼, 경구용 소아마비 백신Oral Polio Vaccine, OPV이 HIV의 기원일 거라는 가정과 완전히 다르다는 점에 주목할 필요가 있다. 막스는 안전하지 못한 주사기 사용 관습이 HIV 확산의 주범이었을 거라고 주장하지만, 이 관습이 HIV가 침팬지로부터 인간에게 전이된 과정과는 아무런 관계도 없다고 주장한다. 반면에 OPV 가정론자들은 경구용 소아마비 백신이 영장류 조직에서 배양한 것이기 때문에 HIV가 그런 조직들에서 백신으로 직접 전이되어 확산된 것이라 주장했다.

요즘 과학계는 OPV 가정을 네 가지 이유에서 진지하게 받아들이

지 않는다. 첫째, 백신 재고들을 소급해 분석한 결과, 백신들이 HIV 와 관련된 침팬지 바이러스에 감염되었다는 증거가 전혀 발견되지 않았다. 둘째, 유전자 분석에서 밝혀졌듯이 HIV는 존재한 지 100년이 넘었고, 이는 OPV를 사용한 시대를 훨씬 앞선다. 셋째, 백신 재고들이 생산된 지역의 침팬지들이 감염되었을 거라고 여겨지긴 하지만, 이들은 HIV의 원인으로 지목된 바이러스를 지닌 침팬지들과 계통적으로 다르다. 넷째, 야생 영장류를 사냥하고 도축하는 과정을 통해 문제의 바이러스에 꾸준히 노출되었다는 사실이, 그래서 HIV와 관련된 다수의 영장류 바이러스가 인간에게 전이되었다고 설명하는 편이 더 논리적이다.

그러던 중 2001년 권위 있는 과학학술지 〈네이처〉와 〈사이언스〉에 연이어 발표된 네 편의 논문이 OPV 가정에 치명타를 가하며 논란을 종식시켰다. 이 논문들은 여러 이유에서 무척 중요한데, OPV 가정을 확대해석해서 일반적으로 안전하고 효과적이라고 인정된 백신들까지 기피하던 현상을 불식시켰기 때문이다. 〈네이처〉의 논문들에 덧붙여진 사설을 보면 "새로운 자료들은 침팬지 바이러스에 OPV가 감염된 사실이 의도적이고 지속적으로 은폐되었다고 생각하는 집요한 음모론을 완전히 뒤집지는 못한다. 그러나 과거에 OPV 가정을 조금이나마 신뢰했던 우리는 이제 그 문제가 종식되었다고 생각한다"라며 이런 현실을 잘 요약해주었다. 또한 세계적으로 유명한 바이러스학자 에디 홈스Eddie Holmes는 더 노골적으로 "(OPV 가정의) 증거는 빈약하기 이를 데 없다. 이제 OPV 가정은 받아들일 수 없다. 다른 이유를 찾아나서야 할 때가 되었다"라고 논평했다.

  안전하지 못한 주사기가 HCV를 확산시켰듯이 HIV의 확산에도 적
잖은 역할을 하긴 했지만 이것이 최초의 원인은 아니었다. 그렇다고
백신의 안정성을 무시해야 한다는 뜻은 아니다.

인간이 생물학적 관계를 바꾸다

현재 통계적으로, 이 책을 읽는 독자 15명 중 한 명꼴로 원숭이에서
인간에게로 전이된 바이러스에 감염된 상태이다. 더 정확히 설명해
보자. 당신이 그 바이러스에 감염된 사람이라면 SV40, 즉 아시아 짧
은꼬리원숭이 바이러스에 감염되었고, 그 바이러스는 감염된 백신을
통해 당신에게 유입된 것이다.

  1950년대와 1960년대, 소아마비 백신은 짧은꼬리원숭이의 신장에
서 추출한 세포에서 배양해 제조했다. 일부 신장이 SV40에 감염된 것
이어서 백신을 오염시켰고, 그 결과는 끔찍했다. 미국에서만 1960년
에 소아마비 백신의 30퍼센트가 SV40에 감염되었다. 1955년부터
1963년까지 미국 어린이의 90퍼센트와 성인의 60퍼센트가 SV40에
잠재적으로 공격 받은 상태였다. 숫자로 환산하면 대략 9,800만 명이
었다. 이 바이러스는 결코 사소한 바이러스가 아니다. 설치동물의 경
우에는 암의 원인이었고, 실험실 세포배양에서도 인간의 세포를 비
정상적으로 복제해서 암을 유발할 수 있다는 가능성을 보여주는 우

려스러운 징후였다.

미국 국민의 절반 이상이 새로운 원숭이 바이러스에 감염된 위험에 처해 있다는 생각에 과학계는 경악했다. 경구용 소아마비 백신을 복용한 사람들이 정말로 암에 걸렸는지 확인해야 한다고 유행병학자들 역시 호들갑을 떨었다. 지금까지 그 증거에 대해서는 여전히 논란이 분분하지만, SV40은 암을 유발할 정도로 중대한 위험을 제기하지 않은 듯하고, 천만다행으로 확산되지도 않은 듯하다. 여하튼 우리는 중대한 위험을 운 좋게 비켜갔다.

그러나 백신은 수천 명에게 언제라도 투여될 수 있기 때문에 우리는 경계심을 늦추지 말아야 한다. 1950년대와 1960년대에 SV40의 사례에서 보았듯이, 하나 혹은 다수의 백신이 오염되어 있다면 새로운 바이러스에 수백만 명이 감염될 수 있다. 그렇다고 백신들이 안전하지 않다는 뜻은 아니다. 백신은 안전하다! 수십억의 인구를 보호하기 위해서 백신은 반드시 필요하다. 지금은 그 어느 때보다 보건관리와 백신 생산이 신중하게 이루어진다. 나의 동료이자 샌프란시스코에서 활동하며 미지의 바이러스를 찾아내는 기법들에 몰두하고 있는 과학자 에릭 델워트Eric Delwart는 최근에 논문을 발표하였다. 논문에서 그는 이러한 새로운 기법들이 백신의 안전성을 지금보다 훨씬 높여줄 것이라고 전망했다. 이 부분에 대해서는 10장에서 자세히 살펴보기로 하자.

여하튼 현재의 백신들이 위험하더라도, 그 백신들로 예방하려는 질병들의 위험과는 비교조차 되지 않는다. 물론 백신이 절대적으로 안전한 것은 아니기에 우리가 인간과 동물의 조직을 의도적으로 관련시킬 때, 특히나 산업적인 규모로 관련시킬 때는 최대한 주의를 기울여야 한다.

보로노프가 원숭이샘 이식술을 시도했던 1920년대 이후로 수혈과 장기이식과 주사요법이 폭발적으로 증가했다. 이 경이로운 과학발전으로 우리는 많은 치명적인 질병을 척결할 수 있었다. 하지만 과학기술의 발전으로 개체들 간의 생물학적 관계가 새로운 단계로 진입했으며, 그로 인해 달갑지 않은 부산물들이 생겨났다. 과학기술은 병원균이 이동할 수 있는 다리, 지금까지는 존재하지 않았던 다리 역할을 하며, 따라서 인간들을 완전히 새로운 하나의 친밀한 종으로 묶어버렸다. 이제 우리는 지상에 존재하는 생명체들과는 남다른 종, 지상에 존재하는 병원균들과 우리의 관계를 근본적으로 바꿔가는 종이 되었다.

바이러스들의 습격
VIRAL RUSH

이런 상상을 해보자. 마닐라 같은 대도시에서 인구밀도가 높은 지역의 주민들이 지역환경보호청에 악취를 호소한다. 수시간 후에는 작은 애완동물들이 시름시름 앓기 시작한다. 그 지역의 수의사들도 병든 동물들이 급증했다는 걸 확인한다. 악취에 대한 첫 신고가 있고 24시간이 지난 후에는 지역 의사들도 피부에 물집과 궤양이 생긴 환자들이 증가한 사실에 주목한다. 속이 메스껍고 구역질이 난다고 호소하는 환자들도 있다.

약 48시간 후에는 환자들이 응급실로 몰려오기 시작한다. 환자들은 고열과 두통, 호흡곤란과 흉통을 호소한다. 일부는 금방이라도 쇼크 상태에 빠질 것 같다. 구역질이 점점 심해지는 환자들도 눈에 띄고, 그들은 혈변을 보기도 한다.

시간이 지나면서 그런 환자의 수가 증가한다. 첫 주가 지나자 병원에 입원한 환자가 거의 1만 명에 이르고, 그들 중 거의 절반이 고통스럽게 죽어갔다. 다른 환자들도 호흡을 제대로 못해 산소 부족으로 피부가 새파랗게 변한다. 결국 패혈성 쇼크septic shock와 심각한 뇌염증이 닥쳐 대부분의 환자가 사망한다. 사망자가 증가하자 기자들이 현장으로 떼 지어 몰려온다. 마닐라 시민들은 도시탈출을 시도한다. 정부는 최선의 노력을 다하지만 결국 마닐라는 심각한 공황상태에 빠져든다.

위의 시나리오는 물론 내가 가상한 것이지만, 전혀 터무니없는 상상은 아니다. 1993년 6월 옴 진리교도들은 동경 동부의 가메이도 지역에 있는 8층 건물 옥상에서 탄저균Bacillus Anthracis의 현탁액을 살포했다. 세계에서 가장 크고 인구밀도도 높은 도시에 생물학적 테러를 감행한 것이었다.

다행히 그들의 공격은 실패로 끝났다. 2004년에 쓰인 분석에 따르면, 그들이 상대적으로 양성이었던 데다 세균포자의 밀도가 낮은 탄저균 변종을 선택했고, 살포 방식도 비효율적이었기 때문에 1993년의 사건은 용두사미격인 미풍으로 끝났다. 한 사람도 탄저병에 걸리지 않았지만 일부 애완동물은 목숨을 잃은 것으로 여겨진다.

그러나 옴 진리교가 더 치명적인 탄저균 변종을 선택해서 조금이라도 더 효과적으로 살포했더라면, 내가 위에서 언급한 시나리오에 가까운 사건이 닥쳤을 것이다. 실제로 그 종말론자들은 탄저균만을 배양하고 있었던 것이 아니다. 그들은 다수의 실험실을 차려놓은 채 보툴리누스 독소, 탄저병, 콜레라, Q열 등 다양한 병원균을 배양하고

인도에서 추종자들과 함께 기도하는 옴 진리교의 창시자 아사하라 쇼코

있었다. 1993년 그들은 다수의 의사와 간호사를 데리고 콩고민주공화국으로 들어갔다. 표면적으로는 의료봉사를 위한 것이었지만, 실제로는 에볼라 바이러스를 분리한 샘플을 반입하려는 목적 때문이었다.

바이오에러의 급증

옴 진리교도들이 탄저균의 살포에 성공했더라도 옴 진리교의 만행에 의한 죽음과 혼란은 포자에 노출된 개체들에게만 국한되었을 것이다. 탄저균은 사람에서 사람으로 전염되지 않기 때문이다. 치명적이긴 하지만 탄저병은 전염되지 않는다. 그러나 탄저균은 테러집단이 사용할 수 있는 많은 세균 중 하나일 뿐이다. 생물학적 테러는 안보 전문가들이 가장 우려하는 것이다. 이른바 비대칭적 전쟁에서, 즉 자원과 화력에서 극단적인 차이에도 불구하고 전투를 계속해야 하는 생물학적 테러는 약한 쪽이 택할 수 있는 이상적인 수단이다. 테러집단 같은 약한 세력도 병원균을 적절하게 살포할 수단을 지닌다면 강한 상대를 혼란에 빠뜨릴 수 있다.

병원균은 테러집단에게 상당히 매력적인 무기이다. 화학무기나 핵무기보다 확보하기 훨씬 쉽기 때문이다. 또 화학무기나 핵무기와 달리 병원균은 자력으로 확산될 수 있다. 게다가 치명적인 사린가스나 방사능을 지닌 핵폭탄과 달리, 급속히 사방팔방으로 확산될 수 있다. 굳이 비교할 만한 것을 찾자면 히로시마의 경우처럼 몇 세대에 걸쳐 기형적인 자손이 태어나고 암 발병률이 높아진 방사능 낙진에 대한 지속적인 두려움이다. 그러나 방사능 낙진은 환경에 영향을 미치기 때문에 잠행적인 결과가 상대적으로 느릿하게 나타나지만, 신속하게 효과를 발휘하고 확산되는 바이러스 무기는 수십 년은커녕 며칠 만에 그런 결과를 낳을 것이다.

생물학적 테러의 위험을 과소평가한다면 엄청난 잘못을 저지르는 것이다. 테러집단을 연구하는 학자들의 판단에 따르면, 생물학 무기가 인간에게 사용될 가능성은 시간문제일 뿐이다. 이토록 치명적인 병원균이 합법적인 연구소에서, 혹은 무책임한 테러집단의 작업장에서 배양될 수 있다는 사실은 세계적인 판데믹의 가능성에 또 다른 위협요인이다.

가능성은 별로 없지만 테러집단이 현재 극소수만 남아 있는 천연두 바이러스 샘플을 손에 넣는다면 그 결과는 엄청날 것이다. 천연두는 자연상태에서 박멸된 지 오래인 반면에, 천연두 바이러스는 단 두 세트만이 안전한 곳에 철저하게 보관되어 있다. 하나는 미국 애틀랜타의 질병통제예방센터에, 다른 하나는 러시아 콜초보의 국립 바이러스학 및 생물학 연구센터VECTOR에 보관되어 있다. 두 곳은 생물학적 안정성에서 최고등급인 4단계 시설을 갖추고 있다. 한때 이곳에 남아 있는 재고마저 없애려는 가능성에 대한 논란이 있었지만, 백신과 치료제의 생산에 이 살아 있는 바이러스의 잠재적인 필요성 때문에 지금까지 결정이 미뤄지고 있는 실정이다.

흥미롭게도 2004년에 천연두로 의심되는 부스럼 딱지가 뉴멕시코 산타페에서 발견되었다. 예방접종으로 생긴 부스럼 딱지라고 쓰인 봉투에서 발견된 것이었다. 어떤 실험실의 냉동고나 다른 어떤 곳에 상당한 천연두가 존재한다는 가능성을 시사하는 증거였다. 천연두 바이러스가 의도적으로, 심지어 사고로라도 살포된다면 그 결과는 끔찍할 것이다. 천연두는 박멸되었기 때문에 천연두를 예방할 백신이 존재하지 않기 때문이다. 따라서 천연두가 어떤 형태로든 방출된다면 최악의 상황이 닥칠 것이고, 우리에게는 그야말로 재앙이다.

또 다른 위험은 '바이오에러bioerror'이다. 생물학적 테러bioterror와 달리 바이오에러는 인간의 실수에 의해 병원균이 우연히 방출되어 널리 확산되는 경우이다. 2009년 박사후과정의 지도교수였던 돈 버크가 인플루엔자 바이러스들의 발생에 대한 논문을 발표했다. 그 논문에서 버크는 인간 세계에 확산된 다양한 인플루엔자 바이러스들을 분석했다. 특히 눈에 띄는 사례 중 하나는 1977년 11월 소련과 홍콩 및 중국의 남동부를 강타한 유행성 독감이었다. 문제의 바이러스는 20년 전에 집단 발병했던 유행성 독감의 바이러스와 거의 똑같았지만 그 이후로 바이러스가 발견된 사례가 없었다. 버크와 그의 동료들은 문제의 바이러스를 초기에 추적한 결과, 실험실에 보관되었던 바이러스가 우연히 실험실 직원의 몸에 침입하여 그로부터 확산되었을 거라고 설명할 수밖에 없다는 결론을 내렸다.

앞으로 수십 년이 지나면 일반대중도 상세한 생물학적 정보와 기법에 접근해서 단순한 병원균들을 배양하는 것이 가능해지기 때문에 생물학적 테러와 바이오에러가 급증할 것이다. 대부분의 사람들이 생물학적 실험은 주로 안전한 연구실에서 진행될 것이라 생각하지만 실제로는 그렇지 않다. 2008년 뉴욕 시에 사는 두 명의 10대 소녀가 한 연구소에 초밥 샘플을 보내왔다. 이 연구소는 유전자 검사를 단순화하고 표준화하려는 프로젝트를 시행하는 곳인 DNA바코드 데이터베이스 프로젝트 센터였다. 두 소녀는 고가의 초밥이 정말로 그 정도의 값어치가 있는지 알고 싶었던 것이다. 두 소녀는 초밥이 실제 가치보다 비싸게 팔린다는 것을 알아냈고, 동시에 당시 과학자들에게만 허용되던 유전정보를 얻어내는 방법까지 알아냈다.

요컨대 두 학생은 초밥 연구를 통해서 뉴욕 시의 초밥 장사꾼들이 손님에게 바가지를 씌운다는 사실만을 알아낸 것이 아니었다. 두 소녀의 초밥 연구는 비과학자가 유전정보를 읽어낸 가장 유명한 초기 사례 중 하나였다. 정보기술IT 혁명의 초창기에는 컴퓨터 프로그래머만이 HTMLHyper Text Markup Language 같은 코드를 읽고 쓸 수 있었다. 그후에는 프로그래머가 아닌 일반사람들도 코드를 읽고 쓰기 시작했으며, 이제는 누구나 블로그와 위키 및 게임에서 무리 없이 코드를 읽고 쓴다. 정보를 공유하는 모든 시스템이 그렇듯이, 고도로 전문화된 것으로 시작한 것이 어느새 보편적인 것이 된다.

따라서 멀지않은 미래에는 직접 생물학적 실험을 시도하는 소규모 집단이 보편화될지도 모른다. 그런 세계에서는 바이오에러를 관리하고 감독해야 할 필요성이 실질적으로 대두될 것이다. 영국왕실협회의 전 회장 마틴 리스Martin Rees 경은 유명한 예언에서, "⋯⋯2020년쯤에는 바이오에러나 생물학적 테러가 현실화되어 수백만 명의 목숨을 빼앗아갈 것이다"라고 경고했다. 파이프 폭탄이나 필로폰 제조공장을 만들던 화학이 바이러스 폭탄을 제조하는 생물학으로 바뀌고 있다.

이쯤에서 향후에 등장할 대량살상자에 대해 상상해보자. 인간을 대거 죽음에 몰아넣을 병원균의 위협들을 생각하면 나는 한밤중에도 벌떡 일어나 잠을 이루지 못한다. 바이오에러와 생물학적 테러도 그런 위협들에 속한다. 두 가지 요소가 주는 위협의 빈도가 앞으로도 점차 높아지겠지만, 적어도 현재 우리가 직면한 가장 큰 위협은 여전히 자연에 존재하는 병원균들이다.

일부 생물학적 세계에서는 발견의 시대가 끝났다고 할 수 있다. 예컨대 우리가 영장류에서 새로운 종을 발견할 확률은 무척 낮다. 그러나 바이러스의 경우에는 그렇지 않다. 내 동료이자 새로이 나타나는 전염병 분야의 선두주자인 마크 울하우스Mark Woolhouse는 새롭게 발견한 바이러스들의 실제 숫자를 조사해보았다. 그는 동료들의 도움을 받아 1901년 이후에 발견된 새로운 바이러스들을 조사했다. 그들의 분석에 따르면, 우리는 바이러스를 완전히 발견한 경지에 이르지 못했다. 보수적으로 추정해도 향후 10년 동안 매년 한두 개의 새로운 바이러스가 발견될 것으로 여겨진다.

현대 과학자들이 앞다투어 새로운 바이러스를 찾아내려는 여러 이유 중 하나에 우리는 주목해야 한다. 뒤에서 다시 언급하겠지만 내 연구팀을 비롯한 많은 연구진이 인체에 존재하는 미지의 바이러스를 찾아내고, 지금은 동물의 체내에 존재하지만 인간의 몸으로 전이될 가능성이 있는 새로운 바이러스를 찾아내려 애쓰고 있다. 미지의 병원균 세계를 밝혀내기 위한 유전자 기법도 발달해서 새로운 병원균을 찾아내기가 예전보다 쉬워지고 빨라졌다. 그러나 연구팀이 많아지고 관심이 높아졌기 때문에 우리가 새로운 바이러스를 찾으려는 것은 아니다.

앞에서 논의한 요인들이 결합되면서 인간의 몸에 새로운 바이러스들이 기생하기에는 완벽한 조건이 갖추어졌다. 우리는 오밀조밀하게 연결된 세계에 살고 있다. 교통망이 거미줄처럼 연결되고, 다양한 의료기술 덕분에 인체에 침입한 동물 바이러스가 확고한 근거지를 마련하고 확산할 수 있는 가능성이 현격하게 높아졌다. 달리 말하면 우리가 찾아내는 새로운 병원균들의 일부는 과거에도 인체에 침입했을 수 있었지만 견디지 못하고 소멸되었다는 뜻일 수 있다. 그래도 우리 관점에서 볼 때 그 병원균은 새로운 것이다.

도심의 호텔부터 가장 외진 시골까지

2003년 2월 21일, 홍콩 메트로폴호텔에 투숙한 한 손님이 크게 앓고 있었다. 증세가 매우 심각했다. 근처 광동성에서 온 그는 피트니스센터와 식당과 술집 및 수영장까지 있는 평균 이상의 호텔인 메트로폴호텔에서 단 하룻밤만 투숙했을 뿐이었다. 지금은 악명 높아진 911호실에! 그리고 그는 현대사에서 가장 유명한 '슈퍼 스프레더super spreader'가 되었다.

'슈퍼 스프레더'는 전염병을 확산시키는 데 결정적인 역할을 하는 사람이나 동물을 뜻한다. 메트로폴호텔 911호에 투숙한 손님이 걸린 병은 다름 아닌 사스SARS, 중증 급성호흡기증후군였고, 그의 바이러스는 적어도 16명에게 전염되었다. 또 그들은 유럽과 아시아와 북아메리카 등 세계 곳곳으로 돌아다니며 그 바이러스를 수백 명의 다른 사람들에게 옮겼다. 석 달 후에야 조사관들은 911호실 근처의 카펫에서 그 바이러스의 유전정보를 끌어낼 수 있었다. 문제의 손님이 기침이나 재채기, 혹은 토하면서 그곳에 남겼을 가능성이 높은 정보였다.

911호실 손님이 어떻게 사스 바이러스에 감염되었는지는 아직까지 정확히 밝혀지지 않았다. 사스에 감염된 동물과 접촉하는 과정에서 옮겨졌으리라 여겨질 뿐이다. 현재까지 알려진 바에 따르면, 사스 바이러스의 기원은 박쥐이다. 광동성 사람들은 야생동물을 즐겨 먹고, 살아 있는 동물을 거래하는 시장, 즉 재래시장wet market에서 야생동물을 구입한다. 따라서 그런 시장에서 구입한 박쥐가 이미 감염되었을 테고, 911호실의 손님이 바로 그 박쥐를 만지작거렸을 가능성이 크다.

또 다른 가능성을 생각해보자면, 그는 사향고양이를 구입했을 가능성도 있다. 사향고양이는 작은 육식동물로, 광동성에서는 별미로 여겨진다. 당시 사향고양이는 박쥐와의 접촉으로 사스 바이러스에 감염된 것으로 알려졌다. 아니면 그 손님은 그런 동물 바이러스에 이미 감염된 사람으로부터 감염되었을 수도 있다. 여하튼 그 손님이 발병하기 전까지 사스 바이러스가 한동안 전혀 감지되지 않은 채 확산된 것만은 분명하다.

메트로폴호텔의 손님이 사스 바이러스에 어떤 식으로 감염되었든 간에, 그의 증상은 사스가 그 후에 판데믹으로 확산되는 계기가 되었다. 인간이 살아가는 모든 대륙의 적어도 32개 국가에서 수천 명이 감염되었고, 수십억 달러의 경제적 피해를 입힌 판데믹이었다. 사스 판데믹은 현대 세계가 판데믹에 취약한 구조임을 보여준 완벽한 사례였다.

홍콩은 지금도 세계 여느 도시보다 인구밀도가 높지만, 20세기 전에도 여느 도시보다 인구밀도가 높았다. 매일 홍콩을 기점으로 수천 편의 항공기가 세계 방방곡곡으로 날아간다. 홍콩에서 북쪽으로 조금만 올라가면 중국의 광동성이다. 광동성은 인구가 수천만 명에 이르고, 돼지내장탕을 비롯해 야생동물을 별미로 여기는 음식문화가 발달했다.

높은 인구밀도와 집약적인 가축사육, 다양한 병원균을 보유한 야생동물들과의 빈번한 접촉, 효율적인 교통망 등을 종합해보면 우리는 판데믹과 관련해서 세계가 어디로 치닫고 있는지 충분히 짐작할 수 있다.

사냥꾼들은 야생동물을 포획해서 재래시장으로 가져간다. 재래시장이 도시 한복판에 있는 경우도 많다. 살아 있는 동물을 거래하는 재래시장에는 특별한 위험이 도사리고 있다. 어떤 동물이든 죽으면 그 동물에 기생하던 병원균들도 죽기 시작한다. 하지만 살아 있는 야생동물이 도시 한복판에 있는 재래시장까지 끌려가면, 그 동물의 체내에 존재하는 모든 병원균이 많은 사람들과 지근거리에 있게 된다. 따라서 어떤 식으로든 동물의 몸에서 빠져나온 바이러스는 그야말로 복권에 당첨된 셈이다.

광동성은 무척 흥미로운 사례지만, 광동성 같은 곳은 세계 곳곳에 얼마든지 있다. 야생생물의 다양성을 보유한 지역들이 세계 전역에서 급속도로 도시화되고 있다. 인류의 역사에서 처음으로 우리는 주로 도시에게 거주하는 종이 되었다. 실제로 세계 인구의 절반 이상이 도시지역에 거주하며, 그 숫자가 점점 늘어가는 추세이다. 2050년쯤 되면 세계 인구의 70퍼센트가 도시에 거주할 것이라 추정된다. 도시의 높은 인구밀도, 야생동물과 가축의 병원균, 그리고 효율적인 교통망이 겹쳐지면 새로운 질병의 발생은 피할 수 없다.

아프리카는 개발과정에서 과거에는 없었던 병원균의 위협에 노출될 가능성이 크다. 예컨대 내가 수년간 살면서 연구했던 중앙아프리카의 한 지역은 도시화와 삼림파괴와 도로건설 및 야생동물의 섭취로 새로운 질병이 출현할 조건을 차근차근 갖추어가고 있는 듯했다.

콩고분지 주변 국가들에서 가장 흔한 경제활동은 바로 벌목이다. 세계의 다른 지역에서 주로 행해지는 완전 벌목과 달리, 중앙아프리카에서 대부분의 벌목은 선택적으로 행해진다. 선택적인 벌목 때문에 상대적으로 값비싼 나무들이 많은 원시적인 지역에 도로가 개설될 수밖에 없다. 그리고 벌목꾼들은 그 길을 통해 이동하며 나무를 벤다.

이런 선택적인 벌목은 바이러스의 출현 방식에 상당한 영향을 미친다. 벌목을 위한 첫 캠프가 조성되면 일꾼들이 가장 먼저 유입된다. 그들은 길을 개척하고 나무를 잘라낸다. 잘라낸 나무를 트럭에 싣고, 다시 나무를 베어내고 트럭에 싣는다. 이런 과정을 거치며 곳곳에 캠프를 설치한다. 벌목꾼들이 모여들며 일시적인 마을들이 형성된다. 그 마을들에 모인 일꾼들은 주로 육고기를 먹는다. 중앙아프리카 삼림지역에서 소비되는 대부분의 육고기는 야생동물에서 얻어야 하기 때문에 사냥의 필요성이 증가한다. 따라서 많은 사냥꾼들이 모여들고, 그들은 많은 돈을 벌기 위해서 더 많은 야생동물을 사냥하려 한다. 이런 모든 조건들이 복합되면서 포획되는 동물의 수가 증가한다. 따라서 인간이 동물의 피나 체액과 접촉하는 빈도가 늘어나고,

카메룬 남부지역의 벌목용 트럭들

다양한 동물에게 존재하는 병원균들과의 접촉도 늘어난다.

벌목을 위한 길의 존재로 사냥꾼들이 사냥하는 방법도 근본적으로 변한다. 역사적으로 사냥꾼들은 마을에서 살았다. 그들의 일상적인 사냥은 마을을 중심으로 원형을 그렸다. 따라서 사냥 구역의 끝자락에 사는 동물들은 그다지 충격을 받지 않았다. 하지만 벌목을 위한 길이 뚫리면서 사냥꾼들이 숲에 들어가서 덫을 설치하거나 총기류를 사용하여 사냥할 수 있는 방법들이 크게 확대되었다. 이런 현상은 카메룬의 생태학자 제르멩 은간지Germain Ngandjui가 캄포 마안 국립공원 안팎을 자세히 조사한 연구보고서에 기록되었다. 숲의 접근 가능성이 높아진 동시에 트럭의 이용으로 도시 시장과의 관계도 한층 가까워진다. 따라서 도시와 숲을 오가는 사냥꾼의 수도 덩달아 증가한다.

일꾼들의 압력 때문이든, 그들이 열어놓은 길 때문이든, 벌목으로 인간과 야생동물의 접촉 빈도가 달라진다. 접촉이 잦아지면 새로운 병원균이 전이될 가능성도 높아진다. 이런 현상이 6장에 다룬 관계망에 의해 심화된다. 마을들은 외딴 곳에 있지만, 도로를 통해 항구들과 이어진다. 이 항구들에서 통나무들(과 병원균)이 선적되어 전 세계로 이동된다.

우리 연구팀은 중앙아프리카에서도 가장 외진 시골 지역에서 일하면서, 겉으로는 외따로 떨어진 지역들도 관계망에서 벗어날 수 없다는 분명한 증거들을 확인할 수 있었다. 인플루엔자처럼 판데믹의 가능성을 지닌 바이러스들을 주기적으로 점검할 때마다 숲 한복판의 외진 마을에서도 세계적으로 유행하는 판데믹 H1N1의 흔적이 간혹 발견되었기 때문이다. 또한 풍토병과 관련된 특이한 바이러스들도 찾아내지만, HIV처럼 벌목길을 따라 침범해 들어와 멀리 떨어진 시골 땅에서 살아가는 사람들까지 감염시키는 세계화된 바이러스들도 발견된다. 세계에서 가장 외진 곳까지 들락거릴 수 있는 새로운 병원균들이 점점 증가하는 추세이다.

매개체를 불문한 판데믹의 확산

때로는 다수의 요인이 복합되어 판데믹 출현이 심화되기도 한다. HIV가 세계적으로 확산된 후 인간의 면역체계에 영향을 미친 경우가 대표적인 사례이다. 앞에서도 언급했듯이 HIV는 침팬지를 통해 우리에게 유입되었다. 중앙아프리카에서 사람들이 침팬지를 사냥하고 도축하는 과정에서 그 바이러스가 인간에게 침범한 것이 거의 확실하다. 그러나 HIV는 이미 인간에게 침범해서 확산되고 있기 때문에 언제라도 돌연변이를 일으킬 가능성이 있다.

에이즈의 끔찍한 증상으로는 면역기능의 저하가 대표적이다. 사실 에이즈로 죽은 사람들은 HIV 자체 때문에 죽는 것이 아니다. 그들의 면역체계가 제대로 기능하지 못해 다른 질병들에 감염되어 죽는다. 세계 인구의 대략 1퍼센트가 면역결핍증에 시달린다. 영양실조, 암 치료, 장기이식 등도 상당한 역할을 하지만, 면역기능이 저하된 가장 중대한 요인은 HIV에 감염되어서이다.

면역기능이 떨어지는 사람에게는 온갖 병원균이 달려든다. 결핵과 살모넬라 같은 세균은 면역력이 저하된 사람에게서 더욱 활발히 번식한다. 일반적인 상황에서는 별로 위험하지 않은 평범한 병원균도 면역체계가 약화되면 치명적으로 작용한다. 거대세포 바이러스와 인간 헤르페스 바이러스 8 같은 바이러스들은 에이즈 환자들을 괴롭힌다. 그리고 면역결핍은 새로운 병원균들에게 출입문을 쉽게 내줄 수 있다.

대부분의 동물 병원균은 인간에게 전적응前適應되어 있지 않다. 계통적으로 우리에게 가까운 친척들의 병원균들도 인간을 숙주로 삼아 생존하고 확산하려면 대체로 유전적 변화가 필요하다. 따라서 사냥꾼처럼 야생동물과 자주 접촉하는 사람들은 새로운 병원균에 감염되더라도 대체로 일순간에 그친다. 하지만 면역기능을 제대로 발휘하지 못하는 숙주에서 병원균은 면역체계의 압력을 받지 않아 신속하게 진화하며, 수세대의 번식을 거치기 때문에 새로운 종에서 자리 잡는 데 필요한 일련의 적응을 거칠 확률이 높아진다.

병원균은 새로운 숙주에서 적응하는 것으로 끝나지 않는다. 때때로 새로운 바이러스가 어떤 동물과 접촉한 건강한 사람에게 전이되더라도 주변 사람들이 건강하면 그 바이러스는 크게 문제시되지 않는다. 하지만 한 공동체에 면역기능이 떨어진 사람이 많으면 그 바이러스가 인간에게 적응한 후에는 확산을 시작할 가능성이 높아진다. HIV나 그밖의 의심되는 병원균에서 비롯된 면역결핍으로, 새로운 병원균들에게 애매한 종간의 장벽을 쉽게 넘나들도록 도와주는 셈이다.

이런 위험은 결코 사소한 문제가 아니다. 2007년에 나는 동료들과 함께 카메룬에서 행한 연구 결과를 발표했다. 사냥과 도축을 통해 야생동물과 접촉한 사람들의 HIV 감염률을 조사한 연구였다. 우리는 열대우림에 에워싸인 시골 마을에 사는 191명의 HIV 감염자로부터 채취한 자료들을 분석했다. 그들 대다수가 야생동물을 직접 도살하여 먹었다고 대답했다. 또한 그들 중 절반 이상이 원숭이나 유인원을 도살했다고 대답했다. 특히 HIV 양성 반응자 중 17명이 야생동물을 사냥하고 도살하던 중에 상처를 입었다고 대답했다. 피와 피의 직접적 접촉인 것이다. 피로 전이되는 병원균들에게는 다른 숙주로 옮겨가기에 완벽한 기회인 셈이었다.

야생동물의 피와 체액을 직접 접촉한 사람들이 HIV에 감염되어 면역기능이 떨어질 수 있다는 사실은 새로운 병원균의 출현에 따른 중대한 위험을 상징적으로 대변해준다. 사냥과 도살은 실질적으로 모든 동물의 조직에 존재하는 병원균들과 접촉하는 기회이기도 하다. 면역기능이 떨어지는 사람이 이런 병원균들과 정기적으로 접촉하면 병원균들에게 종간의 경계를 넘어서는 지름길을 놓아주는 셈이다.

사냥과 도살이 중대한 위험을 야기하는 건 사실이지만, 공장형 농장과 육고기 생산을 비롯한 요즘의 산업화된 축산업도 인간과 동물의 상호관계를 현격하게 바꿔놓았다. 그로 인해 동물 바이러스가 인간들에게 확산되어 판데믹으로 발전할 가능성이 커졌다.

축산업은 지난 40여 년 동안 완전히 바뀌었다. 주된 변화 중 하나가 도축되는 가축의 숫자이다. 현재 세계적으로 각각 10억 마리 이상의 소와 돼지, 200억 마리가 넘는 닭이 도축된다. 오늘날 사육되는 가축의 수는 지난 1만 년 전부터 1960년까지 가축화된 동물의 수를 합한 숫자보다 많은 것으로 추정된다. 하지만 중요한 것은 단순한 숫자놀음이 아니다. 가축들이 사육되고 집산화되는 방법도 현격하게 바뀌었다는 점이다.

1967년 미국에는 약 100만 곳의 돼지농장이 있었다. 2005년에는 그 숫자가 크게 줄어들어 10만 곳을 조금 넘었다. 돼지의 마릿수는 증가하고 농장은 줄어들었다는 사실은, 산업화된 대규모 농장에서 더 많은 돼지가 빼곡하게 사육된다는 뜻이다. 다른 가축의 경우도 마찬가지이다. 미국의 경우 네 곳의 대기업이 절반 이상의 소와 돼지와 닭을 생산한다. 이런 현상은 미국에만 국한된 현상이 아니다. 전 세계에서 소비되는 가축의 절반 이상이 산업화된 농장에서 생산된다.

산업화된 환경에서 가축을 사육하는 것이 경제적으로 효율적인 건 사실이지만 병원균에 대한 걱정은 더 커지기만 한다. 인간의 경우에서 보았듯이 일정한 공간에 밀집된 가축의 수가 증가하면 새로운 병원균이 생존할 가능성도 증가한다. 산업화된 농장에서 사육되는 가축들은 완전히 격리된 상태에서 길러지지 않는다. 이렇게 밀집된 가축들은 피를 빠는 벌레, 설치동물, 조류, 박쥐 등과 접촉함으로써 새로운 병원균들이 침입할 가능성에서 벗어나기 힘들다. 이런 상황에서 산업화된 농장은 단순히 가축을 사육하는 공간으로 그치지 않고, 오히려 인간에게로 옮겨갈 수 있는 병원체들의 인큐베이터가 된다. 4장에서 보았듯이, 말레이시아 돼지들한테 존재하는 니파 바이러스가 인체에 옮겨간 경우가 이미 있지 않았던가. 일본뇌염이나 인플루엔자 같은 바이러스들도 비슷한 방식으로 확산될 수 있다.[1]

가축의 수도 깜짝 놀랄 정도로 많지만, 가축이 도축되어 고기로 가공되는 과정도 가축화가 시작된 이후로 행해지던 방법과는 완전히 달라졌다. 역사적으로 한 마리의 동물을 도축하면 한 가족, 많으면 마을 사람 모두가 배불리 먹을 수 있었다. 가공육이 등장하면서부터 우리가 야구경기를 보면서 먹는 핫도그는 다수의 종(돼지, 칠면조, 소)으로 이루어지며, 수백 마리의 동물에게서 얻은 고기로 만든 것일 수 있다. 따라서 그런 핫도그를 먹으면, 수십 년 전이었다면 농장 전체에서 뛰놀던 동물들을 골고루 맛본 셈이 된다.

다수의 동물 고기를 혼합한 가공육을 만들어 많은 사람에게 유통시키면 부작용이 뒤따르기 마련이다. 수천 마리의 동물 고기를 수많은 사람에게 나눠준다는 것은, 오늘날 육식을 즐기는 사람이면 평생 수십억 마리의 동물에서 얻은 고기를 조금씩 먹는다는 뜻이 된다. 과거에는 한 사람의 소비자가 한 마리의 동물과 직접적으로 접촉하는 것으로 끝났지만, 이제는 동물의 고깃덩이들과 육식을 하는 사람들이 서로 긴밀하게 연결된 거대한 네트워크를 이루고 있다. 고기가 요리되는 과정에서 많은 위험이 제거되는 건 확실하지만, 무수한 숫자로 구성된 거대한 네트워크에서 못된 병원균 하나가 인체로 전이될 가능성은 상대적으로 높아진 것이다.

양의 뇌가 광범위하게 파괴되어 스폰지처럼 구멍이 뚫리는 신경질환인 스크래피scrapie, 그리고 일반인들에게 광우병으로 주로 알려진 우해면양뇌증BSE에서 바로 위의 현상이 일어났던 것으로 여겨진다. BSE는 1장에서 언급했던 프리온으로 알려진 감염균들 중 하나이다. 바이러스와 박테리아와 기생충 등 우리가 알고 있는 여느 생명체와 달리, 프리온에는 생물학적 유전자지도(즉 RNA와 DNA)가 없다. 지금까지 알려진 모든 생명체를 구성하는 유전물질과 단백질의 결합체가 아니라 프리온에는 단백질만이 존재한다. 따라서 어떤 유기적인 역할을 못할 듯하지만, 프리온 역시도 확산될 수 있고 더구나 중대한 질병을 야기할 수 있음은 당연하다.

BSE는 1986년 11월 처음 확인되었을 때, 이 병에 걸린 소들의 특이한 증상 때문에 소에게 발생하는 신종질환으로 여겨졌다. 병에 걸린 소들은 제대로 서 있거나 걷지도 못하고, 수개월이 지나면 격렬한

경련을 일으키면서 죽어버린다. 아직도 광우병이 소에서 발생한 기원에 대해서는 논란이 많지만, 연구에 의하면 오히려 양이 그 기원으로 여겨진다. 1960년대와 1970년대에 소의 사료 제조가 산업화되었을 때, 죽은 양들을 육분과 골분으로 만든 사료가 있었다. 양은 스크래피로 불리는 프리온 질병을 지닌 것으로 오래전부터 알려져 있었다. 따라서 죽은 양을 소의 사료로 가공했기 때문에 그 병원균이 소에게 전이되어 적응한 것으로 여겨진다.

소에게 전이된 BSE는 다시 사료를 통해 확산된다. 죽은 양처럼 죽은 소도 소의 사료를 만드는 데 이용되기 때문이다. 따라서 프리온이 양에서 소에게로 옮겨갔기 때문에 그 감염된 소를 이용해 가공한 육분과 골분을 통해 다음 세대의 소들에게로 전이된 듯하다.[2] 프리온의 확산은 상당히 놀라웠다. 일부 학자들의 주장에 따르면, 그 기간 동안에 100만 마리 이상의 소가 감염되어 먹이사슬에 유입되었을 것이라 추정된다. 그러나 이런 프리온들이 모두 소에게만 머물렀던 것은 아니다.

BSE가 처음 확인되고 약 10년 후, 영국 의사들은 프리온에 감염된 쇠고기를 먹었을 것이라 판단되는 사람들에게서 치명적인 퇴행성 신경질환neurodegenerative disease을 확인하기 시작했다. 환자들은 치매와 격심한 근육경련 및 근육협응 퇴화 등의 증세를 보였다. 환자들의 뇌가 감염된 소들의 뇌와 정확히 똑같은 식으로 구멍이 뚫린 것을 확인할 수 있었던 것이다. 또한 감염된 인간의 뇌 조직을 이식 받은 영장류들에게도 이 질병에 전염될 수 있다는 사실을 실험을 통해 밝혀냈다.

인간 환자들도 BSE에 감염된 것이지만, 똑같은 질병이 인간에게서 발견되면 변종 크로이츠펠트 야콥병vCJD이 된다.

지금까지는 vCJD 환자가 24명밖에 확인되지 않았지만, 확정적인 진단이 어렵기 때문에 분명히 더 많은 환자가 있을 것으로 보인다. vCJD에 대해서는 아직 많은 부분이 밝혀지지 않았지만, 감염된 사람들은 감염된 소의 조직에 접촉한 것이 확실하며 치명적인 뇌장애로 이어지는 유전적 감수성을 지니는 것으로 여겨진다. 건강한 환자에서 추출한 편도선과 충수를 분석한 결과에 따르면, 영국에서 광우병이 유행하던 동안 그런 소와 접촉한 4,000명 중 한 명꼴로 질병의 징후를 전혀 보이지 않는 보균자가 나왔다. vCJD는 장기이식을 통해서도 전이되는 것으로 이미 입증되었고, 수혈을 통해서 전이될 가능성 또한 있기 때문에 위의 결과는 무척 우려스러운 결과가 아닐 수 없다.

현재 우리가 가축을 사육하고 고기를 유통하는 방식은 과거와 완전히 다르다. 우리는 살아 있는 동물을 새로운 방식으로 운송할 수 있다. 선박을 이용한 국제운송이 상대적으로 쉬워졌기 때문에, 한때 외졌던 지역에서도 이제는 가축을 산 채로 운송해올 수 있다. 이런 현상은 동물에게만 국한된 것이 아니다. 식물들도 수천 킬로미터 떨어진 지역에서 수입되어, 질병과 관련된 병원균의 존재 여부가 완전히 탐지되지도 않은 채 수많은 소비자의 식탁 위에 올라간다.

6장에서 우리는 콩고민주공화국에서 원숭이두창이 어떻게 발생하는지 살펴보았다. 그러나 원숭이두창은 아프리카에만 국한된 질병이 아니다. 2003년에는 원숭이두창이 미국을 덮쳤다. 철저하게 조사한 결과에 따르면, 2003년 미국에서 발병한 원숭이두창은 일리노이 주 빌라파크에 있는 '필스 포켓 페츠'라는 애완동물 숍에서 시작된 것이었다. 그해 4월 9일, 아홉 종의 설치동물 800마리가 가나에서 선적되어 텍사스로 수출되었다. 그 배에는 그밖에도 감비아 도깨비쥐, 붓꼬리산미치광이를 비롯한 여섯 종의 아프리카 설치동물 및 여러 종의 생쥐와 다람쥐도 있었다. 콩고민주공화국은 사후에 실시한 조사에서, 감비아 도깨비쥐와 겨울잠쥐와 아프리카 줄무늬다람쥐가 원숭이두창에 감염되었고, 그로 인해 선적된 모든 동물에게 원숭이두창이 전염된 듯하다는 결론을 내렸다. 감염된 감비아 도깨비쥐들 중 일부는 일리노이의 애완동물 숍에서 프레리도그(북아메리카 대초원 지대에 사는 다람쥣과 설치동물―옮긴이)들의 바로 옆에 진열되었다. 결국 그 프레리도그들이 사람에게 원숭이두창을 옮긴 것으로 추정되었다.

수개월 만에 미국 중서부의 6개 주와 뉴저지에서 총 93명이 원숭이두창에 걸렸다. 그들 대부분은 감염된 프레리도그와 직접 접촉으로 인해 전염된 듯하지만, 일부는 감염된 사람과의 접촉을 통해 전염된 것으로 여겨졌다.

애완동물로 혹은 먹을거리로 동물들이 이동하고 뒤섞이면서, 새로운 병원체가 인간에게 침입할 가능성이 커졌다. 또한 다수의 병원균이 동일한 숙주에 머물면서 유전자를 교환할 가능성도 커졌다. 바이러스가 유전자 변형을 일으킬 수 있는 방법은 많다. 유전정보가 단독적으로 바뀌거나(돌연변이), 유전정보가 교환되는(재조합 혹은 재편성)

것이다. 유전자가 돌연변이를 일으키면 바이러스에 유전적으로 새로운 특성이 느릿하지만 확고하게 형성된다. 한편 유전자 재조합이나 재편성이 일어나면 바이러스는 완전히 다른 유전적 정체성을 신속히 갖추게 된다. 두 바이러스가 동일한 숙주를 감염시키면 유전정보를 서로 교환해서 재조합함으로써 완전히 새로운 '모자이크' 병원체를 만들어낼 수 있다.

이런 현상은 이미 우리 사회에서 상당한 정도로 일어났다. 2장에서 보았듯이 HIV 자체는 모자이크 바이러스다. 정확히 말하면 어떤 시점에서 한 침팬지를 감염시킨 두 종류의 원숭이 바이러스가 재조합되어 HIV의 원형이 되었다. 이와 유사하게 인플루엔자 바이러스들도 유전자 전체를 교환하는 유전자 재편성을 통해서 모자이크 바이러스들을 생성하여, 완전히 새로운 유전자군들을 조합할 수 있다.

인플루엔자 바이러스들은 인간과 돼지와 조류가 동거하는 농장에서 재편성될 수 있다. 돼지는 인간 인플루엔자 바이러스를 받아들일 수 있고, 철따라 이동하는 철새들을 비롯하여 온갖 조류의 바이러스들도 받아들일 수 있다. 철새들은 닭과 오리 같은 가금류를 통해 직접 혹은 간접으로 돼지를 감염시킬 수 있다. 조류에서 옮겨진 새로운 바이러스가 돼지와 같은 가축의 체내에서 인간 바이러스들과 서로 영향을 미칠 때 예상되는 결과 중 하나가, 인간 바이러스의 일부와 조류 바이러스의 일부를 지닌 완전히 새로운 인플루엔자 바이러스의 출현이다. 이 새로운 바이러스는 자연항체로도, 그리고 과거에 유행한 인플루엔자 계통의 백신으로도 억제하기 힘들 정도로 다르다. 그래서 인체에 침입하면 엄청난 속도로 확산될 수 있다.

유전자 재조합도 많은 바이러스에 중요한 역할을 할 수 있다. 사스를 유전자 분석한 결과에 따르면, 사스는 박쥐 코로나 바이러스와, 우리가 아직 발견하지 못한 별개의 박쥐 바이러스로 추정되는 다른 바이러스가 재조합된 바이러스인 듯했다. 이 두 바이러스가 재조합되어 새로운 모자이크 바이러스가 생성되었고 이내 인간과 사향고양이를 감염시켰던 것이다. 이 바이러스들이 어떻게 재조합될 수 있었을까? 과거에는 야생에만 존재했던 까닭에 접촉할 수 없었지만 이제는 상업적 네트워크를 거쳐 시장에서 거래되는 동물들과 상호 접촉한 결과와 관계가 있을 듯하다.

현재 피츠버그대학교 보건대학원 원장인 돈 버크는 바이러스들의 재조합으로 새로운 판데믹이 발생하는 과정을 경고하는 데 중추적인 역할을 해왔다. 버크는 그 과정을 설명하기 위해서 창발적 유전자 emerging gene라는 개념을 도입했다. 역사적으로 바이러스 학자들은 새로운 유행병에 대하여 동물에서 인간에게 전이되는 병원균에서 비롯되는 것이라 생각해왔다. 그러나 HIV와 인플루엔자와 사스에서 보았듯이, 유전자 재조합과 재편성이 새로운 유행병의 근원인 경우가 더 많다.

기존의 병원균 하나와 새로운 병원균 하나가, 즉 두 병원균은 하나의 숙주에서 일시적으로 존재할 때 서로 영향을 미치며 유전물질을 교환할 수 있다. 여기에서 비롯되는 변형된 병원균은 확산되어 완전히 새로운 판데믹, 따라서 전혀 대비되지 않은 판데믹으로 발전할 수 있다. 이런 경우에 판데믹의 원인은 새로운 병원균이 아니라, 새로이 교환된 유전정보, 즉 창발적 유전자를 지닌 병원균이다.

앞으로 우리는 판데믹의 위협에 더욱 시달리게 될 것이다. 새로운 병원체가 확산되어 질병을 일으킬 것이다. 우리가 열대우림으로 더 깊이 들어가, 전에는 국제교통망과 단절되어 있던 병원체들과 접촉함에 따라 새로운 판데믹이 끊임없이 출현할 것이다. 높은 인구밀도, 전통음식들, 야생동물 거래 등이 복합되면 이 병원체들이 때를 만난 듯이 확산될 것이다. HIV로 인한 면역결핍으로 새로운 병원체들이 약해진 인간의 몸속에서 쉽게 적응할 위험률이 높아졌기 때문에 유행병의 충격은 더욱 클 것이다. 우리가 동물들을 신속하고도 효율적으로 세계 어느 곳으로든 운송하게 되면서 동물들은 어디에나 새로운 유행병의 씨를 뿌릴 수 있게 되었다.

과거에는 서로 만난 적조차 없던 병원균들이 어디에서든 만나 새로운 모자이크 병원체를 형성하기도 하며, 부모 세대에서는 꿈도 꾸지 못하던 방식으로 확산될지도 모른다. 요컨대 우리는 앞으로 파도처럼 끝없이 밀려드는 새로운 유행병들을 경험할 가능성이 크다. 앞으로 닥칠 유행병들을 더 효과적으로 예측하고 통제하는 방법을 알아내지 못한다면 우리는 그 유행병들에 속수무책으로 당할지도 모른다.

제 3 부

바이러스 사냥

THE VIRAL
STORM

바이러스 사냥꾼들
VIRUS HUNTERS

2004년 12월 9일, 카메룬 남부의 드야 생태계 보호지역에서 연구하던 영장류 동물학자들이 죽은 침팬지에게서 표본을 채취했다. 그 침팬지는 숲 바닥에 눈을 감은 채 널브러져 있었지만, 인간이나 다른 포식자에게 당한 것처럼 보이지는 않았다. 따라서 연구팀은 당연히 침팬지의 죽음에 관심을 가졌다.

벨기에 과학자 이스라 데블라우에Isra Deblauwe와 그의 카메룬 동료들은 약 3년 전부터 지루하고 따분한 연구를 계속하고 있던 터였다. 제인 구달 같은 위대한 영장류 동물학자들의 전통을 이어, 그들의 목표는 계통적으로 우리와 가장 가까운 야생 유인원들을 연구해서 그 유인원들과 우리 자신에 대해 많은 것을 알아내는 것이었다.

그리고 수년 후 그들은 무척 흥미로운 결과를 발표했다. 드야 보호구역의 침팬지들도 다른 침팬지 개체군들과 마찬가지로 도구를 사용한다는 것이었다. 특히 드야 보호구역의 침팬지들은 막대기를 적절하게 손질해서 땅 밑에 있는 벌집에서 꿀을 따기도 했다. 우리 자신을 포함해서 모든 유인원이 그렇듯이 침팬지는 꿀을 좋아한다. 드야 보호구역의 연구팀은 침팬지들이 지역마다 상당히 다른 방식으로 도구를 사용한다는 점도 지적했다.

그러나 2004년 12월 비가 추적추적 내리던 그날, 그 과학자들은 꿀을 생각할 여유가 없었다. 죽은 침팬지에서 표본을 채취하고 나흘 후, 그들은 또 한 마리의 죽은 침팬지에서 표본을 채취했다. 그리고 12월 19일에는 죽은 고릴라에서 표본을 채취했다. 불길한 기운이 엄습해왔다. 그들은 드야 보호구역에서 유인원 개체군들 중 일부만을 추적했기 때문에 그들이 발견한 시체들은 시작에 불과한 듯했다. 아마도 확인되지 않은 많은 유인원이 죽었을 것만 같았다. 그들은 야생에 사는 그 친척들을 이해하기 위해서 얼마나 많은 시간을 투자했던가. 따라서 유인원들의 죽음에 대한 추적은 보존과 연구를 위해서도 중요한 것이었다.

그러나 야생 유인원들에게 가해진 죽음의 위협도 중대한 문제였지만, 유일한 문제는 아니었다. 연구팀은 카메룬에서 남쪽으로 수백 킬로미터밖에 떨어지지 않은 가봉에서 에볼라 바이러스가 확산되어 많은 유인원이 떼죽음을 당했다는 걸 알고 있었다. 에볼라 바이러스는 침팬지를 죽이는 데 그치지 않고, 때로는 인간에게 전이되어 끔찍한 유행병을 야기할 가능성이 있었다. 또한 연구팀은 한 동료가 코트디부아르에서 이와 유사한 죽음을 조사하던 중에 에볼라 바이러스에 감염되었다는 것도 알고 있었다. 여하튼 유인원들의 사인이 무엇이든 간에 결코 가볍게 넘길 사건은 아니었다.

다행히 그들은 치밀한 계획에 따라 대응했다. 무엇보다 그들은 영장류 동물학자였던 까닭에 죽은 시신을 직접 접촉해서는 안 된다는 걸 알았다. 그보다 수개월 전에 죽은 영장류가 처음 발견되었을 때, 그들은 카메룬의 수도 야운데의 동료들에게 급전을 보냈다. 그 메시지는 헌신적인 생물학자 매슈 르브르통Matthew LeBreton에게 전해졌다. 르브르통은 현재 우리 생태학팀을 이끌고 있으며 바이러스 생태학에서 새로운 기법을 개발하는 데 앞장선 노련한 생물학자이다. 야운데를 근거지로 활동하는 르브르통은 집단발병 조사에 관련해서 중앙아프리카와 독일의 관련 부서들과 연구소들을 비롯해, 국제 조사팀이 꾸려질 때마다 지원을 아끼지 않았다.

조사팀이 신속하게 소집되어 드야 보호구역으로 파견되었다. 거대한 콩고 강의 주된 지류 중 하나를 따라 눈부시도록 아름답게 조성된 독특한 열대우림인 드야 보호구역에서, 조사팀은 동물학자들과 협조해서 표본들을 수집했다. 그들은 첫 침팬지의 두개골과 어깨에서 어렵사리 표본을 채취했고, 두 번째 침팬지의 다리와 고릴라의 턱, 그리고 2005년 1월 초에 죽은 채로 발견된 또 하나의 침팬지에서도 표본을 채취했다.

안전하게 밀봉된 표본들은 곧바로 전문가들의 실험실로 보내졌다. 일부는 우리가 에볼라 바이러스의 새로운 변종을 찾아내려고 함께 작업했던 바이러스 학자 에릭 르루아의 밀폐 실험실로 보내졌다. 일부는 독일 로베르트 코흐 연구소Robert Koch Institute, 독일 질병통제센터의 수의사이며 미생물학자인 페이비언 린더츠에게도 보내졌다. 린더츠는 아프리카 현장과 베를린 실험실을 오가며 오랫동안 유인원 병원균을 연구한 학자였다.

결과는 뜻밖이었다. 우리 모두는 국경 남쪽 가봉에서 유인원들을 강타했던 에볼라 바이러스가 드야에서도 침팬지와 고릴라를 죽였을 거라고 당연히 추정했지만, 막상 결과를 보니 어떤 표본에서도 에볼라 바이러스는 검출되지 않았다. 대신 모든 표본에서 다른 치명적인 바이러스, 즉 탄저균의 흔적이 검출되었다.

2004년 린더츠와 그의 동료들은 코트디부아르의 타이 국립공원에서 탄저균 때문에 침팬지들이 유사하게 떼죽음한 사건을 보고한 적이 있었다. 드야 보호구역에서 고릴라의 죽음은 이런 사례에서 처음이었지만, 탄저균은 숲 유인원들의 킬러로 이미 악명이 높았다. 이상하지만 전례가 없는 현상은 아니었다. 하지만 주로 초원지대의 반추동물에서 발견되는 박테리아가 어떻게 드야 보호구역과 타이 국립공원의 유인원들에게 침입했는지는 지금도 미스터리이다. 몇 가지 이론이 제시되기는 했다. 탄저균 포자는 오랫동안, 심지어 100년까지 생존가능하다. 만약 탄저균 포자가 수원지를 오염시켰다면 유인원들이 호수나 냇물을 통해 탄저균에 감염되었을 수 있었다. 또한 탄저균에 감염된 영양 같은 반추동물을 사냥하거나, 포식자가 먹다 남긴 시체를 통해 감염되었을 가능성도 있었다. 혹은 적어도 타이 국립공원의 경우에는 당시 이웃한 농장에서 탄저병이 집단 발병한 상태여서,

카메룬 드야 생태계 보호지역에서 탄
저병으로 죽은 고릴라

침팬지들이 가축에 의해 이미 오염된 농경지에서 먹을 것을 뒤지다
가 감염되었을 수도 있다.

감염경로가 무엇이었든 간에, 드야 보호구역의 시신들과 그 전에
코트디부아르의 침팬지들에게 집단 발병한 유행병에서 찾아낸 결과
에 따르면, 아프리카에서 유인원의 개체수가 줄어드는 데는 사냥과
서식지의 감소보다 더 큰 원인이 있었다. 에볼라 같은 바이러스들이
과거에는 야생 유인원의 남은 서식지를 거대한 물결처럼 휩쓸고 지
나갔고, 이제는 탄저균이 이 소중한 야생동물들을 위협하는 주범으
로 여겨진다. 우간다에서 야생침팬지들을 연구했고 고릴라들을 길들

이는 걸 도왔던 나로서는, 계통적으로 우리와 가장 가까운 살아 있는 친척들에게 점점 심하게 가해지는 위협이 우리 후손에게는 비극적인 손실이라는 아쉬움을 떨칠 수 없었다.

판데믹을 추적하고 예방하려는 내 연구의 관점에서 보면, 유인원들의 죽음은 우리가 이런 유행병들을 포착하는 방법에 중대한 결함이 있다는 증거였다. 드야 보호구역에서 탄저균을 발견했다고 해서 그것이 판데믹의 예방에 성공했다는 걸 뜻하지는 않았다. 뜻밖의 행운에 불과했다. 세계 곳곳에 존재하는 유인원들 중에서 극히 일부만이 자금 부족에 시달리지만 헌신적인 영장류학자들의 감시와 관리를 받고 있을 뿐이다. 동물들의 전염병은 향후에 인간에게로 확산될 유행병의 전조일 수 있다. 그렇다면 이런 전염병을 꾸준히 관찰하는 역할을 위의 과학자들에게만 의존한다면 실패는 불을 보듯 뻔하다. 유행병을 조기에 포착하기 위해서는 더 많은 것이 필요하다.

바이러스 채터

어떻게 해야 치명적인 바이러스를 조기에 추적해서 통제할 수 있을까? 죽은 동물을 찾아내는 몇몇 영장류 동물학자들은 감시 시스템이라 할 수도 없다. 그렇다면 새로운 유행병을 포착해서 확산되기 전에 차단하기 위해서는 어떻게 해야 할까? 판데믹 예방을 위해 현대과학은 어떤 노력을 하고 있을까? 여기에서는 내 연구팀과 다른 많은 동료들이 CNN이나 일반대중이 의식하기도 전에 새로운 유행병을 포착해서 차단할 수 있는 시스템을 개발하기 위해 어떤 노력을 하고 있는지 살펴보려고 한다. 판데믹의 예방은 대담한 발상이지만, 1960년대 심장병 전문의들이 심장마비를 예방할 수 있을 거라고 생각하기 시작했던 때보다 대담한 발상은 아니다. 당시에는 그런 의학 발전이 혁명적으로 여겨졌지만 지금은 당연하게 받아들여지지 않는가.

나의 이런 생각은 1990년대 말, 즉 내가 존스홉킨스대학교에서 돈 버크의 연구팀에 합류하며 중앙아프리카에서 새로운 바이러스를 찾기 위해서 인간과 동물을 감시하기 위한 현장 연구소를 설립하기로 했을 때까지 거슬러 올라간다. 빈약하기 이를 데 없던 판데믹의 예방이 진정으로 시작된다는 생각만으로도 가슴이 두근거렸다. 지금도 똑똑히 기억하지만, 나는 버크의 연구실에서 화급하게 처리해야 할 일을 화이트보드에 끄적거리거나, 그 일을 제대로 해내기 위해서 필요한 것을 생각나는 대로 말하면서 많은 오후를 보냈다.

당시 우리가 떠올렸던 아이디어 중에서 '바이러스 채터viral chatter'라는 개념이 주목을 받았다. 버크는 '정보기관의 채터intelligence chatter, 정보기관이 감시해서 획득한 정보'에 비유해서 그런 이름을 붙였다. 바이러스 채터가 무엇인지 이해하려면 '국가안보기관이 테러 사건을 예방하기 위해서 어떻게 하는가?'를 생각해보면 된다.

정보기관들은 위협적인 사건을 감시하기 위해서 다양한 테크놀로지를 사용하지만, 가장 확실한 방법은 용의자들의 대화chatter를 감시하는 것이다. 정보기관들은 이메일과 전화 및 온라인 채팅룸을 면밀하게 조사해서 특정한 징후가 반복되는 빈도를 추적한다. 가령 어떤 기자가 '알카에다'와 '폭탄'이란 단어가 포함된 이메일을 발송하면, 의심스러운 키워드를 검색하는 자동화된 시스템에 의해 그 이메일이 포착될 것이다. 물론 그런 단어들을 말했다는 이유만으로 그 이메일이 분석가의 책상에 올라가지는 않는다. 자동화된 시스템에는 이메일 계정과 IP주소가 등록되어 있어서 그 채터(이메일)를 작성한 사람이 바로 기자라는 사실을 금세 알아내기 때문이다.

2001년 9월에 있었던 테러 공격에 대해 증언하는 동안, 전 CIA국장 조지 테닛George Tenet은 9·11테러가 있기 수개월 전부터 "시스템은 경고등을 깜빡였다"라고 말했다. 또한 돌발적인 사고였지만 체르노빌 원자로가 1986년 녹아내려 방사능이 유출되었던 그날 소련의 통신량이 급격히 상승했다. 어떤 종류의 키워드를 검색해야 하고, 용의자가 누구인지 안다면, 또 용의자들이 서로 어떻게 교신하는지까지 안다면, 드물지만 중요한 사건을 예측하는 데 소중한 정보를 확보할 수 있다.

버크와 나는 바이러스에 관련해서 정보를 감시하는 세계적인 시스템을 구축할 방법을 고민하기 시작했다. 어렴풋이 나타나려는 전염병의 전조인 '채터' 사건―우리 경우에는 새로운 바이러스가 인간에게 침입하는 사건―을 탐지하기 위해서 인간과 동물이 서로 주고받는 무수한 영향을 어떻게 감시할 수 있을까?

영장류 동물학자들은 주된 관심사가 동물의 행태와 생태를 연구하는 것이기 때문에 그런 과학자들에게 의존하는 시스템으로는 충분하지 않았다. 이상적인 시스템이라면, 세계 전역에서 인간과 동물의 다양한 바이러스를 감시하며, 병원체가 동물에서 인간으로 옮겨간 때를 탐지할 수 있어야 했다. 이론적으로는 가능했지만, 당시에는 그런 시스템을 구축하기가 재원과 테크놀로지 모두에서 부족했다.

10장에서 더 자세히 설명하겠지만, 인간과 동물에게 존재하는 바이러스의 다양성을 정확하고 포괄적으로 조사하는 현재의 실험 방법은 꾸준히 개선되고 있긴 하다. 하지만 아직까지 세계적인 규모로 적용할 수준에 이르지는 못했다. 또한 모두를 감시하는 조직도 불가능하기에 처음에는 고도로 집중화된 시스템이 필요했다. 달리 말하면 현재 우리가 보유한 수단들로 바이러스 채터를 감시할 수 있는 핵심적인 개체군, 즉 소수의 파수꾼sentinel에 집중하는 시스템이 필요했다.

내가 병원체의 전염에서 사냥의 역할에 대해 처음 생각했던 때가 지금도 기억에 생생하다. 하버드대학원에 재학 중, 나는 처음 두 해를 야생 유인원 개체군을 연구하는 데 집중했다. 세계적인 학자인 어빈 드보어Irven DeVore 교수와 함께 일할 수 있다는 것만으로도 생물인류학과 대학원생이라는 사실이 너무나 즐거웠다. 유능한 교수인데다 영장류 동물학과 인간진화 분야의 사상가인 드보어는 하얀 백발에 반다이크 수염이 무척 어울렸던 사람이다. 텍사스 침례교회 목사의 아들이었지만, 그는 인간의 진화를 열정적으로 가르쳤고, 그의 지도

케냐에서 야생 비비를 연구 중인 어빈 드보어 박사

를 받은 저명한 과학자들로부터 사랑 받아왔다.

　1993년부터 1995년까지 어빈 드보어 박사가 하버드의 심리학자 마크 하우저와 함께 진행하던 강의를 조교로서 보좌했다. 정식 명칭이 '인간행동생물학'이었던 그 강의는 인간의 번식에 초점을 맞추었기 때문에 하버드 학부생들에게 '섹스'라고 불리었다. 그 기간 동안 나는 피바디 박물관의 꼭대기 층에 있던 드보어의 연구실에서 그를 만났고, 때로는 맥주를 마시며 진화에 대해 이야기를 나누었다. 그 대화가 교수회관까지 이어지던 때도 있었다.

　아직도 잊히지 않는 특별한 오후가 있다. 그날 나는 목재로 둘러진 피바디 박물관 내 그의 연구실에서 특별한 주제도 없이 이런저런 이야기를 나누었다. 그런 와중에 당시 내가 관심을 기울이던 분야, 즉 병원균으로 화제가 옮겨갔다. 그때 드보어가 나에게 해준 이야기 때문에 지금까지 15년 동안 한눈팔지 않고 외길을 걷게 되었다.

드보어는 어느 해 여름 마서즈 비니어드 섬에서 보낸 적이 있었다. 어느 날 집으로 돌아가던 길에 죽은 토끼를 우연히 보게 되었다. 세계 전역에서 원주민들과 함께 오랫동안 사냥을 했던 드보어는 건강한 토끼가 자동차에 치여 죽은 것이라 생각하고 죽은 토끼를 주워 들고 집으로 가져갔다. 그리고 토끼를 손질한 후에 저녁거리로 요리했다.

며칠 후 드보어는 심하게 앓아누웠다. 열이 펄펄 끓었고 식욕이 떨어졌다. 게다가 지독한 피로감을 주체할 수 없었다. 림프절까지 부어올랐다. 다행히 그는 곧바로 응급실로 달려갔고, 그곳에서 야토병野兎病이란 진단을 받았다. 야생토끼를 비롯한 설치동물들을 감염시키는 치명적인 박테리아가 원인인 질병이었다. 즉각적으로 치료를 받은 사람은 사망할 확률이 1퍼센트 미만이지만, 드보어가 신속하게 치료를 받지 않았더라면 복합장기부전으로 지독한 고통을 받으며 사망했을지도 모른다.

드보어는 감염된 토끼의 껍질을 벗기는 과정에서 야토병에 걸렸을 것이다. 일반적으로는 도축하는 동안 이 박테리아가 인체에 침입하는 경로가 열리며, 호흡기를 통해 폐로 흡입된다. 드보어가 이 이야기를 끝냈을 즈음, 내 마음은 온갖 가능성을 향해 치닫고 있었다. 드보어의 초기 저작 중에 《인간, 사냥꾼Man the Hunter》이라는 책이 있다. 그는 아프리카에서 수렵채집인들과 함께 살며 많은 시간을 보냈다.

그들은 농사를 짓지 않고 전적으로 야생에서 먹을거리를 구하는 사람들이었다. 우리 대화는 그런 사람들을 조사하면 흥미로울 거라는 쪽으로 흘러갔다. 그들은 주변에서 동물들의 병원균에게 노출되는 확률이 여느 집단보다 현격하게 높을 게 확실했기 때문이다.

본격적인 중앙아프리카의 HIV 연구

내가 드보어와 함께 대화를 나눈 후 수년이 흐른 1998년, 질병 전염에서 사냥의 역할을 주제로 한 논문을 발표했다. 그 논문에서 나는 사냥꾼들이 파수꾼 역할을 할 수 있을 거라고 제안했다. 또 상당한 시간이 흐른 후 그 사냥꾼들을 연구하면, 어떤 병원균이 언제 어떻게 인간에게 침입하는지 대략이나마 알 수 있을 거라고도 주장했다. 그로부터 수년 후 돈 버크와 나는 바이러스 채터라는 개념을 고려할 때, 사냥꾼들에게 파수꾼 역할을 맡길 수 있을 거라는 데 의견 합의를 보았다. 그럼 어떻게 사냥꾼들이 인간에게 침입하는 중요한 병원균들에게로 우리를 인도할 수 있을까?

　돈 버크는 언젠가 나를 존스홉킨스대학교에서 기획한 프로그램에 합류시켜주었다. 그 프로그램의 일원들은 레트로바이러스를 조사하는 한 카메룬 과학자와 이미 긴밀한 협조관계를 맺고 있었다. 그 과학자는 HIV 등과 같은 레트로바이러스들이 처음 출현했던 중앙아프리카의 몇몇 지역에서 조사를 계속해온 사람이었다. 그 후

나는 버크와 카메룬 과학자 음푸디 은골Mpoudi Ngole 대령과 오랜 세월을 함께 일했다. 그 기간 동안 새로운 판데믹이 출현하기 전에 판데믹의 징조를 포착할 수 있는 최초의 실질적인 시스템을 위한 초석을 놓았다.

내가 중앙아프리카에 도착해서 처음 만난 사람 중 하나가 음푸디 은골 대령이었다. 당당한 체구에 콧수염을 기르고 언제나 제복을 입고 있어서 심지어 잠잘 때도 제복을 입는 게 아닌가 생각하곤 했다. 과묵하지만 무척 생산적으로 일하는 의사이자 과학자인 그는 중앙아프리카에서 에이즈를 근절하기 위해 오랜 시간 노력한 인물로서, 카메룬 사람들로부터 시다SIDA 대령이라 불린다시다는 에이즈를 가리키는 프랑스어.

버크와 은골 대령이 특히 신중하게 생각했던 여러 과제 중에는 야생동물고기bushmeat도 포함되어 있었다. 어떤 의미에서 야생동물고기는 우리가 중앙아프리카에서 시행하려던 핵심과제였다. 야생동물고기는 야생 사냥감의 다른 이름에 불과하지만, 역사적으로 이 단어는 열대지역의 야생 사냥감을 주로 뜻한다. 실제로 내 친구들도 매년 뉴잉글랜드에서 축제의 일환으로 사냥한 사슴을 먹을 때면 야생동물고기를 먹는 셈이다. 또 내가 샌프란시스코에서 즐겨 찾는 해산물 전문 식당 '스완 오이스터 바'에서 살아 있는 성게를 먹는다면, 그 성게도 역시 야생동물고기이다. 하지만 2장에서 말했듯이 병원균의 관점에서는 모든 야생동물고기가 똑같지는 않다.

우리가 카메룬에서 작업을 시작했을 때 최우선의 목표는, 세계

음푸디 은골 대령

전역을 휩쓴 HIV가 대부분의 지역에서도 치명적이지만 유전자적
으로는 별다른 특징이 없고 동질적인 데 반해서, 중앙아프리카의
HIV는 그처럼 다양한 이유가 무엇인지 파악하는 것이었다. 따라서
시골지역 도처에서 주민들로부터 HIV 표본을 추출해서, 중앙아프
리카에는 HIV가 그처럼 다양한 변이체로 존재하는 이유를 설명할
수 있기를 바랐다. HIV가 시작된 지역으로서 모든 증거가 중앙아
프리카를 가리키고 있었다. 하지만 판데믹으로 폭발하고도 20년이
지난 후에도 HIV가 그처럼 다양한 변이체로 존재하는 이유는 무엇
이었을까?

　이런 의문에 대한 대답을 찾기 위해서 우리는 돈 버크가 월터리드
육군연구소에서 근무하던 시절의 동료들에게 협조를 구했다. 역동적
인 단짝 진 카Jean Carr와 프랜신 머커천, 이 두 사람을 메릴랜드 주 록
빌의 평범한 사무실에서 처음 만났던 때가 아직도 기억이 새롭다. 사

무실은 평범하기 그지없었지만, 그들이 그때까지 이루어낸 업적은 결코 평범하지 않았다.

내가 만나기 5년 전, 그들은 HIV 게놈 전체의 배열 순서를 정리하였다. 그리고 HIV의 다양한 유전자 조각들이 어디에서 왔는지 체계적으로 연구할 수 있는 방법을 고안해냄으로써 HIV의 연구에 혁명적 변화를 불러일으켰다. 그런 혁명적인 성과가 있기 전까지 학자들은 HIV 전체의 염기서열을 대략적으로라도 알아내려고 더 작은 유전정보들을 짜 맞추는 수준이었다. 하지만 카와 머커천은 전체 1만 개의 조각들을 단번에 끌어오는 방법을 생각해냈다. 덕분에 그들은 HIV를 구성하던 다양한 유전자들의 이력을 깊이 파고들 수 있었다.

HIV는 다양한 변종들의 유전자들을 재조합하거나 짜 맞출 수 있기 때문에, 어떤 조각들이 서로 맞아떨어지고 각 조각이 어디에서 유래했는지 알아내기 위해서는 새로운 분석틀이 필요했다. 따라서 카와 머커천은 바이러스 계통학까지 연구했다. 물론 복잡한 북유럽 군주들의 조상들을 짜 맞춘 것은 아니지만, 그들은 HIV 바이러스들의 부모 계통을 나름대로 찾아냈고, HIV의 세계지도를 정밀하게 작성해서 HIV가 판데믹으로 발전한 과정을 재구성해보려 애썼다. 달리 말하면 HIV가 어떻게 확산되어 뒤섞였는지 보여주는 지도를 작성해보려 한 것이다.

헌신적인 지역의 과학자 팀의 도움을 받아 은골 대령과 나는 중앙아프리카의 HIV가 유전자적으로 다양한 형태를 띠는 이유를 알아내기 위해서 수년을 연구하고 또 연구했다. 기본적으로 우리는 HIV가

돈 버크 박사(왼쪽 끝)와 함께 카메룬에서 찍은 사진. 왼쪽부터 앵롱베 제르미아 박사, 방멘 소령, 네이선 울프(저자), 위발드 타무프

판데믹으로 발전하기 전에 어떤 모습이었는지 알아내고 싶었다. 그래서 카메룬 전역의 시골 마을에 작업장부터 설치했다. 그 작업은 위발드 타무프Ubald Tamoufe가 맡아주었다. 상냥하고 꼼꼼한 성격의 타무프는 원래 공학도였지만 생물의학자가 되어, 지금도 우리가 중앙아프리카에서 진행하는 공동작업을 지휘하고 있다. 우리는 시골 마을에만 작업장을 설치하지는 않았다. 현재 세계적으로 확산되었을 뿐 아니라 카메룬 같은 지역에까지 퍼져버린, 판데믹으로 인해 상대적으로 흔해진 HIV 변종만을 포착하는 실수를 범하지 않기 위해서 길이 끝나는 곳에 있는 외진 마을들에도 작업장을 설치했다.

열정과 따뜻함을 가진 프로젝트 팀

그런 곳을 찾아가는 것조차 힘들었다는 점에서, 카와 머커천에게 필요한 고급 표본을 얻기 위해서 우리가 얼마나 고생했을지 조금이마나 짐작할 수 있을 것이다. 중앙아프리카에서도 가장 외진 곳이었다.

외진 지역에서 표본을 채취하는 작업은 정말 힘든 일이다. 실패할 확률도 높고 숲에서 위험한 상황과 직면해야 할 때도 많았다. 목숨을 걸고 우리가 수집했던 표본들이 정확히 무엇이었을까? 무엇보다 우리에게는 피가 필요했다. 조사 명단에 오른 사람들에게서 각각 두 튜브의 피를 뽑았다. 첨단 튜브를 사용한 덕분에 야운데의 실험실에서 피를 여러 부분들로 쉽게 분리할 수 있었다. 동물의 경우에는 적어도 처음에는 무척 단순하지만 혁신적인 방법, 즉 매슈 르브르통이 개발한 방법을 이용했다.

내가 야운데에서 르브르통을 처음 만났을 때, 그는 카메룬에서 기념비적인 조사를 막 끝내가고 있던 터였다. 흥미롭게도 르브르통은 카메룬 전역의 마을에 포르말린 통을 남겨두는 방식으로 표본의 절반 이상을 얻었다. 세계 어디에서나 사람들은 뱀을 발견하면 곧바로 죽이려고 한다. 이런 습성을 이용해서 르브르통은 마을 사람들에게 죽은 뱀을 포르말린 통에 보관해달라고 부탁했다. 그는 때때로 포르말린 통을 수거해서 뱀의 분포와 다양성을 연구했다.

나는 그 이야기를 듣고 나서, 비슷한 방법을 사용하면 동물들의 표본을 얼마든지 구할 수 있겠다는 생각이 들었다. 그래서 수년 전 말

카메룬에서 GVFI(Global Viral Forecasting Initiative) 팀과 함께한 사람들. 왼쪽부터 은동고 상사, 위발드 타무프, 알렉시 붑다, 은공강

레이시아에서 재니트 콕스와 발비르 싱에게 배운 여과지 기법을 약간 개조하였다. 야구 카드 크기의 표본 채취지를 사냥꾼들에게 나눠주고, 피를 발견할 때마다 표본을 채취해달라고 부탁했다. 그 방법은 기대 이상의 성공을 거두었고, 덕분에 이제 우리는 세계에서 가장 광범위한 야생동물 혈액표본을 보유하게 되었다.

표본을 얻기 위해 접근조차 힘든 곳까지 찾아가는 어려움도 있었지만, 우리의 연구 의도를 일일이 설명해가면서 참여자를 구하는 것도 무척 힘든 일이었다. 작은 마을들에는 온갖 소문과 유언비어가 나돌았고, 우리가 그들에게 피를 구하는 목적에 대한 온갖 사악한 추측이 난무했다.

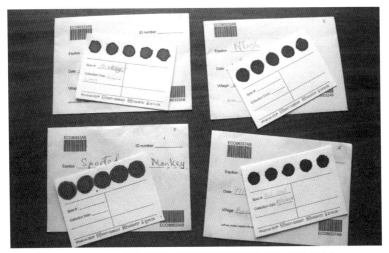
야생동물고기와 그밖의 동물에게서 혈액표본을 채취하기 위해 사용한 여과지

    카메룬에서 작업을 시작하고 수년이 지난 후에야 그럴듯한 실험실을 마련할 수 있었다. 수도 야운데에 위치한 이 실험실은 독일 식민지 시대에 건설되어 100년을 넘겼지만 여전히 튼튼한 건물 안에 있었다. 또한 카메룬에서도 생물학적으로 다양한 지역들에 있는 열일곱 마을과 연락망까지 개설했다. 우리가 구한 양질의 냉동 표본들에는 HIV의 다양한 변종을 규명하려는 문제의 실마리가 담겨 있었다. 그 실마리를 찾아내면 훨씬 많은 의문을 해결할 수 있다.

    표본들은 육로와 항공기로 수천 킬로미터를 이동했지만 완전 냉동된 상태로 안전하게 록빌 실험실에 도착했다. 나도 표본들에 무엇이 있는지 정확히 보고 싶은 마음에 실험실에서 직접 분석하며 많은 시간을 보냈다. 하지만 표본에서 바이러스들을 찾아내는 어려운 과제는 머커천과 카, 그리고 그들의 유능한 연구팀에게 맡겨졌다.

마침내 그들은 HIV 표본들에서 놀랄 만한 다양함을 찾아냈다. 우리가 표본을 채취한 마을들 중 12곳의 HIV가 완전히 다른 형태를 띠었다. 제각각 다른 HIV 변종들로 조합되었는데, 전에는 전혀 발견된 적이 없던 바이러스들이었다. 또 9곳의 마을에서는 이런 특이한 형태의 HIV 중 둘 이상이 발견되었다. 우리는 이 지역들에서 발견된 형태의 HIV가 전 세계로 확산되기 전의 HIV일 거라는 결론을 내렸다. 20세기 초에 HIV가 침팬지로부터 인체에 침입한 이후로, 우리가 연구했던 마을처럼 작은 마을들에서 벗어나지 않았을 가능성이 컸기 때문이다.

시간이 지나면서 HIV가 변했고, 새롭게 분기된 형태를 띤 바이러스들이 서로 접촉하면서 유전정보를 뒤섞었고, 그 결과로 믿기지 않을 정도로 유전자가 재편성되었다. 이런 변종들 중 일부만이 운 좋게 확산되었고, 나머지 변종들은 원래의 조상 바이러스가 여전히 야생 침팬지의 체내에서 계속 살아가는 장소 근처를 맴돌며 벗어나지 못했지만, 확산되는 행운을 얻은 친척들처럼 질병을 야기하는 힘을 지닌 것은 분명했다.

이런 시골 마을들에서 우리는 HIV의 다양성과 관련된 의문을 풀기 위한 표본만을 수집한 것은 아니었다. 마을 사람들이 야생생물을 다루는 방법들도 면밀하게 조사했다. 이 조사는 지금 애틀랜타의 질병통제예방센터에서 근무하는 인류학자이자 유행병학자인 애드리아 태시 프로서Adria Tassy Prosser가 진행했다. 우리는 마을 사람들이 야생동물들과 믿기지 않을 정도로 접촉이 잦다는 걸 확인할 수 있었다. 도살과정에서 피와 체액의 직접 접촉을 피할 수 없었고, 그런 접촉은 바이러스들을 쌍수로 환영하는 행위나 다를 바가 없었다. 우리 예상대로, 사냥과 도살에 참여한 사람들은 바이러스가 동물에서 인간에게로 전이되는 과정의 최전선에 있었다. 이런 마을들에서 작업하는 동안, 나는 그들을 파수꾼으로 삼아 바이러스 채터를 감시할 수 있을 거라는 확신을 얻었다. 그때부터 야생동물고기와, 인간과 그런 고기의 접촉은 내게 거의 강박적 관심사가 되었다.

원숭이 포말상 바이러스(SFV)의 발견

어디에 살든 간에 인간은 전통적으로 야생동물을 먹어왔다. 물론 야생동물의 보호라는 관점에서 야생동물의 살상을 금지하는 것도 중요하지만, 생존을 위해서 야생동물을 먹는 사람들을 악마로 취급하지 말아야 한다. 우리가 손가락을 놀려서 야생동물과 조금도 관계가 없는 양질의 단백질을 섭취할 수 있다면 그보다 좋은 경우는 없을 것이다. 그렇게만 할 수 있다면 멸종위기를 맞은 중요한 종들을 보존하는 데도 도움이 될 것이고, 판데믹의 위험도 크게 줄어들 것이다. 그러나 문제가 그렇게 간단하지는 않다.

지난 12년 동안 나는 중앙아프리카와 아시아에서 많은 사냥꾼들과 함께 일했다. 상업적 이득을 위한 밀렵은 마땅히 근절되어야 하지만,

우리가 연구하는 지역에서 사냥되는 다수의 동물들은 굶주림에 시달리는 사람들의 기본적인 식량이다. 달리 말하면 사냥이 그들에게는 오락이 아니라 호구지책이다. 사냥은 힘든 노동이다. 대단찮은 칼로리원을 얻기 위해서 엄청난 에너지를 쏟아야 한다. 우리와 함께 일한 사냥꾼들 중 대다수가 유능한 사냥꾼이었고 일부는 사냥을 즐기기도 했지만, 대부분이 힘겹게 숲을 헤치면서 시간을 보내지 않아도 값싸게 얻을 수 있는 단백질원, 예컨대 물고기를 좋아하는 듯했다.

나는 언젠가 사냥한 원숭이를 등에 둘러메고 마을로 돌아가는 남자를 만난 적이 있었다. 피를 뚝뚝 흘리고 몸뚱이가 만신창이로 변한 원숭이를 보았을 때, 아름답고 중요한 야생의 유산 하나를 잃어버렸다는 생각에 처음에는 마음이 거북했다. 그러나 고무샌들을 신고 남루한 옷을 걸친 그는 원숭이를 잡으려고 하루 종일 숲을 헤집고 다녔던지 온몸이 땀투성이인 채로 더럽혀져 있었다. 그는 생계를 위해 사냥한 것이 분명했다. 그에게는 사냥이 스포츠가 아니다. 생존을 위한 사냥꾼은 적이 아니다. 12장에서 다시 말하겠지만, 해결책은 그들을 적대시하는 것보다 그들과 함께 일하는 것이다.

사냥으로 생계를 꾸려가는 이런 시골 마을들에서 HIV의 다양성을 확보하기 위한 작업을 꾸준히 추진하면서, 우리는 야생동물들과 접촉이 빈번한 그들에게 침입했을지도 모를 완전히 새로운 바이러스들을 찾아내기 위한 작업도 시작했다—이 작업은 훗날, 다시 말해서 지난 10년 동안 내가 집중적으로 연구한 과제가 되었다. 이를 위해 우리는 HIV가 포함되는 폭넓은 바이러스과科인 레트로바이러스들을

야생동물고기를 둘러메고 가는 생계형
사냥꾼(카메룬)

찾아내는 분야에서는 세계 최고의 실험실, 미국 질병통제예방센터의 레트로바이러스 연구팀에 도움을 청했다.

질병통제예방센터 연구팀에는 레트로바이러스학에 관한 한 세계적인 과학자인 톰 포크스Tom Folks와 윌리드 헤네인Walid Heneine이 있었지만, 내가 주로 함께 작업한 사람은 빌 스위처였다.

나와 스위처의 공동작업이 처음으로 맺은 주된 결실은 원숭이 포말상 바이러스Simian Foamy Virus, SFV라는 섬뜩한 이름을 지닌 바이러스의 발견이었다. SFV는 세포를 죽이는 방식 때문에 그런 이름이 붙여졌다. 이 바이러스에 감염된 배양조직을 관찰하면, 세포들이 죽으면서 거품을 일으키기 때문에 현미경으로 관찰하면 거품 같은 것이 보인다. SFV는 인간을 제외한 모든 영장류를 감염시키는 바이러스이다. 각 영장류는 이 바이러스를 각자 고유한 형태로 지니기 때문에 비교하기에는 안성맞춤이다. 각 바이러스들의 염기서열을 배열한 후에, 우리가 인체에서 하나라도 발견한다면, 그 바이러스가 어떤 동물에서 유래했는지 정확히 알 수 있을 것이기 때문이다.

흥미롭게도 인간에게는 자생적 포말상 바이러스가 없다. 수년 전 스위처와 그의 동료들은 포말상 바이러스가 공동종형성共同種形成, cospeciation이란 특이한 특징을 갖고 있음을 증명해냈다. 달리 말하면 현존하는 모든 영장류의 공통조상이 약 7,000만 년 전에 하나의 포말상 바이러스를 지녔지만, 시간이 지나면서 영장류가 다양하게 분기하며 종을 형성하자 그 바이러스도 따라갔다는 뜻이다. 놀랍게도 포말상 바이러스들의 진화나무와 영장류의 진화나무가 실질적으로 똑같다는 점이다. 따라서 SFV는 3장에서 언급했던 병원균의 병목현상 동안에 사라진 바이러스들 중 하나였을 가능성이 크다.

스위처와 내가 동료들의 도움을 받아가며 영장류 포말상 바이러스들을 본격적으로 연구하기 시작했을 때, 그 바이러스들이 이론적으로는 인간을 감염시킬 수 있다는 걸 알고 있었다. 몇몇 실험실 직원이 그 바이러스에 감염된 적이 있었기 때문이다. 그러나 그 바이러스가 자연 상태에서도 인간을 감염시킨다고 단정 지을 수는 없었다. 따라서 영장류 포말상 바이러스가 인간을 감염시킬 수 있다는 사실을 확인했을 때 우리는 놀라면서도 흥분하지 않을 수 없었다. 그날의 상황을 지금도 생생하게 기억한다.

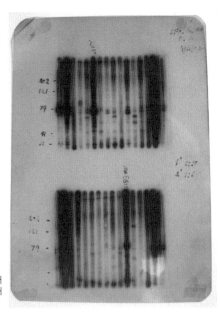

수렵꾼들에게 원숭이 포말상 바이러스에 대한 항체가 형성되었다는 걸 최초로 입증해 준 웨스턴 블랏

우리는 스위처의 실험실에서 함께 작업하고 있었다. 나는 '웨스턴 블랏Western blot'이란 실험실 분석 결과의 영상을 얻기 위해 아래층으로 내려갔다. 개체들이 원숭이 포말상 바이러스에 대한 항체를 형성했는지 아닌지를 보여주는 영상이었다. 영상 판독을 도와주기 위해 스위처도 뒤따라 내려왔다. 우리는 결과를 보자마자 실험에 참여한 사람들 중 일부가 감염되었다는 걸 확신할 수 있었다. 스위처와 나는 서로 얼굴을 물끄러미 쳐다보았다. 똑같이 충격과 흥분이 뒤섞인 표정이었다. 우리가 수년간 해오던 작업이 그 순간부터 현격하게 달라져버렸다. 오늘날까지 나는 그 '웨스턴 블랏'을 액자에 끼워 연구실 벽에 걸어두고 있다.

한편으로는 우리의 조사가 성공적이었다는 안도감도 있었다. 그러나 HIV를 형성했던 바이러스들, 즉 레트로바이러스들이 인간에게 침입하고 있다는 불길한 예감을 떨칠 수 없었다. 우리가 첫 연구대상으로 삼은 수백 명의 사냥꾼들, 즉 수렵인들의 체내에서 원숭이 포말상 바이러스를 발견했다면 그 바이러스가 결코 드물지 않다는 뜻일 테니 말이다.

그 후 수개월 동안 우리는 영장류를 사냥해서 도살하는 것으로 알려진 많은 사람이 SFV에 노출되었음을 확인할 수 있었다. 게다가 놀랍게도 일부의 경우는 장기간에 걸쳐 지속적으로 감염된 상태였다. 영장류를 사냥하는 수렵꾼들이 SFV에 대한 항체를 형성했다는 증거를 확인한 후, 우리는 SFV의 실제 염기배열 순서를 알아내려 애썼고, 그 결과에 다시 놀라지 않을 수 없었다. 작은 초식원숭이인 브라지원숭이부터, 거대한 몸집의 저지대 고릴라까지, 영장류 SFV 계통에 감염된 사람들도 적지 않았다. 그래도 그 결과가 우리 예측과 일치해서 그나마 다행이었다. 예컨대 고릴라 SFV는 고릴라를 사냥해서 부위별로 도살했다고 증언한 한 사람에게서만 발견되었다. 우리가 조사한 사람들 중 대다수가 영장류들에 노출된 반면에, 위험하고 노련한 사냥술이 필요한 고릴라 사냥에 직접 참가한 사람은 극소수에 불과했다. 따라서 연결고리는 분명했다. 그 고릴라 사냥꾼이 고릴라를 사냥해서 도살하는 과정에서 고릴라 SFV에 감염된 것이 확실했다.

이런 연구 결과에 우리는 뿌듯하면서도 두려웠다. 바이러스 학자가 완전히 다른 바이러스를 찾아내도 즐겁지 않다고 말한다면 거짓말일 것이다. 연구지원금을 신청해서 허락 받고, 조사방법론을 제대로 아는 지역 과학자들의 협조를 끌어내며, 중앙아프리카에 연구실을 설치하고, 외진 마을들에 검사소를 세워 표본들을 채취하고, 까다로운 국제조약에 맞춰 표본들을 저장해서 선적한 끝에, 실제로 바이러스를 찾아내기 위해 필요한 복잡한 실험실 작업을 실시할 때까지 수년 동안 우리는 각고의 시간을 보내야 했다.

연구 결과에서 우리 시스템이 효과적이었고, 동물들에게 자주 노출되면 새로운 바이러스에 감염되기 십상이라는 우리 추측이 옳았다는 게 입증되기는 했다. 그러나 새로운 레트로바이러스들이 인간에게 침입하고 있다는 증거들에서, 기존의 보건기구들에 대한 대중의 믿음, 즉 새로운 바이러스가 인간에게 침입할 때 보건기구들이 우리에게 즉시 알려줄 거라는 믿음이 착각이었다는 사실도 입증되었다. 우리는 그런 믿음이 얼마나 큰 착각이었는지 이제야 깨닫기 시작했을 뿐이다.

감시 시스템의 시작

이듬해에도 우리는 연구를 계속했지만 이번에는 다른 레트로바이러스군, 즉 T세포림프친화바이러스들T-lymphotropic virus, TLVs을 연구했다. SFV는 실제로 인간에게 전례가 없던 바이러스였다. 우리 연구가 있기 전까지 소수의 실험실 직원들만이 감염되었을 뿐이었다. 따라서 SFV가 어떻게 확산되고 어떻게 질병을 일으키는지, 또 판데믹으로 발전할 가능성이 있는지에 대해서도 불분명했다. 하지만 TLV의 경우는 달랐다. 세계 곳곳에서 사람들이 TLV의 두 변종, 즉 HTLV-1과 HTLV-2에 감염된 사례가 오래전부터 알려졌고, 현재 약 2,000만 명이 이 바이러스들에 감염된 것으로 추정된다. 일부는 감염되어 특별한 증상을 보이지 않지만, 대다수가 백혈병부터 마비까지 광범위한 질병을 앓는다. 게다가 이 바이러스들은 판데믹으로 확산될 잠재력까지 지닌다. 완전히 새로운 TLVs가 동물에서 인간으로 전이되었다면 이는 보건당국이 당연히 알고 있어야 하는 일이다. SFV에 대한 연구 결과에 비추어볼 때 새로운 TLVs가 인간에게 전이되었을 가능성을 배제할 수 없다.

TLVs를 연구하는 과정에서, 스위처와 나는 HTLV(사람 T세포림프친화바이러스)의 두 변종이 HIV와 마찬가지로 영장류에서 비롯되었다는 걸 알게 되었다. 또한 다른 유형의 TLV가 영장류에는 존재하지만 아직 인간에게서는 발견되지 않았다는 것도 확인했는데, STLV-3로 알려진 원숭이 'T세포림프친화바이러스3'가 바로 그것이다.

따라서 우리는 이 바이러스부터 시작했다. 표본들을 신중하게 분석해보았더니 예상대로 수렵꾼들에게서 채취한 표본에서 HTLV-1과 HTLV-2가 확연히 달랐다. 게다가 STLV-3군群에 속한 바이러스를 찾아냈는데 이는 과학적으로 중요한 발견이었다. STLV-3는 인간에게 전이될 수 있었고, 실제로 활발하게 전이 중이었다. 게다가 동카메룬에서 채취한 한 표본에서 완전히 새로운 HTLV를 발견했을 때 우리는 소스라치게 놀랐다. 그 바이러스를 HTLV-4라고 명명했다.

중앙아프리카에서 영장류 고기에 노출된 사람들에게서 상당수의 새로운 SFV가 발견된데다, 같은 개체군에 완전히 새로운 두 종류의 TLV까지 발견된 까닭에 우리 작업에 대해 생각하는 방향을 바꾸지 않을 수 없었다. 광범위한 야생동물에 노출된 사람들이 그 동물들로부터 병원균을 획득한다는 건 이론적으로 얼마든지 가능하지만, 그 개체군들을 계속 감시하는 게 실효성이 있을지, 또 감시 시스템을 어떤 식으로 꾸려야 할지 처음에는 전혀 몰랐다.

결국 새로운 SFV들과 TLV들이 어느 정도로 확산되었고 어떤 질병을 야기하는지 알아내기 위해 장기적으로 꾸준히 작업하기 시작했다. 그러자 우리 생각의 폭도 넓어졌다. 야생동물들에게 과도하게 노출된 사람들을 감시하는 자체가 바이러스 채터를 포착하기 위한 범세계적인 시스템일 수 있다고 진지하게 생각하기 시작했다.

2005년 나는 모든 것을 운에 맡기고, 생물의학연구 정부지원단체로는 세계에서 가장 큰 미국 국립보건원National Institutes of Health, NIH에 특이한 연구 프로그램의 지원을 신청했다. 그전에도 NIH에서 지원을 받은 적이 있었지만, 내가 당시 추진하고 싶었던 작업 방향과 NIH의 방향이 일치하지 않았다. NIH는 광범위한 프로그램을 지원하지만 재원을 똑같이 분배하지는 않는다. NIH는 현장 연구보다 실험실 연구를 선호하는 경향을 띠며, 요즘에는 특히 환원주의적 세포생물학의 연구, 즉 가부可否로 분명하게 대답할 수 있는 명료한 가정들에 집중하는 연구를 지원하고 있다.

따라서 바이러스 채터의 지도를 작성해서 판데믹을 통제하기 위한 새로운 범세계적 감시망을 구축하려는 연구 프로그램은 정상적인 상황에서는 지원 받기 힘들다. 하지만 2004년 NIH는 과거에 지원 받기 힘들던 혁신적인 연구를 집중적으로 지원하기 위한 새로운 프로그램—국립보건원 원장 선구자상NIH Director' s Pioneer Award—을 시작했다 (그들의 과학적 목표를 증진하는 데 필요하다고 판단되는 분야에 5년 동안 250만 달러를 지원하는 프로그램이다. 2005년 가을, 나는 그 상을 수상하는 행운아 중 한 명이 되었다).

그쯤에서 조각들이 맞아떨어지기 시작했다. 물론 세계적인 감시 시스템을 구축하려면 250만 달러도 턱없이 부족했지만, 시작하기에는 부족함이 없었다. 나는 화급하게 감시가 필요한 핵심적인 바이러스 빈발지역이 어디인지 본격적으로 생각해보기 시작했다. 서너 곳이 어렵지 않게 머릿속에 떠올랐다. 재레드 다이아몬드와 클레어 파노시언과 함께 작업한 연구 결과에 따르면, 아프리카와 아시아가 인간을 괴롭히는 주된 전염병들에 있어서 가장 큰 몫을 차지했다. 따라서 그곳에서부터 시작해야 했다.

그 후 팀원들과 지역 협력자의 전폭적인 지원을 받아가며, 카메룬에서 개발한 모델을 중앙아프리카의 여러 나라에서 적용하기 시작했다. 또한 현장에서 주로 활동한 과학자답게 민감하고 까다로운 지역에서도 현장 연구를 무난하게 수행하는 전문가가 되었던 코리나 모너긴Corina Monagin 같은 헌신적 과학자들의 도움을 받았다. 그 덕분엔

나는 말레이시아에서 연구하던 때의 협력 체제를 재가동할 수 있었고, 중국과 동남아시아에서는 새로운 동료들과 함께 일하며 감시 프로그램을 시행하기 시작했다. 바이러스 채터를 포착하기 위한 범세계적인 시스템은 그렇게 시작되었다. 세계 곳곳에서 우리 작업에 협력하는 사람들이 점점 늘어났다. 우리는 그들의 성원에 보답하기 위해서라도 새로운 바이러스를 찾아낼 수 있는 최적의 방법이 무엇인지 알아내려고 혼신의 노력을 다했다. 인간을 죽음에 몰아넣고 동물들을 감염시키는 새로운 바이러스들을 조금이라도 효과적으로 포착하려면 어떻게 해야 할까?

이제부터 우리는 이런 노력의 결실에 대해 살펴볼 것이다. 또한 판데믹이 확산되기 전에 판데믹의 징조를 탐지하는 역량을 높이기 위해 사용되는 첨단기기들에 대해서도 잠깐 살펴볼 것이다. 판데믹과 관련된 위협들이 증가하는 만큼, 판데믹을 해결하기 위한 접근방법과 과학기술도 하루가 다르게 발전하고 있다.

병원균 예보
MICROBE FORECASTING

그곳은 대도시였다. 그 대도시는 심한 타격을 받았다. 환자들이 처음 발생한 때는 8월 말이었고, 그들은 무척 고통스러워했다. 첫 증상은 끝없는 설사와 구토였다. 따라서 심한 탈수증도 동반되었고 심장박동이 빨라졌다. 환자들은 근육경련과 불안증 및 심한 갈증을 호소했고 피부의 탄력성도 떨어졌다. 어떤 환자는 신장 기능이 떨어졌고, 혼수상태나 쇼크상태에 빠지는 환자도 있었다. 그리고 이 병에 걸린 환자들 중 대다수가 죽었다.

그리고 8월 31일 밤, 집단 발병이 본격적으로 일어났다. 사흘 후에는 한 지역에서만 127명이 죽었고, 9월 10일쯤에는 사망자의 수가 500명에 이르렀다. 그 유행병은 한 명도 살려주지 않을 것 같았다. 어린아이들만이 아니라 어른들도 죽었다. 이 유행병에 걸리지 않은 사람이 한 명도 없는 집안은 거의 없는 듯했다. 유행병의 확산으로 주민들은 집단 공황상태에 빠졌다. 일주일도 지나지 않아 지역 주민의 4분의 3이 다른 곳으로 피신했다. 상점들은 문을 닫았고, 모든 집이 문을 걸어 잠갔다. 전에는 북적이던 도심에도 사람이 눈에 띄지 않았다.

집단 발병이 일어나자, 마흔 살의 유행병학자가 근원을 찾아 역학조사를 시작했다. 그는 지역 유지들을 만나 의견을 물었고, 피해자의 가족들을 주도면밀하게 인터뷰하며, 환자들의 위치를 파악해서 정확한 지도를 작성했다. 또 수인성 질환일 거라는 육감을 믿고 그 지역의 상수도원들을 조사했는데, 그 과정에서 도시의 두 급수관 중 하나만이 그 지역에 물을 공급하고 있다는 것을 알아냈다. 그는 그 급수관에서 채취한 표본을 생물학적이고 화학적인 방식으로 분석했지만 분명한 결론을 내리지 못했다.

그래도 그는 담당관리에게 보낸 보고서에서 자신의 분석을 제시하며 오염된 물이 원인이라는 결론을 내렸다. 분석에서 결정적인 증거를 찾아내진 않았지만, 환자들의 분포가 급수관이 집단 발병의 원인이라는 그의 결론을 강력하게 뒷받침해주었다. 그는 담당관리에게 당장 급수관을 차단하라고 충고했고, 관리들은 그 충고를 받아들였다. 주민들이 대거 피신해 있던 상태여서 집단 발병의 빈도는 이미 수그러들고 있었지만, 신속한 역학조사와 급수관 차단이 중요한 역할을 했던 것으로 훗날 입증되었다.

이 집단 발병에서 특별했던 부분은 조직적인 역학조사가 아니었다. 요즘에는 세계 전역에서 유행병학자들이 이런 유형의 조사를 정기적으로 시행하고 있다. 그들은 지역 유지들의 협조를 받아 환자의 분포를 연구하고, 잠재적인 근원에 대한 분석을 실시한다. 때로는 최선의 행동방침을 두고 관리들과 논쟁을 벌이기도 한다. 위의 사례가 특별한 이유는 문제의 집단 발병이 1854년, 즉 유행병학이란 분야가 존재하기 전에 벌어진 일이라는 점이다.

짐작한 사람도 있겠지만, 집단 발병의 원인을 추적한 조사자는 존 스노John Snow였다. 스노는 당시 런던에서 유명한 내과 의사이자 성직자로, 현대 유행병학의 창시자 중 한 명이다. 물론 범인은 '비브리오 콜레레Vibrio cholerae'라는 박테리아, 즉 콜레라균이었다. '더러운 공기'가 아니라 물이 원인인 걸 밝혀냄으로써 스노는 "전염병의 원인은 병원균이다"라는 전염병의 세균병원설에 이바지했다. 오늘날 우리가 보기에는 스노가 직관적으로 물을 원인이라 생각한 듯하지만, 1854년 그가 런던 소호 구역에서 발생한 집단 발병의 원인으로 지목한 브로드 스트리트 급수관의 복제품이나, 그가 브로드 스트리트에서 집단 발병한 콜레라의 근원을 추적하기 위해서 사용한 인터뷰와 사례 확인 및 지도 작성 등과 같은 방법은 당시로서는 혁명적인 일이었다.

지도는 1854년 이전에도 광범위하게 사용된 것은 확실하지만, 스노가 소호 구역에 대해 작성한 지도는 유행병학에서나 지도제작법에서나 이런 종류의 것으로는 최초로 여겨진다. 그는 관련 사건에 대해 지리적으로 분석한 지도를 최초로 사용한 사람이었고, 그 지도를 바탕으로 브로드 스트리트의 급수관이 원인이라는 결론을 끌어냈다. 이런 점에서 그는 요즘 지리정보를 포착하고 분석하는 데 흔히 사용되는 지도제작 시스템인 지리정보시스템Geographic Information System, GIS을 최초로 사용한 사람으로도 여겨진다.

바이러스 미세배열기법의 도입

요즘의 GIS에서는 스노의 지도 같은 것에 여러 층의 정보가 더해지며, 지리정보를 심도 있게 제공하고 인과관계의 패턴까지 제시한다. 스노의 지도에는 도로와 건물, 환자의 위치와 식수원이 표시되었지만, 요즘에 그려졌다면 훨씬 많은 정보층—여러 지점에서 수집한 콜레라 표본을 분석한 유전정보, 시간에 따라 추적한 공간적인 확산, 날씨라는 변수, 환자들의 사회적 관계 등—이 덧붙여졌을 것이다.

GIS는 우리에게 집단 발병을 조사하고 질병의 전염과정을 파악하는 방법에 혁명적인 변화를 가져다준 첨단도구 중 하나이다. 이런 첨단도구들을 포괄적으로 적절하게 사용하면, 집단 발병을 감시하고 확산을 방지하는 방법을 근본적으로 바꿔놓을 수 있다.

19세기 중엽에 활동했던 스노에 비해 우리는 많은 면에서 과학적이고 기술적인 혜택을 누리고 있다. 무엇보다 우리가 추적하는 병원균들을 포착하고 그 다양성을 분석하는 역량에서 엄청난 발전이 있었다. 분자생물학의 혁명, 특히 유전정보를 포착해서 염기서열을 배열하는 기법 덕분에 우리를 둘러싼 병원균들의 정체를 파악하는 수준이 완전히 달라졌다.

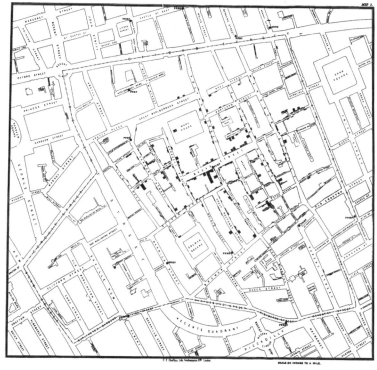

존 스노가 콜레라 집단 발병의 원인을 찾아내기 위해 사용한 런던 지도

캐리 멀리스Kary Mullis는 중합효소 연쇄반응PCR이란 기법을 발견해서 노벨상까지 받았지만, 한때는 경이로웠던 이런 기법들이 이제는 표준기술로 여겨진다. 이런 기법들을 사용하면, 병원균들에서 미세한 조각의 유전정보를 추출해서 동일한 조각을 수십억 개씩 만들어낼 수 있다. 게다가 병원균이 속한 과科를 기준으로 그 조각들의 염기서열을 읽어내고 분류할 수도 있다. 하지만 우리가 무엇을 찾는지 알아야만 PCR을 제대로 이용할 수 있다. 예컨대 우리가 미지의 말라리아

콜레라 집단 발병의 원인을 밝혀낸 학자인
존 스노(1856년)

원충을 찾아내려 한다면, 모든 말라리아 원충에는 서로에게 유사하
게 보이는 유전자 영역이 있기 때문에, 말라리아의 특징인 염기서열
을 식별하도록 PCR을 설계할 수 있어야 한다. 하기야 우리가 무엇을
찾는지도 모른다면 첨단기술을 어떻게 제대로 이용할 수 있겠는가?

2000년대 초 젊은 분자생물학자 조 드리시Joe DeRisi와 그의 동료들
은 미지의 병원균들을 찾아내기 위해서, 드리시의 박사학위 지도교
수였던 스탠퍼드의 생화학자 패트릭 브라운Patrick Brown이 개발한 기법
을 받아들였다. 작은 슬라이드 글라스에 수천 개의 작은 유전자 조각
을 인위적으로 일정하게 배열하는 방식인 DNA 미세배열DNA Microarray
chip 기법이었다. 유전정보는 자신의 거울상 배열에도 충실하기 때문

에, 슬라이드 글라스에 배열된 유전정보를 포함할 때 표본으로부터 용해제가 흘러나오게 한다면, 슬라이드에 설계된 배열과 일치하는 조각들은 녹아버릴 것이다. 따라서 슬라이드의 배열에서 어떤 부분이 녹았는지 파악함으로써 표본에 무엇이 있었는지 알아낼 수 있다. 드리시가 이 기법을 사용하기 전에도, 이 기법은 살아 있는 기관들을 통해 순환되는 유전정보 조각들을 파악하는 새로운 방법들을 많은 과학자들에게 제공했었다.

드리시가 혁신적으로 개선하기 전까지 미세배열기법은 인간과 동물의 유전자들이 내부적으로 어떻게 기능하는지 알아내는 데 주로 활용되었다. 그러나 드리시와 그의 동료들은 이 기법을 수정해서 보완하면 바이러스를 탐지해낼 수 있는 강력한 시스템으로 탈바꿈시킬 수 있다는 걸 깨달았다. 미세배열을 인위적인 인간 유전정보 조각들로 설계하는 대신에, 그들은 바이러스 유전정보 조각들로 미세배열을 설계했다. 당시까지 과학계에 알려진 모든 바이러스 유전정보에 대한 과학적 자료들을 면밀히 검토한 후, 그들은 모든 바이러스과科로부터 얻은 유전정보 조각들을 여러 줄로 깔끔하게 배열한 바이오칩들을 만들어냈다. 따라서 어떤 환자로부터 채취한 유전정보에 바이오칩의 바이러스와 유사한 배열을 지닌 바이러스가 포함되어 있다면, 그 배열이 포착되어 어떤 바이러스가 문제인지 바로 알아낼 수 있었다.

'바이러스 미세배열'로 알려진 이 특수한 바이오칩들은 전 세계의 실험실로 전해져 활용되고 있다. 이 기법은 사스를 유발한 코로나 바이러스처럼, 새로운 판데믹으로 발전할 잠재력을 지닌 병원균을 신속하게 파악하는 데 도움을 주었다. 물론 아직 완벽하지는 않다. 이 바이오칩들은 과학계에 이미 알려진 바이러스과科들에 속한 바이러스들을 탐지하기 위해서 제작될 수 있을 뿐이다. 따라서 우리가 전혀 모르는 배열을 지닌 바이러스들이 있다면, 그런 바이러스들을 탐지할 수 있는 바이오칩을 만들기 위한 자료가 전혀 없는 셈이다. 어쩌면 지금 이 순간에도 미지의 바이러스가 우리 옆을 지나가고 있을지도 모른다.

지난 수년 동안 바이러스 미세배열들은 일련의 대담하고 새로운 유전자 배열방식으로 보충되었다. 새로운 기계들이 지금도 표본들로부터 엄청난 양의 염기서열 자료들을 쏟아내고 있다. 과거였다면 엄청난 비용과 시간이 소요되었겠지만, 이제는 이런 기계들 덕분에 비용과 시간을 절약하면서 완전히 새로운 방식으로 바이러스를 찾아낼 수 있다.

이제는 특정한 정보를 찾으려고 발버둥칠 필요가 없다. 예컨대 피 한 방울 같은 표본이 있으면 그 안에 담긴 모든 유전정보 조각들을 배열할 수 있다. 기술적으로는 더 복잡하지만 결과는 탁월하다. 이제는 생물학적 표본 하나에서 모든 유전자 배열을 읽어낼 수 있는 수준을 향해 다가가고 있다. 숙주 표본에서 RNA나 DNA의 모든 조각을 읽어낼 수 있는 수준, 더 중요하게는 숙수 표본에 기생하는 병원균들의 모든 조각을 읽어낼 수 있는 수준에도 접근했다.

핵심적인 과제 중 하나는 생물정보학bioinformatics이다. 달리 말하면 이런 첨단 테크놀로지 기기들이 쏟아내는 무수한 정보를 어떻게 자세히 읽어내느냐는 것이다. 다행히 NIH의 과학자들은 유명한 로스앨러모스 국립연구소Los Alamos National Laboratory에서 개발한 유전자 서열 정보의 전자 데이터베이스를 받아들여 더 충실하게 다듬는 현명한 방향을 택했다. 이제 그 전자 데이터베이스는 젠뱅크GenBank, 유전자은행라 불린다. 과학자들은 지원을 받는 대가로 학술논문을 제출하기 전에 젠뱅크에 유전자 서열을 먼저 제출해야 하기 때문에, 과학자들이 집단적으로 매년 수십억 조각의 새로운 유전정보를 찾아내고 있는 셈이다. 현재 젠뱅크는 약 1,000억 조각의 유전정보를 보유하고 있으며, 보유량이 무섭게 증가하는 추세이다. 새로운 유전자 서열이 확인되면 젠뱅크에 보유된 자료들과 신속하게 비교함으로써 닮은 것이 있는지 알아낼 수 있다.

2006년 말과 2007년 초, 이런 첨단 기법들이 효과적으로 활용된 적이 있었다. 2006년 12월, 오스트레일리아 단데농 종합병원에서 뇌출혈로 사망한 환자의 장기들이 이식수술을 위해 적출되었다. 63세의 노파가 신장 하나를 이식 받았고, 또 하나의 신장은 이름이 알려지지 않은 다른 환자에게 이식되었다. 한편 그 환자의 간은 64세의 지방대학 노교수에게 이식되었다. 하지만 이식수술을 받은 세 명 모두가 1월 초에 사망했다.

병원 측이 관련 연구소들의 협조를 받아 사망 원인을 추적하기 시작했다. 그들은 PCR(중합효소 연쇄반응)을 사용했고, 배양기에서 병원균을 키워보려 애썼다. 심지어 바이러스 미세배열기법까지 시도했지만 아무런 성과를 얻지 못했다. 표본에 매시브 시퀀싱massive sequencing을 시도했을 때야 바이러스 하나가 발견되었다. 이 바이러스를 발견한 컬럼비아대학교의 세계적인 바이러스 학자 이언 립킨Ian Lipkin 교수팀은 거의 10만 개의 유전자 서열을 조사한 뒤에야 이 미스터리한 바이러스에 속한 14개의 유전자 서열을 찾아냈다. 그야말로 건초더미에서 바늘 찾기와 다를 바가 없었다. 문제의 바이러스는 설치동물에서 흔히 살아가는 아레나 바이러스군群에 속하는 것으로 밝혀졌다. 매시브 시퀀싱기법이 없었다면 그 바이러스는 지금까지도 발견되지 않았을 것이다.

디지털 유행병학의 시대

그러나 현실 세계에서 소규모로 발생하는 새로운 집단 발병의 원인을 파악하는 것도 중요하지만, 그 정도는 시작에 불과하다. 저 밖에 무엇이 있는지 조금씩 더 깊이 이해해감에 따라 우리는 "소규모로 시작된 집단 발병이 어떤 방향으로 진행될까? 판데믹으로 발전할 것인가?"라는 중대한 의문을 제기해야만 한다.

판데믹 예방이라는 신생 학문에는 세 가지 목표가 있다.

1. 유행병을 조기에 탐지해야 한다.
2. 유행병이 판데믹으로 발전할 가능성을 평가해야 한다.

3. 치명적인 유행병이라면 판데믹으로 발전하기 전에 차단해야
한다.

바이러스 미세배열기법과 시퀀싱기법 덕분에, 우리는 유행병을 유
발한 원인을 신속하게 찾아낼 수 있다. 그러나 제한된 구역에서 집단
발병을 일으킨 새로운 병원체가 판데믹으로 발전할 가능성이 있는지
판단하기 위해서는 더 많은 것이 필요하다. 현재 미국 방위고등연구
계획국Defense Advanced Research Projects Agency, DARPA이 개발 중인 새로운 프
로그램의 목표가 바로 그것이다. DARPA는 컴퓨터, 가상현실, 인터
넷 등의 개발을 위한 초기 연구를 대대적으로 지원해서 현대 테크놀
로지 세계에 엄청난 영향을 미친 미국 국방부 산하기관이다.

현재 DARPA는 '프로페시Prophecy(예언)'라는 프로그램을 개발 중이
며, 이 프로그램의 목표는 "모든 바이러스의 자연진화를 성공적으로
예측하는 것"이다. 프로페시는 세계 곳곳의 바이러스 빈발지역에서
해당 지역 현장 전문가팀의 협력과 첨단 테크놀로지를 적절하게 결
합함으로써 지엽적인 집단 발병이 어떤 방향으로 진행될 것인지 예
측하려는 프로그램이다. 어떤 바이러스의 향후 행로를 예측한다는
말이 공상과학소설처럼 들리겠지만, DARPA는 실패할 위험이나 막
대한 비용에도 불구하고 핵심적인 목표를 비켜가지 않는다. 프로페
시도 이런 범주에 속한 프로그램이다. 하지만 현재 우리가 활용할 수
있는 테크놀로지와 판데믹에 대한 지식수준을 고려하면 DARPA가
추구하는 목표는 분명히 가능한 세계이다.

캘리포니아대학교 샌프란시스코 캠퍼스의 라울 안디노Raul Andino를 비롯한 첨단 실험 바이러스 학자들은 바이러스들의 진화 방향을 합리적으로 예측하는 방법을 연구하고 있다. 바이러스는 신속하게 번식하기 때문에 어떤 바이러스에 감염되면, 심지어 한 조각의 바이러스 입자에 감염되더라도 금세 바이러스 무리swarm로 발전한다.[1] 이런 무리에서 일부 바이러스는 동일하지만, 대부분은 돌연변이체여서 부모 계통과 어떤 형식으로든 다르다. 바이러스 무리들이 다양한 환경에서 어떻게 반응하는지 관찰하고 연구함으로써 안디노 교수와 그의 동료들은 살아 있는 바이러스를 이용해서 백신을 만들어내는 합리적인 방법을 개발해왔다(이에 대해서는 11장에서 더 자세히 살펴보기로 하자).

또한 안디노 교수는 기존의 정보를 활용해서 한 무리가 진화할 수 있는 경계를 알아내고 싶어 한다. 무리가 아무런 원칙도 없이 제멋대로 진화하는 것은 아니다. 무리가 무엇으로 이루어졌는지 알아내면 무리의 진화 방향도 대략이나마 예측할 수 있다.

바이러스의 진화 방향을 예측할 수 있는 방법을 연구 중인 또 한 명의 과학자는 미생물학자가 아닌 물리학을 공부한 생물공학자 스티브 퀘이크Steve Quake이다. 퀘이크 역시 미국 국립보건원 원장 선구자상을 받았으며, 생명체를 놀랍도록 효과적인 방법으로 연구해서 조작할 수 있는 테크놀로지의 개발에 열중하고 있다. 퀘이크팀이 개발한 유용하고 혁신적인 기법들 중에는 미세유체역학적 플랫폼microfluidic platform이 있다. 쉽게 말해서, 작은 실험실용 바이오칩에 그 큰 실험실을 통째로 옮겨놓은 것이다.

일례로 퀘이크는 포유동물이나 다른 유기체의 세포를 실험실 조건에서 키우는 지루하고 복잡한 세포배양 작업을 무균상clean bench에서 칩으로 옮겨놓았다. 퀘이크와 그의 동료들이 개발한 칩은 길이가 수 센티미터에 불과하지만, 96개의 분리된 칸으로 나누어진다. 각각의 칸에서 세포들이 동시에 수주 동안 배양되며, 신중하게 측정되어 조작될 수 있다. 작은 칩에서 세포를 배양하는 이 기법은 많은 장점이 있지만, 그중 하나가 다수의 표본에서 새로운 바이러스를 신속하고 효과적으로 평가할 수 있다는 것이다. 새로운 병원체가 어떤 유형의 세포에서 생존할 수 있는지, 따라서 그 병원체가 어떤 방식으로 확산되는지(예컨대 성행위, 수혈, 재채기 등) 신속하게 밝혀줄 수 있는 칩에 기반을 둔 시스템을 상상하는 것은 그다지 어렵지 않다.

집단 발병이 발생하면 많은 의문이 제기되고 우리는 그 의문들에 대한 답을 찾아야 한다. 물론 가장 먼저 제기되는 의문은 "집단 발병을 일으킨 병원균이 무엇이냐?"이다. 바이러스 미세배열기법과 초고속 유전자 서열분석기법high-throughput sequencing 같은 기법들을 활용하면 새로운 병원체를 신속하게 확인할 수 있으며, 과거의 기법들로는 놓쳤던 것들까지 찾아낼 수 있다. 그러나 문제의 병원균을 찾아낸 후에는 그 병원균이 어떤 방향으로 진행될 것인지 예측할 수 있어야 한다. 판데믹의 궁극적인 예방시스템이 어떤 모습을 띨 것인지에 대해서는 맺는 글에서 더 자세히 살펴보겠지만, 한 바이러스가 취할 수 있는 가능한 진화 방향을 예측하기 위해서는 안디노팀이 개발한 접근방법이 반드시 포함될 것이다. 또한 퀘이크팀이 개발한 도구들도 바이러스가 대략 어떤 방향으로 확산되는지 신속하게 판단할 수 있는 일련의 고속칩들로 개량될 것이라 믿는다.

현대 정보통신기술은 위에서 언급한 생물공학의 발전을 보완하는 다른 유형의 도구들을 우리에게 제공해준다. 지금 이 글을 읽는 순간에도 당신의 주머니에는 현재 정보통신기기가 있을 것이다.

우리가 카메룬 남서지역에 마련한 연구시설에는 헤베캄이란 대규모 고무농장이 있다. 우리는 이 농장에서 휴대폰을 이용한 공중보건의 새로운 방향을 실험해보았다.

헤베캄 농장에는 거의 10만 명이 거주하고, 병에 걸린 사람들은 가까운 진료소를 찾아간다. 진료소에서 치료할 수 없을 정도로 심하게 아픈 환자는 농장 가운데에 자리 잡은 종합병원으로 옮겨진다. 상급병원이었던 종합병원은 과거의 경우 지역 진료소들에서 어떤 환자를 진료하는지 정확히 파악할 방법이 없었다. 현재 '디지털 유행병학digital epidemiology'이라는 우리 프로그램을 주재하는 러키 구나세카라Lucky Gunasekara와, 그가 힘을 보태 창설한 비영리보건기구인 '프론트라인 SMS: 메딕FrontlineSMS : Medic'의 동료들은 지역 진료소들에서 진료하는 환자들에 대한 정보를 문자메시지로 상급병원에 전달하는 간단한 시스템을 수년 전에 개발했다. 미리 정해진 약호를 문자메시지로 발송하는 것만으로도 지역 진료소들의 중요한 정보들이 즉각적이고 효과적으로 상급병원에 전달될 수 있었다. 요컨대 지역 진료소는 미리 정해진 약호와 간단한 문자메시지를 발송함으로써 말라리아와 설사 및 그밖의 질병들에 대한 빈도를 신속하게 관련자들에게 알릴 수 있었다.

간단한 테크놀로지를 효과적으로만 이용해도 큰 변화를 이루어낼 수 있다. 간단한 과학기술을 이용해서 헤베캄의 의료 상황을 상급병원은 물론이고, 멀리서도 적절한 접속장치를 갖춘 사람이라면 누구나 웹사이트를 통해 감시할 수 있다. 진료소 의사와 환자가 직접 문자메시지를 발송하거나 웹사이트에서 소식을 올리게 함으로써 정보가 축적되고 조직적으로 분석되어, 지역적 차원에서 건강에 비상사태가 발생하면 신속하게 대처할 수 있다.

2010년 아이티에서 지진이 발생했을 때도 이와 유사한 조치가 있었다. 지진이 발생한 직후, 우샤히디Ushahidi 같은 조직들은 재난을 당한 주민들이 '살려주세요'라는 문자메시지를 무료로 발송할 수 있는 간단한 코드를 개발했다.[2] 그 후 그 조직들은 지역 라디오 진행자들에게 문자메시지를 보낼 전화번호를 방송해달라고 부탁했다. 먼지가 가라앉은 후, 문자메시지의 발송지를 통계적으로 분석했을 때 그 결과는 지진으로 피해를 입은 지역의 고해상 항공사진과 정확히 일치했다. 이재민들이 보낸 문자메시지들은 재해가 가장 큰 곳을 파악하는 데도 중요한 단서가 되었다. 그러나 아이티 사람들에게 더욱 중요한 사실은, 이 단순한 문자메시지가 현장에서 영웅적으로 활동하던 구조요원들에게 전달되어 수많은 목숨을 구했다는 것이다.

유행병의 집단 발병이 있었을 때도 유사한 시스템이 사용되었다. 2010년 가을 아이티에서 콜레라가 집단 발병했을 때가 대표적인 예이다. 집단 발병의 탐지가 크라우드소싱crowdsourcing으로 이루어지는 것이 궁극적인 희망사항이다. 달리 말하면, 집단 발병이 시작된 때부터 확산되는 과정까지 피해자들이 제공하는 작은 정보들이 실시간으로 수집된다. 짤막한 코드는 시작에 불과하다. 또한 의료기록의 전자화를 지금보다 더 많은 국가가 채택하면, 세계 어디에서나 당사자가 직접 접속해서 전화로 자신의 건강 상태를 신고하는 사례가 증가할 것이다.

이런 정보는 질병을 신고하는 당사자에게 더 효과적으로 치료 방법을 제공할 수 있을 것이고, 더구나 다수의 사용자를 대상으로 분석됨으로써 건강 문제를 신속하고 예민하게 탐지해낼 수 있을 것이다. 궁극적으로는 유행병이 발병한 초기에 증상을 신고하는 불특정다수의 호소에서 유행병의 징조를 알아내는 반응 시스템이 개발될 수 있다. 이런 시스템이 정착된다면 그때서야 진정으로 디지털 유행병학의 시대가 시작되었다고 말할 수 있다

정보기술을 이용한 인플루엔자 예보시스템

질병 확산의 조기경보로 문자메시지를 사용하는 방법에 대한 비판이 없는 것은 아니다. 가장 큰 이유가 절박한 상황에서 누가 문자를 보낼 수 있겠느냐는 것이다. 하지만 사용자가 굳이 문자를 보낼 필요가 없는 휴대폰을 사용하면 되지 않겠는가.

이 글을 쓰는 현재 세계 인구의 60퍼센트가 소지한 휴대폰에 자동

위치확인 장치가 심겨져 있다. 이 장치는 휴대폰의 현재 위치에 대한 정보를 끊임없이 갱신해서 제공한다. 향후 5~10년 후에는 실질적으로 세계인 모두가 이런 휴대폰을 갖게 될 것이다. 정부의 음모로 꾸며지는 일이 아니다. 우리 주머니 속의 휴대폰 덕분에 가능한 일이다.

휴대폰은 송수신탑과 끊임없이 교신하며, 휴대폰 운영회사들에게 고객의 현재 위치와 고객의 통화상대에 대한 정보를 제공한다. 엄청난 양의 정보로 여기에 약간의 해석을 더하면 휴대폰 사용자의 사회적 행태까지 파악할 수 있다. 이른바 휴대폰의 과금정보call data record는 이동통신사에게 고객의 성향을 파악해서 더 많은 서비스를 판매할 수 있는 엄청난 자료를 제공한다. 그러나 막대한 정보량이 매출보다 훨씬 가치 있다. 이런 정보의 흐름이 당신에게 어떤 해도 주지 않고, 오히려 위급한 때 당신의 목숨을 구할 수 있을 테니까.

이동통신사들이 수집하는 자료들을 제대로 활용하면, 우리 모두가 인간에게 닥친 중요한 사건을 신속하게 탐지하는 잠재적 감지장치가 될 수 있다. 혁신적인 미래연구소 MIT 미디어랩MIT Media Lab의 회원이며, 과금 정보를 일반적인 문제들에 활용하는 방법들을 연구하는 선구자인 네이선 이글Nathan Eagle이 그 사례를 거의 완벽하게 보여주었다. 이글은 동료들의 도움을 받아 과금 정보를 면밀하게 조사해서 지진과 관련하여 알아낼 수 있는 모든 것을 조사해보았다.

이글은 3년 동안 르완다에서 통화패턴과 관련된 여러 자료들을 분석했다. 르완다 키부 호수 지역을 강타한 진도 5.9의 지진이 일어난

2008년 2월 3일도 조사기간에 포함되었다. 이글의 연구팀은 통화빈도의 기준선을 설정함으로써 지진 직후에 평소와 뚜렷이 다른 통화 패턴을 찾아낼 수 있었다. 전체 통화수가 정점에 이른 때를 기준으로 지진이 계속된 시간을 측정할 수 있었다. 또한 통화량이 가장 많았던 지역들의 중심을 진앙이라 할 때, 송수신탑으로부터 받은 위치정보 자료를 활용해서 진앙을 찾아낼 수도 있었다.

휴대폰 사용에 근거한 자료를 이용해서 지진을 시공간적으로 탐지할 수 있다는 발상이 놀랍지 않은가. 이런 자료들은 다양한 용도에 활용될 수 있다. 가령 질병에 걸린 사람의 통화패턴은 그렇지 않은 사람과 근본적으로 다르다. 따라서 집단 발병이 확산되면 통화패턴이 달라질 거라는 건 누구나 예상할 수 있다. 이른바 과금 정보만을 분석해서는 새로운 집단 발병을 완벽하게 조기에 탐지할 수 없을지 모르지만, 보건기구들과 민간연구기관들의 집단 발병 자료 등과 같은 다른 자료들과 복합적으로 활용하면 유행병의 확산을 조기에 탐지해서 발병 지역들을 지도에 정확히 표시할 수 있을 것이다.

휴대폰은 하루가 다르게 유비쿼터스한 도구로 발전해가고 있기 때문에, 앞으로 유행병이 판데믹으로 확산되기 전에 조기에 탐지해서 대응하는 데 없어서는 안 될 중요한 도구가 될 것이다. 하지만 휴대폰이 디지털 감시라는 분야에서 사용될 수 있는 유일한 테크놀로지 기기는 아니다. 2009년 구글의 연구팀은, 개개인의 온라인 검색 패턴을 분석하면 검색자들이 어떤 병에 걸렸는지 짐작할 수 있다는 놀라운 논문을 발표했다.[3]

구글이 보유한 막대한 검색자료와, 미국 질병통제예방센터가 수집한 인플루엔자 감시자료를 활용해서 구글 연구팀은 환자나 간병인의 질병 상태를 파악하기 위해 사용하는 주요 검색어들을 먼저 알아냈다. 그 후 연구팀은 인플루엔자의 증상 및 치료법에 관련된 단어들로 검색하면 질병통제예방센터가 발표한 인플루엔자 통계자료를 정확히 추적할 수 있는 시스템을 개발해냈다. 연구팀이 개발한 시스템의 장점은 거기에서 그치지 않았다. 구글을 검색하면 필요한 자료를 즉각 구할 수 있지만, 질병통제예방센터는 보고서를 작성하고 자료를 업데이트하는 데 시간이 걸리기 때문에 질병통제예방센터의 인플루엔자 감시자료는 시간적으로 뒤처지기 마련이다. 따라서 구글은 전통적인 감시시스템보다 먼저 인플루엔자의 동향을 정확히 제공한다는 점에서 질병통제예방센터를 압도했다.

구글 독감예보시스템에 제공하는 계절적 인플루엔자에 대한 초기 자료는 흥미로우면서도 무척 중요하다. 이런 초기 자료들은 보건관련기관들에게 약품을 주문하고 다양한 욕구에 대비할 시간적 여유를 주기 때문이다. 그러나 계절적 인플루엔자의 조기 탐지 자체가 최종적인 목표는 아니다. 최종적인 목표는 새롭게 나타나 확산될 조짐을 보이는 판데믹을 탐지할 수 있는 시스템의 개발이다. 따라서 구글은 인플루엔자 예보 시스템을 다른 질병들로 확대하기 위해 연구 중이다. 지금보다 많은 사람이 구글을 사용하고, 그래서 더 많은 자료가 축적되면, 인플루엔자만이 아니라 다른 병원균의 동향까지 더 정확히 분석할 수 있는 시스템이 완성될 수 있으리라 믿는다. 그렇게 된다면 판데믹이 발생한 지역의 주민들이 곧바로 구글을 통해 세상에 알릴 수 있다.

온라인 소셜 미디어의 폭발적인 성장으로, 불충분하게라도 판데믹의 소중한 조기경보가 담긴 또 하나의 빅데이터big data가 가능해졌다. 영국 브리스트대학교의 바실리오스 램포스Vasileios Lampos와 넬로 크리스티아니니Nello Cristianini 같은 컴퓨터 과학자들은 구글의 연구진과 유사한 접근방법을 취해서 수억 건의 트위터 메시지를 조사했다. 구글의 연구자들과 마찬가지로, 램포스와 크리스티아니니는 핵심 단어들을 기초로 트위터의 동향을 분석해서, 영국 보건국에서 발표한 인플루엔자 통계자료와 유사한 결과를 찾아냈다.

2009년 H1N1 판데믹이 유행하던 때 그들은 해당 인플루엔자와 관련된 트위터의 빈도를 추적했고, 거기에서 예측한 결과가 보건성의 공식적인 자료와 97퍼센트까지 일치한다고 발표했다. 구글 독감예보 시스템과 마찬가지로, 램포스와 크리스티아니니의 방법도 큰 비용을 들이지 않고 신속하게 전통적인 유행병 자료 조사법을 보완할 수 있을 뿐 아니라, 인플루엔자를 넘어 다른 질병의 경우까지 확대해서 적용할 수 있을 것이라 여겨진다.

온라인 소셜 미디어를 정밀하게 조사하면 사람들이 무엇에 대해 통신하는지 파악할 수 있는 반면에, 온라인 소셜 네트워킹(사회연결망)은 훨씬 다양한 용도로 활용 가능하다. 니컬러스 크리스태키스Nicholas Christakis와 제임스 파울러James Fowler는 얼마 전에 발표한 논문에서, 사회연결망이 전염병에 대한 정보를 어떻게 제공할 수 있는가를 설득력 있게 보여주었다.

그들은 한 실험에서 하버드 대학생들을 두 집단으로 나누어 정밀하게 추적했다. 하나는 하버드 대학생 중에서 무작위로 선발한 집단이었고, 다른 하나는 앞의 집단에 속한 학생들이 친구라고 지목한 사람들 중에서 선발한 집단이었다. 사회연결망의 중심 부근에 있는 사람이 주변부에 있는 사람보다 더 빨리 감염될 가능성이 높기 때문에, 집단 발병이 발생하면 친구 집단이 무작위로 선발한 집단보다 더 빨리 감염될 것이고, 따라서 무작위로 선발한 집단이 사회적으로 중심에서 벗어난 집단일 거라고 크리스태키스와 파울러는 가정했다. 실제로 2009년 인플루엔자가 집단 발병했을 때, 친구 집단이 무작위로 선발된 집단보다 평균 14일이나 빨리 감염되는 결과를 보여주었다.

따라서 사회과학을 잘 활용하면 집단 발병을 감시하고 조기에 포착하는 새로운 유형의 파수꾼을 찾아낼 수 있을 듯하다.[4] 하지만 친구를 결정하는 데는 시간이 걸린다. 또한 친구 만들기는 면적이 좁은 대학교 캠퍼스에서나 가능하지, 전국적인 차원에서는 거의 불가능하다. 그러나 정체가 불분명한 다수가 보이는 온라인 사회연결망에서는 친구 만들기가 훨씬 쉬울 수 있다. 페이스북 같은 온라인 사회연결망은 집단 발병을 감시하는 역할을 위해 설계되지는 않았지만, 상대적으로 다루기 쉬운 감시 시스템이 되었다. 따라서 사회연결망을 면밀히 분석하면, 질병의 빈도를 파악하고 사회적 파수꾼을 알아낼 수 있으며, 더 나아가서는 한 지역에서 새로운 병원균의 확산 가능성을 예측할 수 있다.

판데믹의 예측, 더 이상 꿈이 아니다

1854년 처음으로 지리정보시스템GIS을 개발할 때, 존 스노는 오늘날의 기준에서도 무척 논리적이고 설득력 있는 행동을 취했다. 그는 지도를 그려놓고, 거기에 환자의 위치와 의심스런 감염원을 표시했다. 하지만 스노는 자신이 실험적으로 택한 행위가 훗날 어떤 방향으로 발전하고, 오늘날의 GIS에서도 활용되는 기초 자료가 될 거라고는 꿈에도 몰랐을 것이다.

결국 하나의 자료만으로는 충분하지 않다. 스노가 지금도 살아 있어서 어떤 집단 발병을 조사한다면 가능한 한 모든 자료를 수집하려 할 것이다. 첫째로 환자가 어디에서 발생했는지 알고 싶어 할 것이다. 문자메시지나 인터넷 검색을 통해 이와 관련된 자료들을 조금이라도 신속하고 쉽게 구할 수 있기를 바랄 것이다. 또 환자들이 무엇에 감염되었는지 알아내려고 병원균의 유전자 계통을 면밀하게 분석할지도 모른다. 질병의 이동경로를 추적하기 위해서, 또 질병이 어디에서부터 시작되었는지 알아내기 위해서 과금 정보를 활용해 사람들의 이동 상황을 조사할 것이다. 물론 최초로 감염되었을 사람들, 혹은 남들보다 먼저 증상을 보인 사람들을 추적할 것이고, 사람들이 사회적으로 어떻게 연결되어 있는지도 알아내려 할 것이다.

집단 발병의 GIS, 혹은 실리콘밸리에서 흔히 사용하는 용어로, 우리 연구 프로젝트에서 데이터 팀장인 러키 구나세카라가 집단 발병 '매시업mash-up'이라 칭하는 것의 최종적인 모습을 상상하기는 그다지 어렵지 않다. 환자들의 위치, 환자들의 걱정거리, 환자들을 감염시킨 병원균, 환자들의 이동경로, 환자들의 사회적 관계 등 중요한 정보가 겹겹이 중첩된 한 장의 지도이다. 이 책의 마지막 장에서 다시 언급하겠지만, 디지털 테크놀로지와 생물공학이 결합된 매시업을 개발하고 유지하는 것이 우리 데이터팀의 명확한 목표이다. 모든 자료가 공동으로 분석되고, 실제로 집단 발병이 일어날 때 다양한 변수들이 고려되며, 더 나아가 모든 테크놀로지가 최적으로 사용되어 예측력을 극대화할 수 있다면 더할 나위 없이 좋을 것이다.

미래에 판데믹의 예측이 가능하겠느냐는 질문을 받을 때마다 나는 자신 있게 "그렇다!"라고 대답한다. 이 책의 3분의 2가량까지 읽었을 때 나의 이런 낙관주의를 의심한 독자도 있을 것이다. 그물처럼 촘촘하게 얽힌 인간과 동물의 관계로 새로운 판데믹이 발생할 조건이 완벽하게 갖추어졌다. 누구도 부인할 수 없는 상황이다. 하지만 정보통신기술을 통해 우리가 긴밀하게 연결되면서 집단 발병을 조기에 포착할 수 있는 조건도 갖추어졌다. 여기에 유행병을 야기하는 작은 생명체의 다양성에 대해 놀라울 정도로 발전한 연구 결과가 더해진다면, 판데믹의 예측이라는 낙관적인 생각은 결코 낭만적인 꿈이 아니다.

결국 누가 승리할까? 판데믹이 인간 세계를 휩쓸며 수백만의 목숨을 앗아갈까? 아니면 테크놀로지와 과학이 손잡고 인간을 구원할까?

착한 바이러스

THE GENTLE VIRUS

모든 생물은 후손을 생산하는 데 엄청난 양의 에너지를 쏟는다. 인간의 경우에는 아기에게 수유하고 정성껏 돌봐야 하는 처음 수년을 뜻한다. 다른 생명체, 예컨대 바다거북은 기존의 자식들을 돌보는 데만이 아니라 몸 밖으로 내놓는 즉시 자급자족해야 하는 수백 개의 알이 안전하게 부화하는 데 필요한 환경을 조성하는 일에도 많은 에너지를 쏟는다. 달리 말하면 알에 충분한 영양을 축적하고, 알을 낳기에 적절한 장소까지 옮겨가서 약탈자로부터 알을 보호하기 위해서 모래를 파고 알을 낳는다. 겉으로는 어떻게 보일지 몰라도 모든 부모는 자식이 성공하기를 바란다. 따라서 자식의 성공을 도우려고 온갖 솜씨를 동원하는 것이다.

인간 이외에 부모가 이처럼 자식을 한없이 사랑하는 생명체로는 말벌을 꼽을 수 있다. 특히 두 과科의 말벌이 자식들을 보호하는 데 유난스럽다. 고치벌과와 맵시벌과, 이 두 과의 말벌은 털애벌레(나비목 유충)의 등에 알을 낳는다. 알은 털애벌레의 살을 먹으면서 성장한다. 이런 모습은 지구에서 상당히 흔한 광경으로, 이런 식의 관계가 수천 가지 형태로 존재한다. 진화적으로 털애벌레와 말벌 사이에는 긴장관계가 있다. 시간이 지나면 털애벌레는 말벌 알들을 떨쳐내기 위해 방어수단을 바꾸고, 말벌 알들은 털애벌레의 방어막에 대응하는 능력을 키워간다.

이런 진화 경쟁에 승리하기 위해서 고치벌과와 맵시벌과의 암컷 말벌들은 겉으로는 똑같은 방식으로 살아가는 다른 종류의 말벌들에게 전혀 알려지지 않은 전략을 구사한다. 요컨대 그들은 알을 특수한 물질로 감싼 후에 털애벌레의 등에 알을 낳는다. 이 물질이 털애벌레를 서서히 죽이기 때문에 알들은 어떤 방해도 받지 않고 배불리 먹으면서 성장한다.

암컷 말벌이 생성하는 그 놀라운 물질은 식물성 독소나 독액이 아니다. 그것은 바이러스의 농축액이다. 폴리드나바이러스군[註]에 속하는 바이러스로, 말벌에게는 별다른 해가 없지만 털애벌레에게는 광범위하게 피해를 입힌다. 말벌의 난소에서 번식하여 말벌의 알과 함께 털애벌레에 침투한다. 바이러스는 털애벌레의 면역체계를 파괴해서 심각한 질병을 일으키거나 심지어 죽게 만들어 알을 보호함으로써 암컷 말벌에게 은혜를 갚는다. 결국 말벌들이 이 바이러스를 돕고, 이 바이러스가 말벌을 돕기 때문에, 그들은 서로 공생관계에 있다고 말할 수 있다.

털애벌레의 등 위에 낳은 고치벌과 말벌의 알들

　바이러스들은 숙주와 하나의 연속체로 움직인다. 어떤 바이러스는 숙주에게 작은 해를 입히지만, 숙주에게 이로운 바이러스도 있다. 대부분의 바이러스는 상대적으로 중립성을 띠는 듯하다. 달리 말하면 바이러스가 생존을 위해 잠시 머물러야 하는 생명체에 큰 피해를 주지도 않고, 큰 혜택을 베풀지도 않는다.

　이 장에서 나는 이야기의 방향을 바꿔보려고 한다. 바이러스가 야기할 수 있는 피해에 대한 이야기는 잠시 접어두고, 바이러스들이 감염성 질환과 그밖의 질환에서 우리에게 어떤 도움을 줄 수 있는지 살펴보기로 하자. 공중보건이 모든 바이러스 병원균의 박멸을 목표로 삼을 필요는 없다. 치명적인 병원균을 통제할 수 있는 것만으로도 충분하다.

백신이라는 또 다른 바이러스

판데믹과의 전쟁에서 우리는 백신을 개발할 때 바이러스에게 큰 도움을 받을 수 있다. 우두 바이러스cowpox virus와 천연두 백신의 관계가 대표적인 예이다.

18세기 말, 영국의 저명한 과학자 에드워드 제너Edward Jenner는 우유 짜는 여자들이 이상하게도 천연두에 감염되지 않는 현상을 확인하고 그 이유를 파헤치기 시작했다. 1796년 5월 14일, 어느 정도 이유를 알아낸 제너는 우두를 방금 앓은 세어러 넬머스라는 젊은 여자의 손을 보았다. 우유를 짜는 그 여자의 손에 생긴 흉터에서 우두를 뽑았고, 그것을 여덟 살 난 정원사의 아들 제임스 핍스에게 접종하였다. 세어러 넬머스에게 우두 바이러스를 감염시켰던 블러섬이란 젖소의 가죽은 지금 런던 세인트조지 의학대학에 전시되어 있다.

어린 제임스 핍스는 미열이 나고 약간의 병변이 나타났지만 그 정도가 전부였다. 제임스 핍스가 완전히 회복되자 제너는 이번에는 핍스에게 소량의 천연두 바이러스를 접종했다.[1] 천연두 증세는 전혀 나타나지 않았다. 그 후 제너가 다른 사람들을 대상으로 반복 실험해서 얻는 결과는 인류 역사에서 가장 위대한 발견의 하나가 되기에 충분했다. 제너는 인류에게 최악의 천형이었던 천연두를 예방하는 백신을 개발해냈다. 일부 역사학자의 평가에 따르면, 천연두 백신은 역사에서 어떤 발견보다 많은 생명을 구한 최고의 발견이었다.

제너의 연구 결과로 탄생한 백신은 결국 이 땅에서 천연두를 박멸하는 위업을 달성했다. 천연두가 박멸되었다는 걸 인증하는 원본 문서들 중 하나를 보았던 때가 지금도 내 기억에 생생하다. 세계보건기구에서 천연두 박멸 캠페인을 주도한 도널드 헨더슨Donald A. Henderson의 존스홉킨스대학교 연구실이었다. 내가 중앙아프리카에서 집단 발병을 감시하는 작업을 시작하는 데 필요한 장비와 물품을 쌓아둘 곳을 찾자, 헨더슨은 사용하지 않는 널찍한 연구실 하나를 친절하게도 나에게 빌려주었다. 나는 그 인증서를 보면서, 천연두의 박멸이 얼마나 중요했고 어떻게 이루어졌는지 다시 생각하는 기회를 가졌다.

우리는 천연두의 박멸이 백신 덕분이라고 흔히 생각한다. 그러나 이 부분에 대해 좀 더 깊이 생각해볼 필요가 있다. 우리에게 '천연두 박멸'이라는 승리를 안겨주었던 백신은 실제로 순수한 바이러스였다. 우리는 그 바이러스를 제대로 이용하고 활용했을 뿐이다. 게다가 '백신vaccine'이란 단어도 라틴어에서 우두를 뜻하는 바리올레 바키네 variolae vaccinae에서 유래한 것이다. 바리올레는 '두창'을 뜻하고 '바키네'는 '소의'라는 뜻이다. 달리 말하면 백신이란 개념은 어떤 바이러스를 생산적으로 이용해서 다른 바이러스와 싸운다는 뜻이다.

우두는 면역력을 갖게 할 정도로 천연두와 상당히 가깝지만, 질병을 일으키지 않는다는 점에서는 천연두와 완전히 다르다. 이런 이유에서 우두는 천연두와 싸우는 궁극적인 무기가 되고, 우리에게 죽음을 유발하지 않고 면역력을 키워준다. 따라서 우두에 살짝 감염된 사람들은 천연두로부터 안전하게 보호 받는다. 백신의 효과가 바로 그런 것이다.

نحن أعضاء اللجنة العالمية للإشهاد الرسمي باستئصال
الجدري نشهد بأنه قد تم استئصال الجدري من العالم.

WE, THE MEMBERS OF THE GLOBAL COMMISSION FOR THE
CERTIFICATION OF SMALLPOX ERADICATION, CERTIFY
THAT SMALLPOX HAS BEEN ERADICATED FROM THE WORLD.

NOUS, MEMBRES DE LA
COMMISSION MONDIALE
POUR LA CERTIFICATION
DE L'ERADICATION DE
LA VARIOLE, CERTIFIONS
QUE L'ERADICATION DE
LA VARIOLE A ÉTÉ RÉA-
LISÉE DANS LE MONDE
ENTIER.

我们，全球扑灭天花证实委员会委员，
证实扑灭天花已经在全世界实现。

МЫ, ЧЛЕНЫ
ГЛОБАЛЬНОЙ
КОМИССИИ ПО
СЕРТИФИКАЦИИ
ЛИКВИДАЦИИ ОСПЫ,
НАСТОЯЩИМ
ПОДТВЕРЖДАЕМ, ЧТО
ОСПЫ В МИРЕ БОЛЬШЕ
НЕТ.

NOSOTROS, MIEMBROS DE LA COMISION MUNDIAL PARA LA CERTI-
FICACION DE LA ERRADICACION DE LA VIRUELA, CERTIFICAMOS
QUE LA VIRUELA HA SIDO ERRADICADA EN TODO EL MUNDO.

1979년 12월 9일, 세계천연두박멸인증위원회가 제네바에서 서명한 인증서

백신을 인간의 창조적 산물이라 생각할 수도 있지만, 일종의 동반
자라고 생각할 수도 있다. 말벌이 자신의 알을 보호하기 위해서 폴리
드나바이러스와 상리공생관계를 맺는 것처럼, 제너는 우두를 이용해
서 우리 자식들을 지킬 수 있다는 걸 깨달았다.

우리는 백신이 인간이 개발한 과학기술의 정교한 결정판이라 생각

하지만, 현재 사용되는 대다수의 백신이 바이러스이거나 바이러스의 일부이다. 일부 백신은 천연두 백신처럼 살아 있는 생生바이러스를 이용한 백신이다. 달리 말하면 그런 백신은 한층 치명적인 바이러스로부터 우리를 보호해줄 면역반응을 형성하기 위해서 우리(혹은 동물)에게 접종하는 바이러스에 불과하다.

한편 경구용 소아마비 백신이나 홍역measles과 볼거리mumps와 풍진rubella을 동시에 예방하는 혼합백신인 MMR 백신 등은 감쇠 바이러스attenuated virus 백신이다. 실험실에서 덜 치명적으로 약화시켰지만 실질적으로 똑같은 방식으로 사용되는 살아 있는 바이러스를 이용한 백신이다. 반면에 인플루엔자 백신(독감 백신)은 불활성화 바이러스 백신이다. 우리가 번식하지 못하도록 조작했지만 적절한 면역반응을 끌어낼 수 있는 바이러스를 이용한 백신이다. 불활성화 바이러스도 역시 바이러스인 것은 똑같다. B형간염 백신과 인간유두종 바이러스HPV는 바이러스의 일부를 이용해서 만든 백신이다. 요컨대 백신을 개발하고 생산하는 현대 백신학은 바이러스 자체를 이용해서 다른 바이러스로부터 보호하려는 학문이다. 안전한 바이러스는 우리와 힘을 합해 치명적인 바이러스와 싸우는 좋은 친구인 셈이다.

병원균을 이용해서 전염병으로부터 우리를 효과적으로 지킬 수 있다는 건 분명한 듯하다. 그러나 병원균이 만성질환을 막는 데도 효과가 있을까? 이런 의문에 대한 대답은 요즘 들어 점점 긍정적으로 변해가고 있다.

공중보건학 개론에서는 전염병과 만성질환을 엄격하게 구분한다.

HIV, 독감, 말라리아는 전염병인 반면에 암과 심장병 및 정신질환은 만성질환에 포함된다. 하지만 이런 구분이 항상 정확하게 맞아떨어지는 것은 아니다.

1842년 이탈리아 의사인 도메니코 리고니 스테른Domenico Rigoni-Stern 은 고향인 베로나에서 자궁경부암의 다양한 패턴을 면밀히 관찰했다. 리고니 스테른은 특히 기혼여성에 비해 수녀의 자궁경부암 발병률이 눈에 띄게 낮다는 사실에 주목했다. 또한 첫 성교의 연령과 난잡한 성행위 등과 같은 행동요인들이 자궁경부암의 빈도와 밀접한 관계가 있는 듯하다는 사실에 주목했다.

결국 성행위 자체가 자궁경부암의 원인은 아닌 것으로 밝혀졌지만, 리고니 스테른이 추적한 과정은 정확했다. 당시 젊은 과학자였던 프랜시스 페이턴 라우스Francis Peyton Rous, 1879~1970는 록펠러 의학연구소(현재 록펠러대학교)에서 재직하던 1911년, 닭의 종양에서 떼어낸 조직을 건강한 닭들에게 주입했다. 그리고 주입된 조직이 건강한 닭들에게서 동일한 유형의 암을 유발했다는 사실을 밝혀냈다. 암이 전염된 것이었다! 문제의 닭에서 암을 유발했던 그 바이러스—발견자의 이름을 따서 라우스 육종바이러스Rous sarcoma virus라 부른다—는 어떤 암을 유발하는 것으로 증명된 최초의 바이러스였다. 이 바이러스를 발견한 공로로 라우스는 노벨상을 받았다. 그러나 라우스 육종바이러스는 암과 관련이 있는 것으로 밝혀진 처음이자 마지막 바이러스가 아니었다.[2]

1970년대 독일 의사이며 바이러스 학자였던 하랄트 추어 하우젠

프랜시스 페이턴 라우스 박사(1966년)

Harald zur Hausen, 1936~2008은 자궁경부암의 원인에 대해 이상한 예감이 들었다. 리고니 스테른과 라우스의 연구를 근거로, 추어 하우젠은 자궁경부암의 원인이 감염균일지도 모른다는 생각이 들었다. 당시 과학자들은 단순헤르페스 바이러스가 자궁경부암의 원인이라 생각했지만, 추어 하우젠은 곤지름genital warts을 유발하는 바이러스, 즉 유두종 바이러스가 범인일 가능성이 크다고 믿었다. 추어 하우젠과 그의 동료들은 다양한 유형의 곤지름에서 다양한 인간유두종 바이러스를 찾아내고, 이 바이러스가 자궁경부암에 걸린 여성의 생체에서 얻은 조직 표본에서도 발견되는지 조사하였다. 1970년대 말을 이 연구로 보냈던 그는 마침내 1980년대 초에 기본적인 사실을 파악하게 되었다. 두 종류의 유두종 바이러스, 즉 HPV-16과 HPV-18이 조직 표본에서 높은 비율로 발견되었던 것이다. 현재 자궁경부암의 70퍼센트가 이 두 종류의 바이러스 탓으로 여겨진다.

라우스처럼 추어 하우젠도 그 획기적인 발견으로 노벨상을 받았다. 그들이 토대를 놓은 덕분에 자궁경부암 예방백신이 개발될 수 있었다. 2006년 6월, 미국 제약회사 머크는 미국 식품의약국Food and Drug Administration, FDA으로부터 인간유두종 바이러스 백신 '가다실'을 시판해도 좋다는 승인을 받았다. 앞에서 언급한 다른 백신들과 마찬가지로 가다실은, 접종 받은 사람이 훗날 실제 바이러스와 접촉하더라도 감염되지 않도록 면역반응을 끌어내기 위해서 인간유두종 바이러스의 핵심적인 성분들을 이용한 백신이었다. 가다실의 경우에는 실제 바이러스와 비슷하게 보이지만, 실제 유전물질을 전혀 지니지 않아 스스로 복제할 수 없는 바이러스 유사입자virus-like particle, VLP를 이용한 백신이다. 이런 백신도 효과가 있다. 자궁경부암을 일으키는 인간유두종 바이러스에 감염되지 않도록 예방함으로써 가다실은 그 치명적인 암으로부터 많은 여성을 지켜주고 있다.

만성질환들은 치료하기 어려운 것으로 악명이 높다. 암이든 심장병이든 정신질환이든 치료를 받아도 예전 상태로 돌아가기 힘들다. 게다가 치료법이 전혀 없는 경우도 많다. 어떤 만성질환의 원인이 병원균으로 밝혀지면 치료법과 예방법이 극적으로 향상된다. 예컨대 자궁경부암은 인체에 많은 손상을 주지만 과거에는 효과를 기대하기 어려웠던 치료법만이 존재했던 만성질병이었다. 하지만 백신이 개발되면서 예방까지 가능하게 되었다. 따라서 만성질환의 예방법을 알아내려면 관련된 병원균을 찾아내는 길이 가장 빠른 지름길이다. 관련된 병원균을 찾아내면 치료법을 알아내는 것도 요원한 목표만은 아니다.

자궁경부암이 병원균에서 야기되는 유일한 만성질환은 아니다. 간암은 B형간염 바이러스와 C형간염 바이러스가 원인일 수 있다. 요즘 과학자들은 암으로 사망하는 미국 남성 중 가장 높은 비율을 차지하는 전립선암의 원인이 XMRV_{xenotropic murine leukemia virus-related virus, 친이종 쥐류 백혈병 바이러스와 관련된 바이러스}라는 바이러스일 가능성에 대해 연구하고 있다. 위궤양은 헬리코박터 파일로리라는 박테리아가 원인일 수 있다. 또한 9장에서 다룬 것처럼 우리가 중앙아프리카에서 함께 일했던 수렵꾼들에게서 발견했던 바이러스과 림프친화 바이러스 중 일부 유형은 백혈병을 유발하는 것으로 밝혀졌다.

미국에서는 사망 원인의 3분의 1을 차지하고, 전 세계에서도 많은 사람의 목숨을 앗아가는 심장질환에도 병원균적 요소가 있다. 미국의 진화생물학자 폴 이왈드_{Paul Ewald}는 병원균과 만성질환의 관련성을 연구한 논문에서, 클라미디아 프네우모니에_{Chlamydia Pneumoniae}와 환경 요인들의 상호작용이 심장마비와 뇌졸중을 비롯한 심혈관 질환의 원인일 가능성이 크다고 지적했다.

그밖에도 바이러스가 원인으로 의심되지만 아직 확인되지 않은 만성질환들이 적지 않은데, 이는 열정적인 과학자들에게는 안성맞춤인 연구과제들이다. 1형 당뇨환자의 분포에서도 병원균의 관련성이 의심되지만, 지금까지 확인된 병원균은 전혀 없다. 내 연구팀은 국립암 연구소에서 보조금을 받아 다양한 암의 종양 표본에서 바이러스를 찾아내기 위한 연구를 시작했다. 현재로서는 탐색전에 불과한 연구지만, 우리가 뭔가를 찾아낸다면 그 잠재적인 혜택은 무궁무진할 것이다.

암세포만 골라 죽이는 바이러스

일부 정신질환도 병원균의 감염이 원인일 수 있다. 앞에서 말했듯이, 병원균은 우리 행동에 영향을 미칠 수 있다. 톡소플라스마는 설치동물의 뇌에 기생하며 특정한 신경회로에 영향을 주어, 고양이에 대한 두려움을 떨어뜨림으로써 굶주린 고양이의 배 속에서 자신의 생명주기를 끝낼 가능성을 높인다. 공수병에 걸리면 물을 두려워하고 공격성이 강해진다. 따라서 타액에 바이러스가 모여서 누군가를 물면 바이러스가 쉽게 옮겨갈 수 있다.

이런 예에서 보듯이 병원균이 인간이나 동물의 행동에 영향을 미친다는 것은 분명하지만, 병원균이 정신질환에도 상당한 역할을 할 거라는 생각은 상당히 대담한 가정이다. 이것은 존스홉킨스 의과대학교의 로버트 욜켄Robert Yolken이 수년 전부터 집중적으로 연구하고 있는 핵심과제이기도 하다. 욜켄은 양극성장애, 자폐증, 정신분열병을 비롯해 다양한 장애를 연구대상으로 삼아 정밀하게 분석하며, 병원균과 어떤 식으로든 관계가 있는지 알아내려 애쓰고 있다. 그의 주된 연구대상은 정신분열병이다.

정신분열병은 병원균과의 관련성에 대한 논의에서 거의 빠지지 않는 듯하다. 오래전부터 과학자들은 탄생한 계절과 정신분열병의 관련성에 주목해 왔다. 예컨대 겨울에 태어난 아이들이 다른 계절에 태어난 아이들에 비해 정신분열병을 앓을 가능성이 높다는 것이다. 이런 발견에서, 독감 같은 겨울철 질환이 산모나 아기를 감염시킴으로써 정신분열병에 쉽게 걸리게 할 수 있을 거라는 가정이 있었지만 그 결과는 아직까지 정확히 밝혀지지 않았다.

욜켄은 얼마 전부터 톡소플라스마 곤디, 간단히 말해서 톡소플라스마에 주목하기 시작했다. 욜켄을 비롯한 이 분야의 과학자들은 이 기생충이 정신분열병이란 파괴적인 정신질환에서 어떤 역할을 한다는 증거, 물론 결정적이지는 않지만 상당히 그럴듯한 증거를 찾아냈다.[3] 또 다수의 연구에서 정신분열병과 톡소플라스마에 대한 항체 사이의 상관관계가 밝혀졌다. 톡소플라스마로 인한 질병에 걸린 성인이 심리적 부작용을 겪은 사례들도 발표되었다. 정신분열병을 치료하는 데 사용되는 약제들이 실험실 세포배양에서 톡소플라스마에 효과가 있다는 것이 확인되기도 했다. 정신분열병에 걸린 사람들이 그렇지 않은 사람들에 비해 고양이에 더 자주 노출되었다는 관찰 결과들도 있었다. 이런저런 연구 결과를 종합해보면 어떤 연결고리가 찾아진다. 정신분열병은 유전자가 중요한 역할을 하는 질병이어서 톡소플라스마라는 기생충이 정신분열병의 모든 사례에 관련되었을 가능성은 거의 없다. 그러므로 그 연결고리가 무엇인지 찾아내려면 아직도 많은 난관을 이겨내야 한다.

복합적이고 논란이 많아 약간 미스터리한 장애, 즉 만성피로증후군Chronic Fatigue Syndrome, CFS의 원인도 바이러스일 거라는 추측이 있다. 만성피로증후군은 아직 원인이 밝혀지지 않은 질병이며, 심신쇠약, 극심한 피로, 근육통, 두통, 집중력 저하 등 다양한 증상으로 나타난다. 기말시험을 준비하느라 밤샘을 했거나, 체육관에서 강도 높게 훈련한 사람이면 이런 증상들을 당연하고 흔한 증상이라 생각하기 쉽다. 게다가 이런 증상들은 다른 질병들에서도 흔히 나타나기 때문에 딱히 만성피로증후군을 원인이라 진단하기도 힘들다. 따라서 의학 전문가들은 CFS가 고유한 질병이 확실한지의 여부를 두고 오랫동안 논쟁을 벌였다.

하지만 최근에 발표된 연구들은 CFS가 고유한 질병이라고 주장하는 쪽의 손을 들어주는 분위기이다. 서로 모순된 결과를 담은 논문들이 그동안 오갔지만, CFS와 쥐류백혈병 바이러스Murine Leukemia Virus, MLV의 상관관계를 밝힌 논문이 2010년 8월에 발표되었다. CFS와 MLV의 인과관계까지 확인하려면 더 많은 연구가 필요하지만, 상관관계의 발견만으로도 많은 학자에게 희망을 주었다.

암과 마찬가지로, 정신분열병이나 만성피로증후군이 병원균으로 확인되면 새로운 진단법과 치료법이 신속하게 개발될 수 있다. 환자만이 아니라 가족에게도 큰 고통과 불편을 야기하는 이런 만성질환들을 예방하는 백신의 개발도 가능하다. 자궁경부암의 경우, 대다수의 발병 원인이 인간유두종 바이러스가 원인으로 밝혀진 덕분에 그

로버트 욜켄 박사와 그의 연구대상인 고양이

치명적인 암을 예방하는 백신이 개발될 수 있었다. 정신분열병이나 만성피로증후군도 병원균에 의한 발병률이 그렇게 높을 것이란 보장은 없다. 만약 이 만성질환으로 고통 받는 환자의 1퍼센트만이 바이러스가 원인이라면, 관련성이 무척 복잡해서 연결고리를 찾기가 더욱 힘들 것이다.

그래도 노력해볼 만한 가치는 있다. 아직까지 적절한 치료법이 없는 만성질환이 많다. 그러나 병원균의 백신과 약물을 개발하는 우리 역량은 상상을 초월하는 수준이다. 정신분열병이나 심장질환을 예방하는 백신을 개발해서 당신이나 당신 자식에게 접종하고 싶지 않은가? 그 질병의 여러 원인 중 하나만으로부터 보호 받을 수 있더라도 말이다. 언젠가 그런 날이 오리라 믿는다.

병원균을 이용해서 다른 병원균에서 비롯되는 질병을 예방한다는 것도 경이롭다. 그러나 질병과 관련된 병원균을 직접 이용해서 해당 질병을 해결할 수 있다면 어떻게 되겠는가? 바이러스 치료법 virotheraphy이란 신생분야에서 이 방법을 집중적으로 연구하고 있다.

모든 바이러스는 생명주기의 일환으로 세포를 감염시킨다. 그러나 세포를 무작위로 감염시키지는 않는다. 앞서 밝혔듯이 바이러스들은 자물쇠와 열쇠 시스템을 이용해서 세포를 감염시킨다. 달리 말하면 목표로 삼은 세포 표면에 특수한 단백질을 지닌 세포, 즉 세포 수용체를 지닌 세포에 침입한다. 예컨대 암에 걸린 세포만을 표적으로 삼아 감염시키는 바이러스가 존재한다면, 이론적으로 그 바이러스는 암세포를 태워버릴 수 있을 것이고, 그 과정에서 암까지 죽일 수 있을 것이다. 물론 그 바이러스들이 암세포를 깡그리 죽이고 난 후에는 더 이상 감염시킬 것이 없어 하나씩 죽어간다면 가장 바람직한 경우일 것이다.

그런데 실제로 그런 바이러스가 존재한다. 세네카밸리 바이러스 Seneca Valley virus는 자연에 존재하는 바이러스로, 신경계와 내분비계의 경계면에서 살아가는 종양세포를 공격하는 듯하다. 이 바이러스가 종양세포에서 번식하면 용균lysis(세균과 반응하여 그 세균을 사멸시키고 용해시키는 작용─옮긴이)을 유발하거나, 종양세포를 파열시켜 죽인다. 이렇게 종양세포 하나를 파괴한 후에는 다른 종양세포에 침입해서 똑같은 과정을 반복한다. 정말 친절한 바이러스가 아닐 수 없다!

세네카밸리 바이러스는 펜실베이니아의 세네카밸리에 있는 한 생명공학회사의 연구실에서 발견되었다. 처음에 이 바이러스는 실험실에서 흔히 사용하던 소나 돼지의 세포배양을 오염시키는 방해꾼이었다. 이 바이러스를 분리해내자 이것이 피코르나 바이러스과에 속한 새로운 바이러스인 것으로 확인되었다. 예컨대 소아마비 바이러스가 속한 바이러스과의 일종이었다. 그런데 시험 결과 놀랍게도 이 바이러스가 신경내분비계에서 암에 걸린 세포를 선택적으로 찾아내는 능력을 지녔지만, 건강한 세포를 감염시키지 않는다는 사실이 밝혀졌다. 종의 경계를 넘나드는 바이러스가 모두 해를 끼치는 건 아니라는 걸 확실히 재인식시켜주는 바이러스이다.

세네카밸리 바이러스만이 그런 것은 아니다. 지금은 소수이지만 점점 늘어가는 바이러스 치료법 연구자들은 다양한 바이러스, 예컨대 헤르페스 바이러스, 아데노 바이러스(감기를 유발하는 바이러스), 홍역 바이러스 등을 이용해서 암을 치료할 수 있는 바이러스 치료법을 개발하려 한다. 현재까지는 바이오벡스라는 생명공학회사가 개발한 헤르페스 바이러스 치료법이 두경부암head and neck cancer을 통제하는 역량을 확정하기 위한 시험의 마지막 단계에 진입해 있다. 아마도 가장 앞선 듯하다. 시험 결과가 아직 공개되지 않았지만, 〈포춘〉이 선정한 500대 생명공학회사인 암젠이 바이오벡스를 인수하기 위해 마지막 협상 단계에 들어갔다고 전해진다(이 책은 2011년 1월 미국에서 초판이 발행되었다. 그리고 암젠은 바이오벡스의 인수를 2011년 1월 말에 완료했다—옮긴이).

바이러스는 박테리아도 병들게 할 수 있다

다른 바이러스를 해치는 바이러스가 있을까?

대표적인 예가 5장에서 잠시 언급했고 인체에서 높은 비율로 발견되는 'GB바이러스 C'라는 유난히 작은 바이러스이다. 이름마저 이상하게 들리는 이 바이러스는 C형간염 바이러스와 같은 과이지만, 우리를 죽이지 않는 바이러스인 것은 분명하다. 오히려 우리 목숨을 구할 수 있는 바이러스다.

2004년 세계 최고 권위를 자랑하는 의학학술지 〈뉴잉글랜드 의학저널〉에, GB바이러스 C가 HIV에 감염된 사람의 수명을 연장시킬 수 있다는 걸 입증한 논문이 발표되었다. HIV에 감염된 환자들을 5~6년 후에 조사했을 때, GB바이러스 C에 감염된 환자에 비해 GB바이러스 C가 전혀 발견되지 않은 환자의 사망률이 거의 3배나 높았다는 것이다. GB바이러스 C가 어떻게 작용해서 에이즈 환자의 수명이 연장되었는지는 아직 확실치 않지만, 이 바이러스가 HIV를 직접적으로 해치는 것만은 분명한 듯하다. 그 메커니즘이 무엇이든 간에 GB바이러스 C라는 작은 생명체 덕분에 에이즈라는 판데믹의 와중에서 수백만 명이 목숨을 연장해왔던 것으로 여겨진다.

바이러스는 다른 종류의 병원균을 해칠 수도 있다. 예컨대 박테리아도 병들게 할 수 있다. 여하튼 바이러스는 박테리아, 기생충, 포유동물 등 온갖 유형의 세포생물을 감염시킨다. 1장에서 언급했듯이 문외한들은 병원균들을 하나의 동질적인 개체군으로 생각하는 경향이 있지만, 그런 생각은 완전히 잘못된 것이다. 세포를 토대로 한 생물들(박테리아, 기생충, 균류, 동물과 식물 등)과 바이러스의 관계보다, 세포생물들 간의 관계가 더 가깝고 밀접하다.[4] 게다가 기생충은 진핵생물이라 칭해지는 생물에 속하기 때문에 인간과의 관계에서 박테리아보다 더 가깝다.

현재 텍사스 생명공학연구소에 근무하고 있지만, 하버드대학교 시절에는 바이러스 학자로 명성을 떨쳤던 진 패터슨Jean Patterson은 1980년대 중반부터 기생충에 관심을 갖기 시작했다. 주된 연구 분야는 바이러스였지만, 패터슨은 원생동물protozoan이라 불리는 기생충군에 관심을 갖게 되었다. 말라리아 원충, 모래파리에게 물릴 때 인간에게 전이되는 해로운 원충인 리슈만편모충leishmania 등이 이 기생충군에 속한다. 패터슨은 이 기생충들이 자신들의 유전정보를 어떻게 해석해서 행동에 옮기는지 알아내고 싶었고, 급기야 이 흥미로운 기생충들을 감염시킬 수 있는 바이러스까지 찾아내기 위해 집념을 불태웠다.

마침내 1988년 패터슨과 그녀의 동료들은 리슈만편모충을 자연 상태에서 감염시키는 작은 바이러스를 찾아냈다. 그들은 이 기생충군에서 바이러스를 찾아낸 최초의 연구팀이었다. 기생충을 감염시키는 바이러스들을 찾아내면, 기생충을 바이러스로 치료하는 방법이 자연스럽게 개발될 수 있을 것이다. 암을 죽이는 바이러스와 마찬가지로, 기생충을 감염시키는 바이러스도 얼마든지 효과적이고 안전하게 이용할 수 있다.

나는 개인적으로 원생동물 기생충, 즉 원충을 연구하는 데 상당한 시간을 보냈다. 처음에는 박사학위 학생으로 수의학 전공자들인 빌리 카레슈, 아넬리사 킬번, 에드윈 보시와 함께 말레이시아령 보르네오에서 작업하던 때였다. 당시 우리는 야생과 동물원의 오랑우탄들을 대상으로 말라리아 원충을 연구했다.[5] 그 후로는 3장에서도 언급했듯이 중앙아프리카에서 말라리아의 기원을 추적했다. 유인원 말라리아 원충이 담긴 우리 채취병들 중 어딘가에 말라리아 원충을 감염시키는 새로운 바이러스가 숨어 있을까? 인간에게는 치명적인 말라리아 원충인 플라스모디움 팔시파룸을 죽일 수 있는 바이러스가 숨어 있지 않을까?

대부분의 사람은 병원균에 대해 생각할 때, 인간과 세균의 전쟁이란 틀에서 벗어나지 못한다. 하지만 조금만 창의적으로 생각하면 병원균들 간의 전쟁을 어렵지 않게 떠올릴 수 있다. 게다가 현실은 그보다 훨씬 더 흥미진진하다. 우리는 무궁무진하게 다양한 병원균들이 형성한 공동체의 일부에 불과하다. 그 공동체에서 병원균들은 자기들끼리, 또 우리와 싸우고 협조하며 살아간다.

우리 몸을 생각해보자. 머리부터 발끝 사이에서 10개의 세포 중 하나만이 인간이다. 나머지 9개는 우리 피부를 뒤덮거나 우리 내장에서 살아가며, 우리 입안에서 번성하는 박테리아 덩어리들이다. 유전정보의 다양성을 이런 식으로 비교하면, 피부와 체내에 존재하는 1,000개의 유전정보 중 하나만이 인간의 것에 불과하다. 그에 비해 박테리아와 바이러스는 수천 종에 달해 어디에서나 수적으로 인간 유전자를 훌쩍 넘어선다.

우리 몸에 존재하는 박테리아, 바이러스 등 모든 병원균을 합해서 미생물상microbiota이라 칭하고, 그 병원균들의 유전정보를 모두 합해서는 미생물군계microbiome라 칭한다. 5년 전부터 인간 미생물군계를 연구하는 새로운 과학이 눈부시게 발전했다. 수천 종류의 병원균을 개별적으로 배양하는 거의 불가능한 일을 건너뛰게 해주는 새로운 분자 기법들의 등장에 힘입어, 과학자들은 우리 몸 전체에서 인간 세포와 병원균 세포를 구성하는 것들이 무엇인지 신속하고 정확하게 파악하고 있다.

속속 밝혀지는 결과들은 흥미진진하다. 우리 내장은 병원균들의 복잡한 군집들로 가득하고, 대다수의 병원균들이 비유해서 말하면 '장기 거주자'들이다. 그 병원균들은 무임 승객들이 아니다. 우리가 섭취하는 식물성 물질이 소화되려면 박테리아와 박테리아 효소가 필요하다. 인간 효소만으로는 식물성 물질을 소화할 수 없다. 병원균 군집이 어떻게 구조화되느냐에 따라서 결과가 엄청나게 달라진다.

미국의 생물학자 제프 고든Jeff Gordon은 제자들과 박사학위를 취득한 연구자들(그들 중 다수가 지금은 교수로 활동하고 있다)의 도움을 받아, 우리 내장에 존재하는 병원균 군집들이 무척 중요하다는 걸 입증해냈다. 예컨대 박테로이데테스Bacteroidetes라는 특수한 박테리아군群의 상대적으로 낮은 비율과 관계가 있다는 걸 밝혀냈다.

고든 연구팀은 비만자들의 미생물상이 똑같은 음식에서 얻을 수 있는 열량을 증가시킨다는 것도 입증했다. 게다가 정상적인 생쥐의 장내 미생물상을 비만인 생쥐의 미생물상으로 교체하면, 정상적인 생쥐의 체중이 눈에 띄게 증가한다는 사실까지 밝혀냈다. 간단히 말하면, 우리 내장에 기생하는 박테리아가 비만과 중대한 관련이 있다는 뜻이다. 자궁경부암의 경우에서 보았듯이, 어떤 만성질환의 원인이 병원균이면 그 질환을 상대적으로 쉽게 해결할 수 있는 가능성이 열린 것이다. 언젠가 우리는 활생균probiotics과 항생물질을 결합함으로써, 우리 내장의 미생물상을 신중하게 교체해서 건강한 체중을 유지할 수 있는 방법을 찾아낼 것이다.

우리가 치명적인 병원균들에 영향을 받는 정도에서도 우리 내장에 우글거리는 미생물 군집들이 적잖은 역할을 한다고 해서 놀랄 것은 없다. 식중독의 주된 원인 중 하나인 치명적인 박테리아, 살모넬라균에 의한 식중독의 경우, 가장 큰 위험인자는 안전하지 않은 달걀의 섭취와 항생제의 사용으로 한동안 여겨졌었다. 살모넬라균에 감염된 닭은 달걀까지 감염시킬 수 있기 때문에 달걀의 섭취가 위험할 수 있다고 고개가 끄덕여지지만, 항생제의 사용이 위험인자로 꼽힌 이유는 그야말로 미스터리였다.

장내 미생물군계에 대한 최근 연구에서 그 미스터리가 조금이나마 풀릴 듯하다. 스탠퍼드대학교의 저스틴 소넨버그Justin Sonnenburg 교수가 그 미스터리를 풀기 위한 중요한 실험을 시작했다. 그는 실험실에서 무균 생쥐들을 키우고 있었는데, 이 무균 생쥐들은 완전히 멸균된 환경에서 살아간다. 녀석들은 압력솥에서 살균되어 병원균이 완전히 제거된 음식만을 섭취한다. 따라서 미생물들이 숙주의 장내에서 다양한 미생물상을 만들어내는 정확한 결정요인들을 찾아내기에 완벽한 표본들이다.

항생제 사용이 이로운 병원균을 죽이며, 우리 장내의 병원균들이 살모넬라균처럼 새로운 파괴적인 세균을 대비하는 자연방어막을 허물어뜨린다는 의심은 오래전부터 있었다. 하지만 그 과정이 어떻게 진행되는지는 아직도 명확하지 않다. 소넨버그의 실험실에서 시도되는 작업이 조만간 그 해답을 우리에게 전해주리라 믿는다.

우리를 돕고 지켜주며, 체내에 조용히 살면서 아무런 피해를 주지 않는 친절한 병원균들이 있다. 물론 우리 몸밖에도 선량한 병원균들이 있다. 우리 몸 안에, 혹은 자연 환경에 존재하는 어떤 병원균이 우리에게 이롭고, 어떤 병원균이 악당인지 정확히 알아낼 수 있다면 대부분이 뜻밖의 사실에 깜짝 놀랄 것이다. 해로운 병원균이 소수에 불과하다는 게 거의 확실하기 때문이다. 따라서 공중보건이 완전히 멸균된 세계를 목표로 해야 할 이유는 전혀 없다.

해로운 병원균을 찾아내서 통제하겠다는 목표이면 충분하다. 음흉하고 해로운 병원균들을 척결하는 지름길은 이로운 병원균들을 왕성하게 키워내는 것일 수 있다. 가까운 장래에 우리는 체내에 기생하는 병원균들을 죽이려고 애쓰기보다는, 그런 병원균들을 활성화하는 방식으로 악랄한 병원균들로부터 우리 몸을 지킬지도 모른다.

맺는글_**최후의 역병**

THE LAST PLAGUE

환히 불이 밝혀지고, 벽이 하얗게 회칠된 널찍한 방은 혼란스러우면서도 이상하게 정돈되어 보인다. 모자가 달린 셔츠와 운동화가 실리콘밸리의 유니폼인 양 가볍게 차려입은 젊은이들이 구부정한 자세로 노트북을 들여다보며 전화통화를 하고, 전혀 상관없어 보이는 엄청난 양의 자료들을 뒤섞고 분석하는 동시에, 즉석에서 메시지나 파일을 주고받기도 한다. 벽에 빼곡히 걸린 커다란 모니터들에는 지도가 가득하고, 최근 소식이 쉴 새 없이 흘러간다.

창문은 어디에도 없어 지금이 낮인지 밤인지도 구분하기 어렵다. 버려진 커피 컵과 정크푸드 포장지로도 시간을 가늠하기 어렵다. 때때로 그들보다 나이가 많아 보이고 양복을 깔끔하게 차려입은 사람들이 들어와 잠시 이야기를 나누고는 서둘러 사라진다. 그들의 말을 엿듣자 그곳의 목적이 어렴풋이 드러난다. 이곳은 전 세계를 대상으로 새로운 질병의 출현을 24시간 감시하는 상황실이다.

현재 이 캘리포니아 통제실의 주된 감시 지역은 나이지리아, 두바이, 수리남이다. 그곳들에서 수집된 자료들에서 보내는 신호의 위험 수준이 '상시 경계'로 상승했기 때문이다. 달리 말하면 상황팀 인력의 20퍼센트가 현장 팀원들과 지속적으로 접촉하며 더 많은 자료를 수집하고, 해당 지역 및 국제보건 담당자들과 대화해야 한다는 뜻이다. 수리남의 경우는 이미 뉴스로도 발표되었다. 지난 24시간 동안 병원에 입원하는 환자의 수가 급격하게 증가했고, 한 지역 신문에서는 콜레라가 의심된다는 기사까지 내보냈다. 나이지리아와 두바이의 경우도 상황실에서 면밀하게 추적하고 있지만, 아직 언론에 공개되지는 않았다. 하지만 곧 공개해야 할 듯한 분위기이다.

젊은 분석가들 중 한 명을 유심히 관찰하자, 그녀가 어떤 자료를 처리하고 있는지 어렵지 않게 짐작할 수 있다. 질병 자료이다. 휴대폰을 이용한 전자의료기록 시스템에는 라고스에서부터 전송되어 오는 '주된 증상'들의 빈도가 나타나는데, 그녀는 세 개의 모니터를 통해 이를 추적한다. 휴대폰 사용자들이 고열이라고 보고하는 빈도가 30시간 전부터 기준선에서 꾸준히 상승하는 추세이고, 처방전 없이 약국에서 구입할 수 있는 해열제와 안정제의 판매량도 증가해서 두 현상이 맞아떨어진다.

트위터와 구글에서 언급되는 급성 바이러스 질환과 관련된 단어들의 추세도 비슷하다. 사람들이 아프다면서 전염병을 언급한다. 중앙 아프리카 야운데 본부에서 근무하는 그녀의 동료들은 수시간 전부터 전화를 붙들고 진료소와 통화하느라 정신이 없다. 실험실의 분석 결과들이 속속 도착하지만, 유력한 용의자들과는 관계가 없는 것으로 밝혀졌다. 요컨대 범인은 말라리아도 아니고 장티푸스도 아니다. 마르부르크 바이러스Marburg virus도 아니고 에볼라 바이러스도 아니다.

우리 분석가는 또 하나의 모니터를 들여다보며, 스카이프 프로그램을 이용해 해커팀의 누군가와 음성으로 통화한다. 그들은 자료보관소를 라고스의 실험실로 연결한다. 라고스 실험실은 방금 조사 중인 표본에서 얻은 새로운 유전자 자료를 곧바로 전송할 수 있다. 자료가 전송되면 컴퓨터 알고리즘과 생물정보학 전문가들이 투입되어 건초더미에서 바늘 찾기—서아프리카에 많은 인명을 앗아갈 듯한 새로운 바이러스—를 시작할 것이다.

우리 분석가의 직속상관은 상황실 통제관이다. 그는 자료들을 검토해서, 컴퓨터 시스템이 제시하는 등급을 받아들여 최종결정을 내려야 하는 전문가이다. 알고리즘이 제시하는 대로 나이지리아의 등급을 ‘전면 경계’로 상향시켜야 하는가? 두바이에서 아직 분명하진 않지만 생물학적 테러와 관련된 채터가 감지되고 있다. 게다가 두바이의 구매 자료를 분석하면, 누군가 박테리아를 대량으로 배양하는 데 필요한 장비를 구입하고 있는 듯하다. 따라서 나이지리아와 두바이는 서로 관련 있는 것일까? 이 현상은, 보이지 않게 슬금슬금 다가오는 치명적인 병원균을 찾아내기 위해 조사하는 만성질병군의 장기적인 동향과 비교했을 때 분명히 어긋나고 있다. 그런데 이 현상을 일일보고에서 어떻게 진단해야 할까? 여하튼 이 상황실에서는 모든 일이 신속하게 진행되고, 세상을 질병으로부터 구하기 위해 전 세계가 네트워크로 연결되어 있다.

물론 위의 이야기는 허구로 꾸민 픽션이다. 이런 상황실은 없다. 아직까지는!

라고스의 전자의료기록 시스템에서 전송되는 자료도 아직은 없고, 약국의 판매 자료도 아직까지는 제대로 규합되어 정리되지 않는다. 그러나 이런 상황실이 아직은 없지만 우리에게 반드시 필요한 곳이다. 생물학적 위협을 파악하고 분석하며, 그런 위협이 재앙으로 발전하기 전에 포착하는 데 집중하는 혁신적인 조직이 있어야 한다.

나는 이런 상황실에 가장 근접한 곳들을 둘러보았다. H1N1 인플루엔자(돼지독감)가 판데믹으로 발전한 초기에는 미국 질병통제예방센터의 글로벌 질병탐지 및 응급대응팀 팀장인 스콧 두웰Scott Dowell의 도움을 받아 질병통제예방센터의 상황실을 둘러보았다. 당시 팀원들은 멕시코에서 봇물처럼 밀려드는 보고들에 신속하게 대응하고 있었다. 또 세계보건기구가 판데믹을 비롯해 화급하게 대응해야 할 보건문제가 닥쳤을 때 사용하는 상황실도 살펴보았다.

내가 운영하는 조직 '글로벌 바이러스 예보Global Viral Forecasting, GVF'는 세계보건기구 산하에 조직된 집단발병 경보 및 대응을 위한 네트워크Global Outbreak Alert and Response Network, GOARN의 일원이다. 안타깝게도 관료주의적인 절차, 불충한데다 들쑥날쑥한 지원, 먹이사슬에서 위에 있는 사람들의 변덕에 따라 걸핏하면 수정되는 목표 때문에 질병통제예방센터와 세계보건기구는 제 기능을 발휘하지 못하는 실정이다. 이런 조직들이 더 강해져야 한다. 더 많은 지원을 받아 더 좋은 장비로 무장해야 한다. 하지만 그런 때가 오더라도 항상 더 많은 지원과 장비가 필요할 것이다.

바이러스 폭풍이 올 완벽한 조건

이 책을 마무리 짓기 전에 나는 지금까지 우리가 거쳐 온 과정을 다시 돌이켜보고 싶다. 역사와 발전이 우리에게 유리한 방향으로 진행되고 있는가, 오히려 우리를 재앙으로 몰아가고 있는가?

또 나는 바이러스 학자의 입장에서 자주 받은 질문들에게 대답해보려 한다. 감염의 위험을 줄이기 위해서 개인적으로 어떤 방법을 사용해야 하는가? 또 의심스런 질병이 유행할 때, 어떻게 비전문가들은 그 질병이 판데믹인지 생물학적 테러인지 구분할 수 있을까? 우리 인간을 위해 가장 필요한 것은 무엇일까? 위에서 상상해본 미래의 상황실을 실현하기 위해서 우리는 어떻게 해야 할까? 다소 막연한 질문이지만 이 질문에도 최선을 다해 대답해보려 한다.

앞에서 나는 판데믹과 그밖의 병원균 위협과 관련하여 우리의 현재 위치를 대략적으로 제시했다. 특히 병원균의 관점에서 병원균을 설명하고, 우리 역사에서 주된 사건들이 병원균과 우리의 관계에 어떤 영향을 주었는지에 대해서도 살펴보았다.

앞에서도 언급했듯이, 생물의 역사에서 초기에 일어난 몇몇 사건들로 바이러스 폭풍을 위한 완벽한 조건이 갖추어졌다. 예컨대 사냥의 도래로 우리의 생물학적 계통에서 어떤 종이 동물들과 접촉하기 시작했고, 그로 인해 새로운 병원균들이 인류 이전의 조상에게 침입하게 되었다. 그리고 거의 멸종에 가까운 사건이 있은 후로 우리가 병원균들에 대처하기에 미흡한 상황이 닥친 듯하다.

또한 인구가 증가하고 세상이 서로 밀접하게 연결되면서 우리는 조금씩 폭풍의 중심을 향해 다가가고 있다고도 말했다. 동물들의 가축화, 나날이 확대되는 도시화, 경이로운 교통 시스템으로, 지상에서 생명이 탄생한 이후로 모든 개체군이 전례 없이 긴밀하게 연결된 세상이 되었다. 특히 인간은 장기이식과 주사요법을 발명하면서, 병원균이 확산되어 재앙을 불러일으킬 수 있는 완전히 새로운 통로를 열어놓았다.

9장과 10장에서는 점점 증가하는 판데믹의 위협에 대처하기 위해 우리가 활용할 수 있는 현대적 도구들—병원균을 진단하는 새로운 테크놀로지와 인간 공동체를 감시하는 새로운 방법들—에 대해 개략적으로 살펴보았다. 또 이 책의 대부분에서는 우리에게 해로운 병원균들에 대해 주로 소개했지만, 11장에서는 무해한 병원균들을 우리에게 유익한 방향으로 이용하는 방법에 대해 살펴보았다.

미생물학 전문가로서 나는 "감염의 위험을 줄이기 위해서 개인적으로 어떻게 행동하십니까?"라는 질문을 자주 받는다. 첫째로, 귀찮더라도 내 예방 상태에 허점이 없도록 유지한다. 예컨대 말라리아 지역에서 지낼 때는 말라리아 예방주사를 꼬박꼬박 맞는다. 처음부터 그랬던 것은 아니다. 하지만 호된 홍역을 치른 후에야 예방이 얼마나 중요한지를 깨달았다.

겨울철에는 호흡기 질환의 전염경로를 항상 염두에 두고, 호흡기 질환에 걸리지 않으려 애쓴다. 대중교통은 많은 사람이 이용하기 때문에 무척 위험하다. 그래서 지하철이나 비행기에서 내린 후에는 손을 씻거나, 알코올을 기반으로 한 간단한 손세정제를 이용한다. 또한 많은 사람과 악수를 나누면 곧바로 손을 씻거나, 쓸데없이 코나 입을 만지지 않으려고 애써 노력한다. 언제나 깨끗한 음식을 먹고 깨끗한 물을 마시는 것이 중요하다. 안전하지 못한 섹스로 인한 위험을 줄이는 것도 중요하다. 물론 어떤 직업에 종사하고 어디에서 사느냐에 따라 대답은 달라진다. 깨끗한 물과 백신, 효과 있는 말라리아 약과 콘돔이 안타깝게도 아직 보편적이지 않다. 이 정도의 안정장치는 모두를 위해서라도 누구나 쉽게 이용할 수 있어야 한다.

"집단 발병이 발생할 때, 뉴스 보도를 어떻게 받아들이고 위험 정도를 어떻게 판단해야 하는가?"라는 질문도 자주 받는 편이다. 유행병의 몇 가지 특징을 집중적으로 관찰하면 적절한 대답을 구할 수 있을 것이다. 예컨대 병원균이 어떤 식으로 확산되고 있는가? 얼마나 효과적으로 전파되는가? 감염된 사람들의 치사율은 얼마나 되는가? 치사율이 무척 높더라도 확산되지 않는 것처럼 보이면, 이는 반대로 일반적인 치사율이지만 꽤 빠른 속도로 확산되는 판데믹보다는 덜 걱정스러운 일이다. 에볼라 바이러스처럼 무시무시하게 느껴지는 병원균이라고 항상 전 세계를 위험에 빠뜨리지는 않는다. 오히려 인간 유두종 바이러스HPV처럼 유순한 바이러스가 때로는 전 세계를 공포에 빠뜨릴 수 있다. 다행히 확산성과 치사율 같은 기본적인 사실만 파악해도 유행병의 위험을 판단하는 데 도움이 된다.

그러나 당신이 한 곳에서 양질의 삶을 산다고 해서 판데믹의 위험에서 안전할 거라고 생각하면 착각이다. HIV가 전 세계로 확산되면서 인간을 무차별적으로 감염시킨 것은 아니지만, 가난한 사람만이 아니라 부자도 HIV를 피해가지 못했다. HIV는 건강관리를 거의 받지 못하는 사람에게도 악영향을 주었지만, 세계에서 최고의 건강관리를 받는 사람들, 특히 혈우병 환자들에게 치명타를 입혔다. 이처럼 우리 모두는 하나로 이어진 세계에서 살아가고 있다.

'판데믹 예방' 이라는 유일한 목적

나는 전 세계를 돌아다니며 유행병 문제로 강연할 때마다 "예, 알겠습니다. 하지만 겁납니다. 이제부터 우리는 어떻게 해야 합니까?"라는 절박감이 담긴 질문을 흔히 받는다. 미래의 판데믹을 예측하고 예방하는 데 가장 큰 걸림돌 하나를 지적하자면, 판데믹이 느닷없이 닥치기 때문에 예측할 수도 없고 예방할 수도 없다는 선입견이다. 내가 이 책에서 독자들에게 어떤 새로운 정보도 전하지 못했더라도 이 선입견만은 반드시 뿌리 뽑혔기를 바란다. 판데믹의 예측과 예방이 쉽지는 않지만, 지금 당장에도 과학계는 많은 역할을 해내고 있다. 게다가 이 분야가 꾸준히 발전하고 있어, 앞으로는 훨씬 많은 역할을 해낼 수 있을 것이다.

과거에는 판데믹 예방에 대한 공중보건정신이 확립되지 않아 예방 시스템이 비효율적일 수밖에 없었다. 이런 비효율성과 과잉반응을 가장 적절하게 표현해주는 말이 '오늘의 질병disease du jour'이란 표현인 듯하다. 독감의 위협이 있으면 우리는 만사를 제쳐두고 독감이 판데믹으로 발전할 가능성을 줄이는 데 전력을 기울인다. 또 사스가 닥치면 정체불명의 호흡기 질환들에 집중적인 관심을 쏟는다. 이런 사례들을 언급하자면 한도 끝도 없을 것이다.

언젠가 우리는 판데믹의 위험 정도까지 판단하고 예측할 수 있겠지만, 아직은 그 수준에 이르지 못했다. 미래에 닥칠 판데믹의 원인이 원래 동물의 병원균일 것이 거의 확실하다. 우리는 그런 가능성을 지닌 병원균들이 세계의 어느 곳에서 유입될 위험이 높은지도 대략 파악하고 있다. 미래의 판데믹이 독감이나 사스 혹은 우리가 그런대로 알고 있는 전염병일 거라고 속단하지 않는 탄력적인 시스템이 필요하다. 달리 말하면, 포괄적이고 미래지향적인 시스템이 필요하다. 우리가 이미 겪은 특정한 판데믹의 패턴보다, 판데믹 전후와 과정의 일반적인 패턴에 주목하고, 거기에서 우리가 놓친 패턴을 찾아내려 애써야 한다.

그렇다고 현재 범세계적으로 정밀하게 갖추어진 독감 감시시스템을 무시한다는 뜻은 결코 아니다. 또한 전 세계의 계절성 독감 표본에서 얻는 자료를 이용하여 이듬해의 독감 계통을 예측해 백신을 개발하는 데릭 스미스Derek Smith 같은 학자들의 놀라운 업적들을 무시하는 것은 더더욱 아니다. 그러나 탄력적이고 일반적인 시스템이, 이듬해에 곧바로 닥칠 미지의 병원균과 관련된 위험까지는 아니어도, 미래의 독감 위협을 완화하는 데 도움이 된다는 것만은 인정해야 한다.

판데믹 예방의 필요성을 귀찮을 정도로 되풀이한 성과가 조금씩 나타나기 시작했다. 미국국제개발처United States Agency for International Development, USAID 산하의 조류독감 및 새로운 위협 대응반은 미래지향적인 사고방식을 지닌 책임자 데니스 캐럴Dennis Carroll의 지휘 하에, 새로운 판테믹 위협Emerging Pandemic Threats, EPT에 대응하는 범세계적인 역량을 파악하고 개발하기 위한 대규모 프로그램을 발족하였다. 나도 이 프로그램의 일원으로 참여하게 되어 무척 자랑스럽다. 구글Google.org, 스콜세계위협요인기금 등과 같은 조직들도 판데믹의 예측과 예방을 주된 목적으로 선언하며, 테크놀로지적이고 기업가적인 관점에서 이 문제에 접근하기 시작했다.

미국 국방부도 중추적인 역할을 꾸준히 해왔다. 언론은 미국 국방부의 전쟁 행위에 주로 관심을 기울이지만, 범세계적인 차원에서 질병을 추적하고 통제하는 국방부의 시스템은 세계에서 가장 강력한 시스템이라 말해도 과언이 아니다. 국방부 산하에 조직된 국방위협감축국Defense Threat Reduction Agency, DTRA과 육군 보건감시센터Armed Forces Health Surveillance Center, AFHSC 등은 대외적으로 평화유지군을 보호하고 생물학적 테러를 억제하는 조직들로 알려져 있다. 이곳은 판데믹과 싸우는 미생물학자들을 도와 질병의 성격을 파악하고 적절한 처방과 치료법을 찾아내며, 해당 지역에게 질병을 퇴치하는 역량을 키우는 데 필요한 전문적인 지식과 자원을 전폭적으로 지원해왔다.

나는 운이 좋았던지 이런 모든 조직들과 함께 일할 기회가 있었다. 이제는 다른 조직들과도 힘을 합해, 우리는 판데믹 위협에 놓인 지역에서 대응부터 예방까지 패러다임 전체를 뒤바꿔놓는 데 필요한 전략을 구상하기 시작했다. 공중보건을 담당하는 공무원들이 심장질환이나 암 같은 질병도 예방할 수 있다는 제안을 받아들이는 데 걸렸던 시간만큼, 판데믹의 예방도 가능하다는 걸 깨닫는 데 오랜 시간이 걸리지 않기를 바랄 뿐이다. 그러나 아무리 오랜 시간이 걸리더라도 우리는 판데믹의 예방이라는 방향을 향해 단호히 나아가야 한다.

미래의 판데믹을 저지하려는 우리 노력을 방해하는 또 하나의 커다란 걸림돌은 위험에 대한 대중의 어설픈 판단이다. 판데믹 예방 분야에서 초석을 놓은 학자 중 한 명이며, 지금도 여전히 판데믹 예방의 중요성을 역설해온 래리 브릴리언트가 2010년 스콜 세계포럼에서 '위험 판단능력risk literacy'의 중요성에 대해 언급했다. '미래의 판데믹을 저지하는 데 작은 도움을 주려는 바람' 덕분에 권위 있는 TED상을 수상한 브릴리언트는, 과거 구글에서, 그리고 지금은 스콜 세계위협요인기금에서 뛰어난 리더십으로 판데믹 예방운동을 출범시키는 데 중추적인 역할을 해왔다. 그리고 천연두 박멸 프로그램에서도 핵심적 팀원으로 활동했다. 따라서 '위험 판단능력'의 중요성을 강조하는 데 브릴리언트만큼 적합한 사람은 없다.

'위험 판단능력'이란 무척 중요한 개념이다. 간단하게 설명하면, 대중이 판데믹에 대한 정보를 이해하고 적합하게 해석할 수 있게 만들자는 개념이다. 따라서 판데믹 예방을 위해서는 대중의 위험 판단능력이 반드시 필요하다.

다양한 수준의 위험을 구분하는 능력, 즉 위험 판단능력은 정책결정자에게만 필요한 것이 아니다. 자연재앙에 효과적으로 대응하려면, 무엇보다 대중이 침착성을 유지하며 지시를 충실하게 따라야 한다. 언론이 끝없이 쏟아내는 위협적인 소식에 대중은 만성적인 위험 불감증에 걸린 듯하다. 이런 불감증을 타개할 수 있는 방법은 하나밖에 없다. 모두가 위험을 정확히 인지하고, 여러 형태의 재앙들이 어떻게 다른지 평가할 수 있어야 하며, 각 재앙에 따라 적절히 대응할 수 있어야 한다.

위험 판단능력이 일반화되면 판데믹을 예측하고 예방하는 데 필요한 정부의 막대한 비용을 국민에게 지원 받기에도 유리할 것이다. 또한 한정된 재원을 어떻게 사용하는 것이 최적의 방법인지 판단하는 데도 도움이 될 것이다. 예컨대 2001년 4월부터 2002년 8월까지, 전세계에서 약 8,000명이 테러로 인해 목숨을 잃은 것으로 추정된다. 게다가 이 기간에는 9·11테러까지 있었다. 2009년 4월부터 2010년 8월까지, 8년 후이지만 같은 기간 동안 H1N1(돼지독감) 판데믹만으로 1만 8,000명 이상이 사망한 것으로 확인되었다. 그런데도 대부분

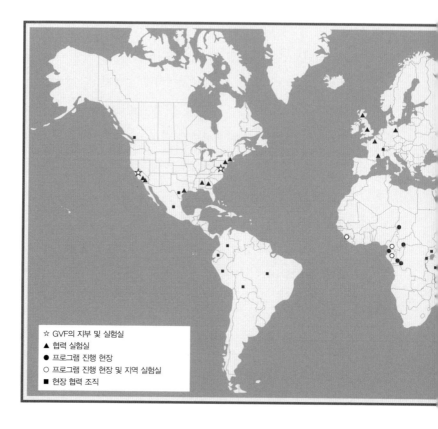

☆ GVF의 지부 및 실험실
▲ 협력 실험실
● 프로그램 진행 현장
○ 프로그램 진행 현장 및 지역 실험실
■ 현장 협력 조직

이 H1N1을 시시하게 생각한다. 달리 말하면 1만 8,000명이란 숫자
가 과소평가되고 있다는 뜻이다. 그렇다고 우리가 위협에 대비할 때
고려해야 할 유일한 변수가 사망자 수라고 주장하는 것은 아니다. 그
러나 테러를 예방하기 위해서 투자하는 수조 달러가 실제 위험에 비
하면 터무니없이 많은 돈이라는 생각을 지우긴 힘들다.

글로벌 바이러스 예보(GVF)의 현장 위치도

교수직을 버리고 GVF 활동을 시작하다

"이 모든 것을 위해 당신은 어떤 일을 하십니까?"

솔직히 말해서 나는 이런 질문을 받으면 즐겁다. 지난 2년 동안 판데믹의 징조를 조기에 포착해서 확산을 저지하는 시스템의 개발이라는 단 하나의 목표를 위해, 전 세계에서 밤낮으로 일하는 과학자들과 물류전문가들로 구성된 조직을 인솔하는 명예를 누렸다.

나는 15년 동안 매달린 연구의 결실을 맺기 위해서 그 일을 시작했다. 2008년, 하늘에서 별을 따는 것만큼 어렵다는 종신 교수직을 그만두고 UCLA를 떠나기로 결정했다. 당시 대부분의 동료에게 내 결정은 미친 짓으로 보였을 것이다. 여하튼 교수직을 그만두고, 전 세계의 의료정보를 감시하고 그 정보를 이용해서 판데믹을 조기에 포착하기 위한 독자적인 조직, 글로벌 바이러스 예보GVF를 창립했다.

샌프란시스코에 본부를 둔 GVF는 유행병을 포착해서 억제하기 위해 동원 가능한 모든 수단을 사용한다. 일반적으로 정부나 학계는 어떤 문제를 해결하기 위해서 특정한 접근법을 고집하는 경향을 갖는다. 미생물학자들은 미생물학을 이용하고, 유행병학자들은 유행병학을 이용한다. GVF에서 그런 수단은 별로 중요하지 않다. 우리는 인간과 동물에서 전염성 질환들에 대한 추세와 움직임을 관찰하여 이상한 징후를 조기에 찾아내겠다는 목표에만 매진할 뿐이다.

우리는 집단 발병을 조기에 탐지하기 위해 현장에 동원 가능한 유행병에 관련된 모든 수단을 복합적으로 활용하고, 첨단 정보통신기술로 인간과 동물군에 존재하는 병원균들을 자료화해서 전염병들의 디지털 신호를 감시한다. 전염병 위험지역들로 지도를 작성하고, 판데믹을 예측하고 예방까지 할 수 있는 수준에 이르려는 GVF의 목표는 원대하지만, 우리는 단 하나의 목표에만 집중하기 때문에 상당히 자유롭게 활동할 수 있다. 따라서 우리 작업과 관련되지 않은 쓸데없는 일에 시간과 에너지를 소비할 필요가 없다.

우리가 어떤 새로운 테크놀로지와 도구를 사용하더라도 현장 정보만큼 중요한 것은 없다. 따라서 우리 작업의 근간은 세계 각지의 현장에서 실시되는 노력들이다. 현재는 동물에게 기생하지만 인간에게 침입할 가능성이 있는 병원균을 찾아내는 것이 현장의 목표이다. 또 우리가 아직 확인하지 못한 방식으로 질병을 유발할 가능성을 지닌 병원균들, 특히 이미 인체에 침입한 병원균들을 추적하는 것도 GVF 의 과제이다. 마지막으로 하나를 더 덧붙이면, 새로운 집단 발병과 유행병이 전통적인 보건기구와 미디어 조직의 레이더망에 걸리기 전에 먼저 포착해내는 것도 우리의 과제이다.

이런 과제를 성공적으로 해내기 위해서 병원과 진료소의 상황을 정기적으로 감시해야 한다. 또한 우리 판단에 '파수꾼'—탄광의 카나리아처럼 거주지나 고유한 행동 습관 때문에 병원균이 널리 확산되기 전에 남보다 먼저 감염되는 사람—이라 생각되는 사람들을 집중적으로 관찰한다. 수렵꾼들을 지속적으로 감시한 덕분에 우리는 과거에 알려지지 않은 상당수의 병원균을 발견한 성과를 거두었다. 힘들게 수집한 이런 감시 자료들을 활용해서, 우리는 인간파보 바이러스 4 human parvovirus 4 처럼 기존에 알려진 바이러스들이 과거에 생각했던 것보다 훨씬 광범위하게 확산되었다는 증거를 객관적으로 제시할 수 있었다.

새로운 동물 병원균이 판데믹으로 발전하는 과정에 돌입하려면 반드시 거쳐야 하는 관문으로 파수꾼을 연구하는 우리 모델은 무척 성공작이었다는 게 입증되었다. 미국국제개발처의 EPT 프로그램에 함께 참여한 협력 조직들, 국방부와 다른 협력 조직들의 도움을 받아 우리는 현재 20여 개에서 '파수꾼 모델'을 진행 중이다. 하지만 더 많은 노력이 필요하다. 현재 파수꾼 모델을 진행 중인 나라들에서도 동물과 자주 접촉하기 때문에 동물로부터 새로운 병원균에 감염될 가능성이 높은 사람들을 더 폭넓게 감시해야 하고, 더 넓은 지역에서 감시 활동을 펼쳐야 한다. 또한 지금보다 더 많은 나라로 파수꾼 모델을 확대해야 한다. 판데믹의 가능성을 감시하는 작업은 더 큰 관점에서 봤을 때 이제야 첫걸음을 떼었을 뿐이다.

병원균이 동물로부터 인체로 침입하는 지점, 즉 파수꾼을 연구할 뿐 아니라, 병원균이 확산되는 네트워크에서 중추적인 위치에 있는 중요한 개체군을 광범위하게 감시하는 것도 우리의 역할이다. 예컨대 정기적으로 수혈을 받는 사람들을 면밀하게 추적한다. 그들 중 일부는 앞으로도 많은 사람들로부터 수백 번의 수혈을 받아야 하기 때문에, 새로운 질병이 나타난다면 그들이 가장 먼저 감염되어 그와 관련된 징후를 보여줄 것임이 분명하다. 이처럼 네트워크의 중심에 있어 새로운 병원균에 가장 먼저 감염될 확률이 상대적으로 높은 집단들이 많다. 의료 종사자와 항공기 승무원이 대표적인 예이다. 따라서 이런 직업군들을 하나씩 꾸준히 우리 감시 시스템 안에 끌어들이는 것이 무엇보다 중요하다.

동물들도 무척 중요하다. 9장에서 간략하게 설명했듯이, 나는 GVF의 생태학팀 팀장 매슈 르브르통의 도움을 받아 현장에서 실험실 여과지를 이용해서 동물들로부터 혈액 표본을 다량으로 신속하게 수집하는 방법을 개발했다. 요즘에는 이 방법 이외에 동물의 급격한 사멸

animal die-off까지 면밀히 감시한다. 카메룬에서 유인원들이 탄저병에 쓰러지며 죽어갔듯이, 지상 어딘가에서는 매일 일군-群의 야생동물이 죽어간다. 동물세계에서 소규모로 일어나는 집단 발병은 자연계에 어떤 병원균이 있는지 파악할 수 있는 절호의 기회이다.

동물의 급격한 사멸은 인간에게 곧 닥칠 어떤 집단 발병의 전조일 수 있다. 남아메리카를 휩쓴 황열이 대표적인 예이다. 열대우림에서 원숭이가 죽은 후에 인간 정착민이 치명적인 바이러스에 감염되는 사건이 종종 벌어진다. 하지만 요즘에는 동물의 급격한 사멸이 거의 확인되지 않는다. 세계 전역에서, 특히 생물다양성이 풍부한 숲에서 우리와 함께 일하는 사냥꾼들의 도움으로 동물의 급격한 사멸 현상을 철저하게 감시하는 시스템을 갖추기 시작했다. 세계 어느 곳에서든 어떤 동물이 떼죽음할 때마다 우리가 빠짐없이 안다면 가장 이상적이겠지만, 현재는 그런 중요한 정보를 거의 놓치고 있는 실정이다.

GVF의 대다수 현장에서는 새로운 병원균을 찾는 데 열중하는 반면에, 일부 현장에서는 이미 알려진 병원균 하나를 집중적으로 탐구한다. 예컨대 서아프리카 시에라리온에서는 GVF의 현장 작업과 실험실 작업을 지휘하는 바이러스 학자이자 현장 유행병학자인 조지프 페어Joseph Fair가 라사열Lassa fever로 알려진 치명적인 바이러스를 이해하고 통제하기 위해서 첨단 방법을 동원해 힘든 연구를 진행하고 있다. 라사 바이러스는 설치동물이 인간에게 옮기는 위험하고 흥미로운 바이러스로, 주로 오염된 음식을 통해 전이된다.

라사 바이러스는 에볼라 바이러스나 마르부르크 바이러스 못지않게 파괴적인 증상을 야기한다. 조지프 페어가 시에라리온의 라사열 현장에서 개발한 모델은 라사 바이러스만이 아니라 에볼라 바이러스와 마르부르크 바이러스까지 파악할 수 있으며, 심지어 그런 바이러스들을 예측해서 대처하기에 최적인 모델이다. 라사열 이외에 모든 출혈열 바이러스들 — 에볼라 바이러스와 마르부르크 바이러스도 여기에 속한다 — 로 인한 전염병은 서아프리카에서 간헐적으로만 발생한다. 그러나 라사열은 서아프리카 지역에서는 일상의 한 부분이다. 간헐적으로만 발생하는 바이러스들까지 철저하게 감시한다는 것은 현실적으로 거의 불가능하기 때문에, 페어는 시에라리온의 곳곳에 설치한 현장을 적극적으로 활용해서 이런 바이러스들이 확산되기 전에 그 바이러스들을 포착하고 통제할 수 있는 최선의 방법들을 연구하며 조금씩 깨달아가고 있다.

전염병의 집단 발병을 다룬 영화를 좋아하는 사람들에게, 시에라리온의 현장은 흥미진진한 영화처럼 보일 수 있다. 생물학적 오염도가 무척 높은 곳인데다 전문가들이 자신들의 목숨을 도외시한 채 세계인의 목숨을 구하려고 치열하게 경쟁을 벌이는 곳이기 때문이다. 하지만 시에라리온은 그런 의미에서만 중요한 곳이 아니다. 우리가 이곳의 현장에서 라사열을 예측하고 적절하게 대응하는 법을 알아낸다면, 에볼라 바이러스와 마르부르크 바이러스 같은 출혈열 바이러스들까지 통제할 수 있는 방법을 알아낼 수 있으리라 생각한다.

판데믹이라는 단어가 없어질 때까지

GVF의 흥미진진한 역할 중 하나는 첨단과학과 아무런 관계도 없다. 바로 예방 부문이다.

인간과 동물, 특히 야생 포유동물의 긴밀한 접촉에서 새로운 판데믹이 출현할 가능성이 가장 크다. 이상적인 예측 시스템이 완성되기 전이라도 이런 형태의 접촉을 줄이는 방향으로 우리의 행동방식을 바꿔가야 한다.

수년 전에 우리 팀에 합류하여 중앙아프리카 현장에서 주로 활동했지만 지금은 샌프란시스코 본부에서 근무하는 헌신적인 의료 인류학자 카렌 세일러스Karen Saylors는 새로운 판데믹을 예방하기 위해서 GVF 팀만이 아니라 세계 전역의 현장에서 활동하는 다른 동료들과도 수시로 정보를 주고받는다. 우리는 예방 부문을 수년 전에야 시작했지만, 이제는 신속하게 확대하려고 밀어붙이고 있다. 매슈 르브르통이 동료 조지프 르두 디포Joseph LeDoux Diffo와 함께 거의 10년 동안 개발한 프로그램 '건강한 사냥꾼 프로그램'은 현재 우리 작업에서 중추적인 부분이다. 이 프로그램을 통해서 우리는 중앙아프리카에서 함께 일하는 야생동물 사냥꾼들에게 새로운 바이러스가 침입하지 못하도록 방법을 찾아내고자 한다. 중앙아프리카는 HIV가 처음 출현했던 곳이기 때문에, 사냥꾼들을 새로운 바이러스로부터 안전하게 지키는 작업이 무엇보다 중요할 수밖에 없다. 하지만 생각만큼 쉬운 일이 아니다.

내가 중앙아프리카에 처음 들어가 연구를 시작하며, 사냥꾼들에게 야생동물의 사냥과 도살에서 비롯된 위험을 언급했을 때 그들이 보인 반응을 지금까지 생생히 기억하고 있다. "우리는 오래전부터 그렇게 살았습니다. 우리 부모와 조부모도 똑같은 식으로 살았습니다. 여기에서 우리 목숨을 호시탐탐 노리는 많은 것들만큼 사냥과 도살이 위험하지는 않을 겁니다." 우리가 연구했던 모든 곳에서 사냥꾼들은 내게 그런 식으로 반응했다. 그들의 설명은 틀린 데가 없었다. 말라리아, 비위생적인 물, 빈약한 영양공급 등으로 죽음이 일상사인 환경에서, 동물을 통해 침입하는 새로운 병원균은 사소한 위험에 불과한 듯했다. 사실 어떤 면에서는 지극히 사소한 위험이기도 하다.

이런 문제는 가난한 사람들이 겪어야 하는 비극이다. 생계형 사냥꾼들이 사냥을 포기할 때 감수해야 할 영양 부족과 그밖의 대가에 비하면, 새로운 치명적인 질병에 걸릴 위험은 대수롭지 않다. 그러나 지극히 다양한 병원균들로 뒤범벅인 지역에서 수많은 사람들이 야생동물을 사냥한다면, 우리는 새로운 병원균의 출현을 피할 수 없는 상황에 빠져드는 셈이다. 온 세상을 철저하게 파괴할 수 있는 병원균이 출현할지도 모른다. 따라서 위의 문제는 사냥꾼들만의 문제가 아니라, 우리 모두가 머리를 맞대고 함께 해결해야 할 문제이다.

우리는 사냥에서 비롯되는 위험을 사람들에게 알리려고 노력하지만, 진정한 적은 가난이란 것도 인정한다. 이 만연된 문제를 해결하기 위해서는 사냥의 위험을 설명하는 수준에 그쳐서는 안 된다. 가난한 지역 주민들이 영양 문제를 실질적으로 해결할 수 있는 방법을 찾도록 도와주는 데도 전력을 다해야 한다. 그들이 위험한 사냥을 대신할 대안을 찾도록 지원해야 한다. 그들이 자기 가족의 배를 채워주기 위해 사냥한 것을 비난할 수는 없다. 우리는 '건강한 사냥꾼 프로그램'을 더 많은 지역으로 확대하는 데 그치지 않고, 개발 및 식량지원 조직들과 연대해서 그들에게 실질적인 해결책을 제공해주려고도 노력한다.

중앙아프리카, 동남아시아, 아마존 분지 등과 같이 바이러스가 극성인 지역에서 생존을 위한 사냥을 근절할 수 있다면, 우리는 당연히 그렇게 해야만 할 것이다. 야생동물의 사냥은 판데믹의 위험을 고조시키는 데서 그치지 않고, 지구의 생물학적 유산에도 부정적인 영향을 미쳤다. 또한 재생 불가능한 동물성 단백질원을 주식으로 삼는 가난한 집단의 식량 확보에도 부정적인 영향을 미쳤던 것으로 여겨진다.

하지만 사냥 문제를 해결하기 위해서는 전 지구적 차원의 노력과 지원이 필요하다. 이를 위한 비용을 아깝게 생각해서는 안 된다. 판데믹을 저지하고 생물다양성을 보존하려는 부유한 사람들의 이기적인 목적도 충족시키지만, 세계에서 가장 가난한 사람들이 합리적인 삶을 꾸려갈 수 있도록 도와주는 것이 되기 때문이다. 야생동물고기 문제는 멸종 위기에 처한 종을 구하려는 사람들이 멋에 겨워 제기하는 문제가 아니다. 야생동물고기가 세계인의 건강을 위협한다. 그런데 우리가 어떻게 그 문제를 간과할 수 있겠는가?

새로운 병원균이 인간에게 침입할 가능성을 열어주는 행동들이 있다. 이를 변화시키려는 우리 노력을 확대하기 위해 GVF가 더 많은 협력 조직과 수단을 구하고 있지만, 판데믹으로 발전할 행동들을 예방하기 위해서 현재 수준에서도 더 많은 역할을 할 수 있다는 걸 알고 있다. 예컨대 다른 공중보건 기관들과 제휴하는 방법이 있다. 8장에서 언급했듯이, 에이즈로 인해 면역기능이 떨어지면 새로운 병원균들이 인체에 침입하기가 한결 쉬워진다. 따라서 사냥으로 야생동물들과 자주 접촉하는 오지의 사람들에게까지 에이즈를 억제하는 항레트로 바이러스 제제를 공급할 수 있어야 한다. 실제로 우리는 면역학 전문가인 데비 벅스Debbi Birx와 이 분야의 몇몇 선구자들과 함께 이런 작업을 해왔다. 벅스는 월터리드 육군연구소WRAIR에서 성과가 좋은 연구팀을 감독하며 성공적인 경력을 쌓아왔지만, 지금은 질병통제예방센터에서 글로벌 에이즈 프로그램을 주도하며 항레트로 바이러스 제제를 세계에서 가장 가난한 지역들에게까지 공급하는 기초적인 작업에 집중하고 있다.

우리 각자가 이 과정을 도울 수 있는 방법은 많다. 우리 모두가 한마음으로 정책결정자들과 정치인들에게 압력을 가하며, 판데믹 예방을 위한 장기적인 접근 방법을 지원해야 한다. 또한 특정한 위협에 단순히 집중하는 방식보다 미래의 판데믹을 통제하려는 포괄적인 접근 방식에 더 많은 연구기금을 지원하라고 정부에 압력을 가해야 한다.

지금 이 세계가 매우 이상적인 세계라면, 아마도 최근에 판데믹이 있은 직후에 몇몇 선각자들이 제안한 변화를 우리는 받아들여야 했다. 2009년 롱비치에서 열린 TED 회의에서, 엔터테인먼트 법전문가

프레드 골드링Fred Goldring은 우리에게 '안전한 악수'를 시작하자고 제안했다. 손을 맞잡는 대신에 팔꿈치를 맞대는 식으로 악수법을 바꾸자는 제안이었다. 이렇게 하면 손바닥보다 팔뚝에 대고 재채기를 하는 셈이기 때문에 감염성 질환의 확산을 막는 데 크게 도움이 될 것이다. 악수 대신에 한국이나 일본처럼 허리를 굽히는 인사법이 건강에 어떤 영향을 미치는지 연구한 학자는 한 명도 없으리라 생각된다. 분명 한국식의 인사법이 감염성 질환의 확산을 줄이는 효과가 있으리라 예상된다. 또 독감에 걸리면 수술용 마스크를 쓰는 관습도 병원균의 확산을 억제하는 데 효과가 있다. 물론 습관을 바꾸기는 무척 어렵겠지만, 현재의 습관을 유용한 방향으로 대신할 수 있는 대안은 얼마든지 존재한다.

이 장을 시작하는 첫 부분에 제시한 이상적인 상황실의 모습을 우리는 언제쯤이나 볼 수 있을까? 이 시나리오는 허구로 꾸민 픽션이지만 수십 년, 아니 수세기를 기다려야 할 이유는 없다. 실제로 GVF의 목표 중 하나는 이런 상황실을 실현하는 것이다. 러키 구나세라카의 지휘 하에 있는 우리 데이터팀은 사고방식마저 디지털화된 완전히 새로운 유형의 과학자들이다. 그들은 현장에서 수집한 자료들과, 10장에서 다룬 완전히 새로운 자료들을 통합하는 역할을 한다. 현장과 실험실에서 얻은 상세한 자료들이, 휴대폰과 소셜 미디어 등을 통해 수집한 자료들과 그들의 손에서 통합되어 집단 발병에 대한 자료 '매시업'을 만들어낸다.

10년 전만 해도 세계의 정보를 체계화해서 정리하는 핵심적인 기관은 의회도서관 같은 국가기관이었다. 하지만 그런 국가기관은 최종적인 해법이 아니었다. 요즘에는 구글 같은 조직들이 의욕적이고 혁신적인 방법을 동원해서, 수십 년 전에는 꿈도 꿀 수 없었던 방법으로 정보를 수집하는 도구를 개발해내고 있다. 이런 혁신이 세계보건이란 분야에서도 일어나야 한다. 구글 같은 조직들이 '세계신경계global nervous system'를 조직하는 데 도움이 되었다는 말은 요즘 어디에서나 흔히 들을 수 있다. 우리가 세계면역체계global immune system에 해당되는 시스템을 구축하려면, 정부시스템과 비정부시스템을 융합하고 최첨단 과학기술까지 활용하는 새로운 접근방식을 개발해야 할 것이다.

엄밀히 말하면, 세계면역계 구축을 위한 노력은 이미 시작되었다. 유행병에서 비롯되는 정치적이고 경제적인 비용을 걱정해야 하는 한 국가의 수반이나, 판데믹의 출현으로 공급망이나 직원들의 안위를 걱정해야 하는 최고경영자, 혹은 가족을 걱정해야 하는 평범한 시민이나, 누구나 앞으로는 실제로 집단 발병이 일어나면 그에 대한 정확한 자료에 신속하게 접근할 수 있을 것이다. 그런 자료를 정부기관에만 의존해서는 안 된다. 광범위하게 분포된 바이러스 감시 초소에서 수집하여 분석한 실험실 결과에 국경을 초월한 뉴스 피드news feed와 문자메시지, 혹은 사회연결망과 검색 패턴을 더해서 새로운 방식으로 유행병 정보를 제공하는 GVF 같은 민간 조직들에서도 관련된 정보를 얻을 수 있을 것이다.

우리는 새로운 판데믹의 위험이 만연된 세계에서 살고 있다. 그래도 우리가 세계면역체계를 구축할 수 있는 도구를 지닌 시대에 살고 있어 천만다행이다. 우리가 판데믹을 예측하고 예방하기 위해서 훨씬 효과적으로 행동해야 하고, 그렇게 행동할 수 있다는 생각은 원대하지만 단순한 생각이다. 그러나 한 걸음 더 나아가, 우리가 그 일을 순조롭게 해내어 '최후의 역병疫病'이라고 종지부를 찍을 수 있는 시대, 즉 우리가 판데믹을 완벽하게 포착하고 저지하는 데 성공하여, 판데믹이란 단어조차 사전에서 지워버리는 시대까지 꿈꾸어야 할 것이다.

후주
○──●

서문

1 이 책에서 나는 '병원균microbe'이라는 단어를 주로 사용할 생각이다. 물론 미생물microorganism이란 용어가 더 적절하지만, 미생물은 육안으로 보이지 않는 모든 작은 생물을 총칭하기 때문에 상당히 무겁게 느껴진다. 따라서 특별히 명기하지 않으면 '병원균'은 인간을 감염시키고 인간을 통해 확산될 수 있는 종들, 즉 바이러스와 박테리아(박테리아의 형제뻘인 고세균 포함), 기생충, 불가사의한 프리온 등 1장에서 다루어지는 모든 미생물을 가리킨다. 분류학적인 이유에서 기생충을 '병원균'에서 배제하고, 프리온의 위치를 정확히 결정하지 못한 미생물학자들에게는 병원균이란 용어의 사용이 마뜩찮게 여겨질 것이다. 하지만 일반 독자의 가독성을 높이기 위한 노력이라 생각하며 너그럽게 넘겨주길 바란다.

2 바이러스를 살아 있는 생물로 봐야 하느냐 않느냐에 대한 논쟁은 있지만, 그밖의 병원균에 대해서는 그런 논쟁이 전혀 없다. 요컨대 박테리아, 고세균, 기생충 등은 누가 뭐라 해도 분명히 살아 있는 유기체이다. 내 생각에, 바이러스에 대한 이런 논쟁은 별로 중요하지 않은 의미론적인 입씨름이다. 바이

러스는 생활방식에서 전적으로 다른 유기체에 의존한다. 그렇다고 바이러스의 생활방식이 기존에 알려진 여타의 생활방식과 크게 다른 것은 아니다. 내가 알기로는 어떤 생명체도 다른 생명체가 없는 세계에서 생존할 수 없다. 어떤 쪽이든 간에 바이러스가 우리 지구를 구성하는 생명계의 일부인 것은 분명하다. 따라서 내가 바이러스를 살아 있는 생물로 언급하는 이유를 이런 관점에서 해석해주길 바란다. 프리온 역시 비슷한 논쟁거리이지만, 이 책에서는 프리온도 똑같이 포괄적인 관점에서 살아 있는 생물로 다룬다.

3 엄격하게 말하면, 1918년 H1N1의 치사율은 2.5퍼센트보다 훨씬 낮았을 것이다. 많은 사람이 2차적인 박테리아 감염으로 사망한 것으로 추정되기 때문이다. 달리 말하면 요즘에는 항생제를 사용해서 부분적으로 예방할 수 있었던 감염으로도 그 당시에는 많은 사람이 사망했을 것으로 여겨진다. 한편 H5N1에 감염된 사람들의 직접적인 사인은 주로 바이러스성 질환이다.

4 광견병의 경우 감염된 직후 곧바로 백신을 맞으면 죽음을 피할 수 있지만, 그렇지 못할 때는 죽음을 모면하기 힘들다.

5 H5N1과 마찬가지로, 2009년에 시작된 '돼지독감'도 용어 선택에 있어서 문제가 있다. 세계보건기구는 'H1N1/09'라 칭하고, 미국 질병통제예방센터는 '2009 H1N1'이라 칭하지만, 여기에서는 간단히 H1N1으로 표기하려 한다. 이 인플루엔자를 연구하는 과학자들도 흔히 이렇게 줄여서 부르기 때문이다. H5N1을 비롯해 다른 모든 인플루엔자 바이러스와 마찬가지로, H1N1의 궁극적인 기원도 조류이다.

1. 바이러스 행성

1 드미트리 이바노프스키Dmitri Ivanovsky는 6년이나 앞서 비슷한 방식으로 담배 모자이크병을 연구했다. 그 때문에 그를 바이러스학의 아버지로 여기는 학자들이 적지 않다. 그러나 이바노프스키가 이 새로운 생명체(즉 바이러스)에 이

름을 붙인 첫 학자가 아니었고, 자신의 연구 결과를 베이에링크처럼 널리 알리지 않았기 때문에 이바노프스키가 바이러스의 최초 발견자로 여겨지지는 않는다.

2 베이에링크는 최초의 바이러스 사냥꾼으로서 남긴 기념비적인 업적 이외에, 바이러스학의 기초를 놓았다. 하지만 식물과 박테리아의 관계를 연구하는 학자들에게는 이름이 별로 알려져 있지 않다. 그는 그밖에도 중요한 업적을 많이 남겼다. 특히 식물의 뿌리에 존재하는 박테리아를 이용해서 농업용 토양을 비옥하게 만드는 성과를 남겼는데, 중요한 일련의 생화학적 반응을 일으킴으로써 질소를 식물에게 공급하는 질소고정법nitrogen fixation이 대표적인 예이다.

3 지상에 존재하지만 아직까지 발견되지 않은 DNA도 없고 RNA도 없는 생명체가 있을까? 그런 생명체가 있다면 DNA와 RNA에 기반을 둔 우리와는 기원부터 다른 생명체일 것이다. '섀도우 라이프shadow life'라 일컬어지는 이런 생명체는 현미경으로만 확인되는 극미한 생명체임이 거의 확실하다. 이런 생명체가 발견되면 외계 생명체로 분류될 가능성이 크다. 일부 학자는 우리 생전에 외계 생명체를 발견하고자 한다면 지구를 샅샅이 뒤지는 것이 최선이라고 주장한다.

2. 사냥하는 유인원

1 안타깝지만 치아 마모와 같은 실질적인 화석 증거와 탄소측정법을 사용해도 이런 의문은 완벽하게 해결되지 않는다. 위의 증거들에 따르면 침팬지와 보노보의 경우와 마찬가지로, 180만 년 전 이전에 우리 조상이 섭취한 음식의 대다수는 주로 식물이었다. 그러나 육식도 부분적으로 취했던 것은 거의 확실하다. 300만 년 전의 것으로 추정되는 연장에 긁힌 뼈가 발견된 적이 있으며, 치아 마모의 패턴에서도 200만 년 전에 질긴 살코기를 먹었다는 것이 확

인되었다.

2 바이러스 학자인 마틴 피터스와 베아트리스 한은 동료들의 도움을 받아, SIV
가 두 원숭이 바이러스들의 재조합체라는 것을 입증했다. SIV에 감염된 침팬
지들을 오랫동안 관찰한 끝에 침팬지도 인간과 마찬가지로 결국에는 병으로
앓는다는 사실을 밝혀냈다.

3. 병원균 병목현상

1 개와 늑대가 공유하는 유전자 유사성은 인간과 침팬지 사이의 유전자 유사성
과 거의 똑같다. 우리는 침팬지와 무척 다르지만 개와 늑대는 실질적으로 똑
같다고 생각하는 사람이 많기 때문에 위의 지적이 충격적으로 받아들여질 것
이다. 이런 인식들은 유사한 종들 사이에 존재하는 유전자의 실질적인 관계
보다, 인간과 유전적으로 유사한 동물들과의 차이가 분명히 있음을 증명하려
는 우리의 감성을 여실히 드러내준다.

2 안타깝게도 우리는 모든 유인원 사촌의 병원균 레퍼토리에 대한 정보를 똑같
은 정도로 확보하지 못한 상황이다. 예컨대 보노보는 콩고민주공화국에서만
소수가 살고 있을 뿐이며, 지난 20년 동안 지루하게 계속된 전쟁 때문에 보노
보의 영역에 접근하기 힘들었다. 따라서 침팬지의 병원균 레퍼토리에 대한
정보에 비해 보노보의 병원균 레퍼토리에 대해서는 거의 알지 못한다. 이 매
력적인 유인원에 대한 연구가 꾸준히 진행되면, 인간 감염병의 기원에 대한
중요한 단서가 밝혀지리라 믿는다.

3 사실 인간은 다수의 말라리아 원충에 감염되며, 그 원충들은 모두 나름대로
진화의 역사를 겪었다. 내가 여기에서 말라리아라고 칭하는 것은 인간 질병
의 대다수와 관련된 말라리아 원충인 '플라스모디움 팔시파룸'을 뜻한다.

4. 뒤집고 휘저어 뒤섞다

1 보호용으로든 일에 도움을 받기 위해서든 어떤 동물과도 함께 살지 않았던 약 4만 년 전의 조상과 달리, 요즘의 수렵채집자들은 모두 개를 기르고 있다.

2 일례로 바닷가에 살았던 사람들이 예외였다. 바다에서 낚시와 바다 포유동물을 사냥해서 먹을거리를 마련했던 사람들은, 때때로 상대적으로 대규모 개체군을 형성하고 동식물을 길들이지 않고도 정착하는 생활방식을 유지할 수 있었다. 장기적으로 지속되지는 않았겠지만, 일부 해양계에 존재하던 방대한 양의 동물성 단백질은 훗날 가축화를 통해 확보했던 칼로리 공급원에 뒤지지 않았다.

3 개미 사회는 꿀벌의 사회처럼 암컷 일개미들의 대규모 군락들로 이루어진다. 모든 개미가 한 마리의 어머니(여왕개미)와 아버지의 후손들이다. 일개미들의 아버지를 비롯해 모든 수개미는 수정되지 않은 알에서 태어난다. 달리 말하면 수정란에서 나온 후손보다 유전정보를 절반밖에 갖지 못한다는 뜻으로서, 전문용어로 말하면 반수체haploid이다. 반수체 아버지는 딸들에게 동일한 유전정보를 전달한다. 이런 이유에서 한 군락의 암컷 일개미들은 개미 유전정보의 75퍼센트를 지닌다. 우리처럼 유성생식만 가능한 종에서 암컷은 50퍼센트를 지닐 뿐이다. 암컷 일개미는 서로 유전적 관계가 가깝기 때문에 자매와 세포 간의 연속체에서 정확히 중간에 위치한다. 한 군락의 개미들은 서로 관계없는 개체들이 협력하는 집단이 아니라, 하나의 커다란 유기체를 이룬 물리적으로 다른 세포들로 생각하는 편이 더 정확하다.

4 야생조류 뎅기열이 인간에게도 발생할 수 있느냐에 대한 논쟁이 아직도 과학자들 사이에서 진행 중이다. 안타깝게도 열대우림에서 뎅기열 바이러스를 추출하기가 무척 어렵기 때문에 확실한 비교가 거의 불가능하다.

5 국제설사성질환조사센터의 연구원들이 최근에 방글라데시에서 실시한 조사에 따르면, 니파 바이러스는 돼지를 거치지 않고도 인간에게 전이될 수 있는

것으로 밝혀졌다. 방글라데시에서 가장 달콤한 것 중 하나는 대추야자 수액으로, 보통 줄기에 구멍을 뚫어 수액을 받아 아침에 시원하게 마시곤 한다. 그런데 밤중에 박쥐가 날아 들어와 수액을 빨아먹는데, 이때 니파 바이러스를 수액에 퍼뜨리는 경우가 적지 않다.

5. 최초의 판데믹

1. 엄격히 말해서 우리를 '감염' 시키지는 않지만, 유전물질에 존재하는 바이러스들이 있다. 이런 바이러스를 내생內生, endogenous virus이라 한다. 일부 내생 바이러스는 HPV보다 훨씬 높은 확산력을 갖지만, 이 책에서 다루는 외생 exogeneous 바이러스와는 근본적으로 다르다. 이 바이러스에 대해서는 7장에서 더 자세히 살펴보기로 하자.

2. HPV와 그밖의 바이러스들은 전 세계적으로 상당한 암 존재량cancer burden의 원인이다. 암을 예방하기 위한 종래와 다른 차원의 방법에 대해서는 뒤에 나올 11장에서 자세히 살펴보기로 하자.

3. GB 바이러스는 11장에서 다시 다루어진다. 일부 연구에 따르면 이 바이러스는 우리에게 해롭지 않을 뿐 아니라 일부 환경에서는 이로움을 주기도 한다.

4. 바이러스성 출혈열은 라사열, 에볼라 출혈열 등과 마찬가지로 증상이 무척 심하다. 종창, 모세관 파열, 광범위한 출혈, 저혈압, 쇼크 등이 주된 증상이다.

5. 인간 말라리아 원충들은 모기를 통해 인간에서 인간으로 전이되지만, 여전히 '전적으로 인간 병원균'으로 여겨진다. 달리 알려진 동물 보유숙주가 없기 때문이고, 복잡한 생명주기에서 인간과 모기, 둘 다 없으면 존재 자체가 불가능하기 때문이다. 만약 인간 말라리아 원충들 중 하나에 다른 포유동물이 감염될 수 있다는 사실이 확인되면, 말라리아는 4단계로 강등될 것이다.

6. 하나의 세계

1   월리스는 흥미진진한 삶을 살았다. 그와 같은 시대에 활동하면서 자연선택을
    독자적으로 발견한 다윈처럼 편안한 배를 타고 다니며 작업하는 대신에, 그
    는 탐험 비용을 충당하기 위해서 탐험 중에 발견한 표본들을 팔면서 힘들게
    여행했다. 그가 인도네시아 열도를 여행하며 거둔 업적들을 쉽고 자세하게
    풀어 쓴 최고의 전기로는 데이비드 쾀멘David Quammen의 《도도의 노래The Song
    of the Dodo》가 손꼽힌다.

2   폴리네시아 사람들은 경이로운 항해술을 자랑했다. 그들의 배는 단순하기 그
    지없었지만 항해술만은 무척 뛰어났다. 서구세계에서는 배가 육지에서 보이
    는 수평선을 거의 넘어가지 않던 시기에, 폴리네시아 사람들은 세계에서 가
    장 너른 바다를 헤집고 다녔다. 그들의 배는 나무줄기를 파낸 카누 두 척을
    나무판으로 연결해 묶어 갑판을 만든 형태였다. 코코넛 섬유질을 사용해서
    묶었고, 이음새에는 수액을 발랐다.

3   조지아주립대학교의 영장류학자 수 새비지 럼보Sue Savage-Rumbaugh의 논문에
    따르면, 보노보는 발자국을 남기지 못할 조건에서는 다른 구성원들이 길을
    찾는 데 도움을 주기 위해 다니는 길에 흔적을 남긴다.

4   2장에서 언급했듯이 HIV는 침팬지가 두 종의 원숭이들을 사냥하는 과정에서
    얻은 두 원숭이 바이러스가 결합된 잡종 바이러스이다. 인간에게 침입한 HIV
    바이러스는 다양하다(HIV-1M, HIV-1N, HIV-2 등). 내가 여기에서 HIV라 칭하
    는 바이러스는 에이즈 환자의 99퍼센트를 차지하는 HIV-1M이다.

5   일부 병원균의 경우, 잠복기latent period와 배양기간incubation period이 미묘하게
    다르지만 그 차이는 상당히 중요하다. 잠복기는 노출부터 감염까지의 기간을
    가리키는 반면에, 배양기간은 노출부터 질환의 첫 징후가 나타날 때까지의
    기간을 가리킨다. 예컨대 HIV의 경우, 감염자는 노출되고 난 뒤 수주 후부터
    다른 사람에게 전염시킬 수 있지만, 이 시기에 감염자는 열병과 발진 같은 일

반적인 증상만 보일 뿐이다. 대부분의 경우 HIV 전염은 이런 급성 감염기간 동안에 일어난다. 일반적으로 수년 후에 나타나는 에이즈의 징후가 보인 후, 즉 배양기간 후에는 HIV가 전염되는 경우는 거의 없다.

7. 친밀한 종

1 포프 브록Pope Brock은 2007년에 발표한《돌팔이의사Charlatan》에서 보로노프의 배경을 자세히 추적한 후에 "(인공수정으로) 잉태된 것이 있다면, 프랑스 소설가 펠리시엥 샹소르가 쓴《노라, 여자가 된 원숭이Nora, la guenon devenue femme》라는 소설이 유일했다"라고 말했다.

2 현대 역사학자 피터 데 로사Peter de Rosa가 역대 교황들을 다룬 책에서 인용했다.

3 흥미롭게도 정맥수혈법이 최초로 기록된 사례는 인간에서 인간에게로의 수혈이 아니라 동물에서 인간에게로의 수혈이었다. 1667년 6월, 프랑스 루이 14세의 주치의였던 장 바티스트 드니Jean-Baptiste Denys는 양의 피를 15세 소년에게 수혈했다. 양의 운명에 대해서는 알려진 바가 없지만, 소년은 살아남은 것으로 전해진다.

4 안타깝게도 혈액은행들이 병원균을 걸러내는 방식은 제각각이다. 선진국에서는 전반적으로 정밀한 시스템을 통해 문제의 혈액을 걸러내지만, 일부 국가에서는 실질적으로 그런 시스템이 마련되어 있지 않다.

5 에이즈 환자들은 면역반응이 제대로 기능하지 못하는 사람들이다. 이식수술을 받은 사람은 장기의 거부반응을 예방하기 위해서 면역체계를 억제하는 약을 복용한다. 따라서 에이즈에 감염된 사람이든 아니든 간에 장기이식을 받은 사람들은 병원균에 감염될 가능성이 상대적으로 높다.

6 막스와 그의 동료들은 이런 주사방식이 바이러스 실험실에서 행해지는 '계대감염serial passage' 실험과 유사하다고 주장한다. 계대감염 실험에서는 동물에

서 동물로 옮겨간 바이러스가 새로운 숙주에서 살아남기 위해서 돌연변이를 일으킬 가능성을 광범위하게 제공한다.

8. 바이러스들의 습격

1 축산업의 대규모 산업화로 인해 병원균들에 관련해서 경험한 변화들도 산업화에 따른 이익이 무색할 지경이지만, 반드시 그런 결과만 있는 것은 아니다. 축산의 산업화로 질병을 훨씬 효율적으로 관리할 수 있다. 또한 효율적으로 관리하면 가축들을 야생동물들과 완전히 분리시킬 수도 있다. 게다가 산업화로 살아 있는 가축과 접촉하는 사람의 숫자가 줄어들면 병원균들이 확산될 가능성도 줄어든다. 이런 산업화가 극단적으로까지 발전하면 완전히 인공적인 고기, 즉 시험관 고기가 가능할 것이다. 시험관 고기는 동물과는 완전히 동떨어진 상태에서 배양된 살코기이다. 시험관에서 배양된 고기라는 생각이 지금은 많은 이들의 입맛을 떨어뜨리겠지만, 많은 면에서 이익이 있을 것이다. 무엇보다 안전하겠지만 공장에서 저렴한 비용으로 생산한 시험관 고기는 기아 문제를 해결할 것이고, 가축이나 야생동물을 고기로 사용할 필요도 줄어들 것이다. 그럼 새로운 병원균이 발생할 가능성도 대폭 줄어든다. 가축과의 접촉이 줄어든다는 것은 가축들한테 존재하는 병원균, 또 가축들이 야생동물과 접촉하며 얻은 병원균과 접촉할 가능성도 줄어든다는 뜻이다.

2 동물들 중 오직 소만 동족의 육분과 골분을 사료로 먹음으로써 프리온에 감염되는 것은 아니다. 프리온에서 비롯되는 또 다른 질환으로 역시 치명적인 퇴행성 신경질환이던 쿠루병이 파푸아뉴기니의 동부 고원지대에 사는 포레족에게 똑같은 식으로 확산되었다. 포레족은 가족이나 친척이 죽으면 장례식의 일환으로 시신을 나누어 먹는 식인풍습이 있었고, 특히 고인의 영혼을 자유롭게 해주려는 의도에서 고인의 뇌를 그들의 몸에 문질렀다. 이런 장례의식 때문에 쿠루병이 전염된 것으로 밝혀졌다. 1950년대에 이런 식인풍습을

금지한 이후로 쿠루병은 실질적으로 사라졌다.

10. 병원균 예보

1   이런 무리들은 과학 문헌에서 바이러스 유사종viral quasispecies이라 일컬어지기도 한다.

2   우샤히디는 정보를 수집하고 시각적으로 자료화하는 방법을 개선하기 위해 앞장서서 노력하는 비영리 소프트웨어 개발회사이다. '우샤히디'라는 단어는 스와힐리어로 '증언'이란 뜻이다. 2008년 케냐에서 대통령선거 후에 폭력사태가 일어났을 때 민중세력의 연대를 강화하고 폭력사건을 고발할 목적에서 세워진 조직이다.

3   검색패턴이 인플루엔자의 실제 발생과 상관관계가 있다는 걸 입증한 구글 연구팀에는 구글의 예측 및 예방 프로젝트에도 참여했던 래리 브릴리언트Larry Brilliant와 마크 스몰린스키Mark Smolinski가 있었다. 또한 구글의 정책을 통하여 개인적인 시간을 박애정신에 입각한 인도주의적인 프로그램에 투자하는 구글의 젊은 공학자들도 이 연구팀에 대거 참여했다. 요즘 브릴리언트와 스몰린스키는 스콜세계위협요인기금Skoll Global Threats Fund에서 일하고 있다. 이 재단은 기업가이자 영화제작자이며 박애주의자인 제프 스콜Jeff Skoll이 판데믹을 비롯해 우리 시대의 중대한 위협거리들을 조금이라도 완화할 방법을 집중적으로 연구할 목적에서 설립한 곳이다.

4   사회연결망social network이 유행병을 조기에 탐지할 수 있는 유일한 사회과학적 접근방법은 아니다. 예측시장prediction market이라는 기법으로도 집단 발병을 조기에 감지할 수 있다. 2004~5년 인플루엔자가 유행하던 계절에 아이오와대학 연구팀은 선물시장을 개설하고, 인플루엔자와 관련해서 간호사와 약사 및 그밖의 의료 관계자들이 어떻게 거래하고 연구비 형태로 돈을 조성했는지 조사하였다. 여러 이유에서 올바른 선택을 해야 하는 지역 전문가들이

시장에서 보여주는 행태를 면밀하게 조사해서, 그 결과를 질병의 조기경보로 활용할 수 있다는 사실이 입증되었다.

11. 착한 바이러스

1 입증되지 않은 백신을 어린아이에게 실험했고, 게다가 치명적인 질병으로 알려진 천연두 바이러스까지 그 소년에게 접종했다는 이유로 제너의 윤리의식에 의문을 제기할 사람도 있을 것이다. 사실 이런 이유에서 제너는 지금까지도 많은 비난을 받지만, 당시 상황을 정밀하게 조사해보면 사정이 상당히 다르다. 천연두 발병률이 상대적으로 높았기 때문에, 대다수의 성인이 이미 천연두 바이러스에 감염된 적이 있었을 가능성이 높아서 실험대상으로 적합하지 않았다. 따라서 어린아이 중에서 실험대상을 찾아야 했다. 또한 제너가 핍스에게 접종한 우두는 '인두접종variolation'이라 불리던 초기 형태의 천연두 백신이었다. 인두접종은 인간을 자연감염으로부터 보호할 목적에서 면역력을 키우기 위해 소량의 실제 천연두 바이러스variola에 감염시키는 방법이었다. 인두접종의 사망률은 1~3퍼센트였다. 요즘의 기준에서는 터무니없이 높은 수치지만, 자연 상태에서 감염된 사람들의 사망률 30퍼센트에 비교하면 무척 낮았다. 이런 요인들을 고려한데다, 제너가 자신의 아들까지 실험에 포함시켰다는 사실을 고려하면, 제너를 무작정 비난할 수만은 없는 듯하다.

2 흥미롭게도 라우스는 라우스 육종바이러스를 발견하고 55년 후에야 노벨상을 받았다. 핵심적인 발견이 있고, 가장 오랜 시간이 지난 후에야 노벨상을 받은 과학자가 아닌가 싶다. 그의 발견은 당시 학계에서는 호평을 받지 못했지만, 그 중요성에 대해 적잖은 과학자들이 인정해주어 1926년 처음 노벨 위원회에 추천되었다.

3 톡소플라스마 곤디는 일련의 정형화된 행동들을 과학적으로 설명해주는 듯하다. 〈뉴욕타임스〉의 한 기사에서 '고양이에 미친 아줌마 증후군crazy cat lady

syndrome'이라 일컬어진 행동을 관찰한 결과에 따르면, 돌볼 수 없을 정도로 많은 고양이들을 잔뜩 데리고 사는 행동은 톡소플라스마에 감염된 설치동물의 행동과 유사하다. 예컨대 고양이에게 친근감을 표시하고 고약한 고양이 오줌 냄새에 면역된 듯하다. 현재까지 이런 가정을 입증하는 과학적 논문도 없지만 반대로 논박하는 논문도 없다.

4 바이러스와 세포생물 간의 관계에 대해서는 아직도 논란이 분분하다. 사실 바이러스들은 서로 아무런 관계가 없을 수도 있다. 세포생물의 DNA에서 기원한 것으로 여겨지는 바이러스가 있는 반면에, 세포생물이 출현하기 전부터 존재한 생명체의 후손으로 여겨지는 바이러스도 있다.

5 나는 박사학위를 위한 연구 조사를 주로 보르네오의 북부, 즉 말레이시아 사바 주에서 진행했다. 세계적인 야생생물 수의학자 빌리 카레슈의 도움을 받는 행운을 누렸다. 당시 야생생물 보존협회Wildlife Conservation Society에서 일하던 카레슈는 나를 여러모로 감싸주었고, 자신의 프로젝트에 참여시키며, 말레이시아에서 함께 작업하던 동료들에게도 소개해주는 친절을 베풀었다. 나는 그들이 야생 오랑우탄을 마취총으로 기절시켜, 점점 사라져가는 좁은 숲에서 말레이시아 정부가 보존지역으로 설정한 너른 보호구역으로 옮기는 작업을 옆에서 지켜보았다. 게다가 야생 오랑우탄들이 보호구역으로 옮겨지는 동안 녀석들에게서 표본을 채취하는 소중한 기회까지 얻었다. 보르네오에서 지내는 동안 거의 매일 만나서 함께 작업했던 야생생물 수의학자 아넬리아 킬번은 수년 후에 중앙아프리카에서 고릴라를 연구하는 동안 비행기 추락사고로 안타깝게 세상을 떠났다.

바이러스와 새로운 판데믹 시대

조류독감, 신종플루 등에 대한 두려움으로 병원 입원실 입구마다 서둘러 손세정제를 설치하며 예방을 위해 호들갑을 떨었던 때가 먼 과거는 아니다. 세계 뉴스를 보면 2013년 2월 중순, 멕시코에서 조류독감 바이러스가 양계장에서 발견되어 검역을 강화했다는 소식이 들린다. 또 우리나라 신문에는 조류독감의 매개체인 청둥오리의 이동경로를 처음으로 밝혀냈다는 소식이 얼마 전에 실렸다. 전에는 의식하지 못했던 질병들이 갑자기 확산된 이유는 무엇일까? 전에도 조류독감이란 게 있었을까? 청둥오리는 철새여서 지금만이 아니라 옛날에도 있었을 텐데 왜 조류독감의 사례가 2003년 이후에야 전 세계적으로 급증했을까? 조류독감의 매개체인 독감 바이러스(H5N1)가 새로운 바이러스라면 왜 갑작스레 생겼을까? 또 비슷한 이름인 돼지독감도 있지만 유독 조류독감에 우리가 신경을 곤두세우는 이유는 무엇일까? 조류독감은 치사율이 높기 때문이다. 그러나 돼지독감은 확산력은 강하지만 치사율은 1퍼센트가 되지 않는다.

"그 짐승은 멈춰 서서 몸의 균형을 잡는 듯하더니 의사를 향해 달려오다가 또다시 멈추어 섰고 작게 소리를 지르며 제자리에서 한 바퀴 돌다가 마침내는 빠끔히 벌린 주둥이에서 피를 토하며 쓰러져 버렸다." 알베르 카뮈의《페스트》에서 인용한 문장이다. 여기에서 그 짐승은 쥐이며, 당연히 픽션인 이 소설에서 페스트는 독일의 프랑스 점령을 상징한다. 카뮈의 소설에서 페스트는 한 지역에 국한된 이야기다. 그러나 네이선 울프가 말하는 판데믹의 범위는 전 세계이다. 실제로 조류독감 병원균이 발견된 지역을 보면 남북아메리카를 제외하고 유럽과 아시아 전역을 뒤덮고 있다(위키피디아 참조).

물론 17세기에 유럽을 휩쓴 페스트도 판데믹으로 분류된다. 그러나 저자는 인간과 동물의 교류가 증가하고 있고, 동물이 인간에게 전염시키는 질병에 주목하며, 이제 우리는 '새로운 판데믹 시대'에 들어섰다고 경고한다. 바이러스는 거의 실시간으로 진화한다. 만약 조류독감의 치사율을 지닌 바이러스와 돼지독감의 확산력을 지닌 바이러스가 결합된다면 어떤 결과가 닥칠까? 그야말로 이 책의 제목대로 바이러스 폭풍이 인간 세계에 닥칠지도 모른다. 이처럼 새로운 판데믹이 닥치면 과거보다 훨씬 파괴적일 것이라 예상된 세계에서도 저자는 낙관적인 전망을 잊지 않는다. 그는 새로운 테크놀로지를 적극 활용하면 판데믹의 예측이 가능하고, 훨씬 효과적으로 예방할 수 있다고 단언한다.

아프리카 정글과 보르네오 열대우림에 직접 뛰어들어 연구하고 조사하여 '바이러스 사냥꾼들의 인디애나 존스'라는 별명을 얻은 저자는 이 책에서 바이러스와 인간이 생물의 역사에서 서로 어떤 영향을 미치며 진화했고, 인간에게 치명적인 바이러스가 과거에 우리를 어떻게 위협했으며, 과학과 문명의 발달로 인해 우리가 세계적인 판데믹에 더욱 취약해진 이유를 재밌게 써내려간다. 특히 인간의 눈이 아닌 바이러스의 관점에서 접근한 1장은 무척 재밌다. 바이러스의 관점에서 세계를 관찰한다면 어떻게 보일까? 이런 이유에서 이 책은 생물학적 관점에서도 읽히지만, 철학적·인문학적 관점으로도 읽힐 수 있다. 우리를 흥미진진한 바이러스의 세계로 안내하는 책이다.

충주에서
강주헌

참고문헌
○———●

내가 이 책을 쓰면서 수치나 역사적 사실을 직접적으로 인용하거나, 이야기의 배
경으로 간접적으로 인용한 자료들이다. 각 장에서 다룬 주제에 관련하여 더 깊이
알고 싶은 독자는 *로 표시된 책이나 논문을 읽어주기 바란다.

서문

Balfour, F. "A Young Life Ended by Avian Flu." Businessweek.com, February
3, 2004.

*Barry, J. M. *The Great Influenza: The Epic Story of the Deadliest Plague in
History.* New York: Viking, 2004.

"Bird Flu Claims First Thai Victim—January 26, 2004." CNN.comWorld,
January 26, 2004.

Centers for Disease Control and Prevention. "Childhood Influenza-Vaccination
Coverage—United States, 2002-3 Influenza Season." *MMWR* 53 (2004):
863-66.

Chokephaibulkit, K., M. Uiprasertkul, P. Puthavathana, P. Chearskul, P.

Auewarakul, S. F. Dowell, and N. Vanprapar. "A Child With Avian Infl uenza A (H5N1) Infection." *Pediatric Infectious Disease Journal* 24, no. 2 (2005): 162-66.

Clayton, D. H., and N. Wolfe. "The Adaptive Significance of Self-Medication." *Trends in Evolution and Ecology* 8 (1993):60-63; doi:10.1016/0169-5347(93)90160-Q.

"Cumulative Number of Confirmed Human Cases of Avian Influenza A/(H5N1) Reported to WHO." Global Alert and Response(GAR), World Health Organization, December 9, 2010; www.who/int/csr/disease/avian_influenza/ country/cases_table_2010_12_09/en/index.html.

Duffy, S., L. A. Shackelton, and E. C. Holmes. "Rates of Evolutionary Change in Viruses: Patterns and Determinants." *Nature Reviews Genetics* 9 (2008): 267-76; doi: 10.1038/nrg2323.

"Epidemiology of WHO-Confirmed Human Cases of Avian A (H5N1) Infection." *Weekly Epidemiological Record* (*WER*) 81, no. 26 (2006):249-60.

"Historical Estimates of World Population." International Programs, U.S. Census Bureau; www.census.gov/ipc/www/worldhis.html.

Johnson, N. P., and J. Mueller. "Updating the Accounts: Global Mortality of the 1918-1920 'Spanish' Influenza Pandemic." *Bulletin of the History of Medicine* 76, no. 1 (2002): 105-15; doi:10.1353/bhm.2002.0022.

Lynn, J. "WHO Maintains 2 Billion Estimate for Likely H1N1 Cases" Reuters. com, August 4, 2009.

Newton, P., and N. D. Wolfe. "Can Animals Teach Us Medicine?" *British Medical Journal* 305 (1992): 1517-18.

Patterson, K. D., and G. F. Pyle. "The Geography and Mortality of the 1918 Influenza Pandemic." *Bulletin of the History of Medicine* 65, no. 1 (Spring 1991): 4–21.

Sarkees, M. R. "The Correlates of War Data on War: An Update to 1997." *Conflict Management and Peace Science* 18, no. 1 (2000): 123–44; doi.10.1177/073889420001800105.

Sipress, A. "Thai Boy Dies from Bird Flu: Indonesia Reports Spread of Virus." *Washington Post*, January 26, 2004, final edition.

Small, M., and J. D. Singer. *Resort to Arms: International and Civil Wars, 1816–1980.* Beverly Hills, Calif.: Sage Publications, 1982.

Taubenberger J. K., and D. M. Morens. "1918 Influenza: The Mother of All Pandemics." Centers for Disease Control and Prevention(January 2006).

"Transmission Dynamics and Impact of Pandemic Influenza A (H1N1) 2009 Virus." *Weekly Epidemiological Record* (WER) 84, no. 46 (2009): 481–84.

1: 바이러스 행성

Acheson, N. H. *Fundamentals of Molecular Virology.* New York: Wiley, 2006: 4.

Bergh, O., K. Y. Borsheim, G. Bratbak, and M. Heldal. "High Abundance of Viruses Found in Aquatic Environments." *Nature* 340 (1989): 467–68; doi:10.1038/340467a0.

Burchell, A., R. Winer, S. De Sanjose, and E. Franco. "Chapter 6: Epidemiology and Transmission Dynamics of Genital HPV Infection." *Vaccine* 24 (2006): S52–61; doi:10.1016/j.vaccine.2006.05.031.

*Davies, P. *The Eerie Silence: Renewing Our Search for Alien Intelligence.* New York: Houghton Mifflin Harcourt, 2010.

Diamond, J., and N. Wolfe. "Where Will the Next Pandemic Emerge?" *Discover* (November 2008).

Domingo, E., et al. "Quasispecies Structure and Persistence of RNA Viruses." *Emerging Infectious Diseases* 4, no. 4 (1998): 521-27.

*Ewald, P. W. *Evolution of Infectious Disease.* New York: Oxford University Press, 1994.

Fuhrman, J. A. "Marine Viruses and Their Biogeochemical and Ecological Effects." *Nature* 399, no. 6736 (1999): 541-48; doi:10.1038/21119.

Garnham, P. C. C., et al. "A Strain of Plasmodium Vivax Characterized by Prolonged Incubation: Morphological and Biological Characteristics." *Bulletin of the World Health Organization* 52, no. 1(1975): 21-32.

"Genital HPV Infection—Fact Sheet." Sexually Transmitted Diseases (STDs). Centers for Disease Control and Prevention (November 24, 2009); www.cdc.gov/std/hpv/stdfact-hpv.htm.

Holmes, E. C. "Error Thresholds and the Constraints to RNA Virus Evolution." *Trends in Microbiology* 11, no. 12 (2003): 543-46;doi:10.1016/jitim.2003.10.006.

Hulden, L., L. Hulden, and K. Heliovaara. "Natural Relapses in Vivax Malaria Induced by Anopheles Mosquitoes." *Malaria Journal* 7, no. 1 (2008): 64-74; doi:10.1186/1475-2875-7-64.

Middelboe, M., and N. O. G. Jorgensen. "Viral Lysis of Bacteria: An Important Source of Dissolved Amino Acids and Cell Wall Compounds." *Journal of the Marine Biological Association of the United Kingdom* 86 (2006): 605-12; doi:10.1017/S0025315406013518.

Rohwer, F., and R. Vega Thurber. "Viruses Manipulate the Marine Environment." *Nature* 459, no. 7244 (2009): 207-12: doi:10.1038/nature 08060.

Smith Hughes, S. "Beijerick, Martinus Willem." *Complete Dictionary of Scientific Biography.* New York: Charles Scribner' s Sons, 2008: 13-15.

Vyas, A., S. K. Kim, and R. M. Sapolsky. "The Effects of Toxoplasma Infection on Rodent Behavior Are Dependent on Dose of the Stimulus." *Neuroscience* 148, no. 2 (2007): 342-48: doi:10.1016/j.neuroscience.2007.06.021.

Webster J. P., P. H. L. Lamberton, C. A. Donnelly, and E. F. Torrey. "Parasites as Causative Agents of Human Affective Disorders?: The Impact of Anti-Psychotic and Anti-Protozoan Medication on Toxoplasma gondii' s Ability to Alter Host Behaviour." *Proceedings of the Royal Society B: Biological Sciences,* 273 (2006): 1023-30: doi: 10.1098/rspb.2005.3413.

Wolfe, N. *The Aliens Among Us. What's Next? Dispatches on the Future of Science.* Ed. Max Brockman. New York: Vintage, 2009: 185-96.

2: 사냥하는 유인원

Bailes, E., F. Gao, F. Bibollet-Ruche, V. Courgnaud, M. Peeters, P. A. Marx, Beatrice H. Hahn, and Paul M. Sharp. "Hybrid Origin of SIV in Chimpanzees." *Science* 300, no. 5626 (2003): 1713: doi:10.1126/science. 1080657.

*Diamond, J. M. *The Third Chimpanzee: The Evolution and Future of the Human Animal.* New York: HarperCollins, 1992.

Hohmann, G., and B. Fruth. "New Records on Prey Capture and Meat Eating by Bonobos at Lui Kotale, Salonga National Park, Democratic Republic of Congo." *Folia Primatologica* 79, no. 2 (2008): 103–10; doi:10.1159/000110679.

Keele, B. F., et al. "Increased Mortality and AIDS-like Immunopathology in Wild Chimpanees Infected with SIVcpz." *Nature* 460, no. 7254 (2009): 515–19; doi:10.1038/nature08200.

Lee-Thorp, J. A., M. Sponheimer, B. H. Passey, D. J. De Ruiter, and T. E. Cerling. "Stable Isotopes in Fossil Hominin Tooth Enamel Suggest a Fundamental Dietary Shift in the Pliocene." *Philosophical Transactions of the Royal Society B: Biological Sciences* 365, no. 1556 (2010): 3389–96; doi:10.1098/rstb.2010.0059.

McGrew, W. C. "Savanna Chimpanzees Dig for Food." *Proceedings of the National Academy of Sciences* 104, no. 49 (2007): 19167–68; doi:10.1073/pnas.0710330105.

McPherron, S. P., Z. Alemseged, C. W. Marean, J. G. Wynn, D. Reed, D. Geraads, R. Bobe, and H. A. Bearat. "Evidence for Stone-Tool-Assisted Consumption of Animal Tissues before 3.39 Million Years Ago at Dikika, Ethiopia." *Nature* 466 (2010): 857–60; doi: 10.1038/nature09248.

Sponheimer, M., and J. A. Lee-Thorp. "Isotopic Evidence for the Diet of an Early Hominid, Australopithecus Africanus." *Science* 283(1999): 368–70; doi:10.1126/science.283.5400.368.

*Stanford, C. B. *The Hunting Apes: Meat Eating and the Origins of Human Behavior.* Princeton: Princeton University Press, 1999.

Wolfe, N. "Preventing the Next Pandemic." *Scientific American* (April 2009): 76–81.

Wolfe, N. D., C. Panosian Dunavan, and J. Diamond. "Origins of Major Human Infectious Diseases." *Nature* 447, no. 7142 (2007): 279–83; doi:10.1038/nature05775.

Wolfe, N. D., et al. "Deforestation, Hunting and the Ecology of Microbial Emergence." *Global Change and Human Health* 1, no. 1(2000): 10–25; doi:10.1023/A:1011519513354.

Wrangham, R., M. Wilson, B. Hare, and N. D. Wolfe. "Chimpanzee Predation and the Ecology of Microbial Exchange." *Microbial Ecology in Health and Disease* 12, no. 3 (2000): 186–88; doi:10.1080/089106000750051855.

3: 병원균 병목 현상

Behar, D. M., R. Villems, H. Soodyall, J. Blue-Smith, L. Pereira, E. Metspalu, R. Scozzari, H. Makkan, S. Tzur, and D. Comas. "The Dawn of Human Matrilineal Diversity." *American Journal of Human Genetics* 82, no. 5 (2008): 1130–40; doi: 10.1016/j.ajhg.2008.04.002.

Black, F. L. "Infectious Diseases in Primitive Societies." *Science* 187(1975): 515–18; doi:10.1126/science.163483.

*Cela-Conde, C. J., and F. J. Ayala. *Human Evolution: Trails from the Past*. Oxford: Oxford University Press, 2007.

*Coatney, G. R., W. E. Collins, M. Warren, and P. G. Contacos. *The Primate Malarias*. Bethesda, Md.: US Department of Health, Education, and Welfare, 1971.

Cornuet, J. M., and G. Luikart. "Description and Power Analysis of Two Tests for Detecting Recent Population Bottlenecks from Allele Frequency Data." Genetics 144 (1996): 2001–14.

Dobson, A. P., and E. R. Carper. "Infectious Diseases and Human Population History." *BioScience* 46, no. 2 (1996): 115–26.

Gao, F., et al. "Origin of HIV-1 in the Chimpanzee Pan Troglodytes Troglodytes." *Nature* 397, no. 6718 (1999): 436–41; doi:10.1038/17130.

Gibbons, A. "Pleistocene Population Explosions." *Science* 262, no. 5130 (1993): 27–28; doi:10.1126/science.262.5130.27.

*Goodall, J. *The Chimpanzees of Gombe: Patterns of Behavior.* Cambridge, Mass.: Belknap, 1986.

Huff, C. D., J. Xing, A. R. Rogers, D. Witherspoon, and L. B. Jorde. "Mobile Elements Reveal Small Population Size in the Ancient Ancestors of Homo Sapiens." *Proceedings of the National Academy of Sciences* 107, no. 5 (2010): 2147–52; doi:10.1073/pnas.0909000107.

*Kingdon, J. *The Kingdon Field Guide to African Mammals.* SanDiego: Academic, 1997.

Liu, Weimin, et al. "Origin of the Human Malaria Parasite Plasmodium Falciparum in Gorillas." *Nature* 467, no. 7314 (2010): 420–t 25; doi:10.1038/nature09442.

Prugnolle, F., et al. "African Great Apes Are Natural Hosts of Multiple Related Malaria Species, including Plasmodium Falciparum." *Proceedings of the National Academy of Sciences* 107, no. 4 (2010): 1458–63; doi:10.1073/pnas.0914440107.

Reed, K. E. "Early Hominid Evolution and Ecological Change through the African Plio-Pleistocene." *Journal of Human Evolution* 32 (1997): 289–322; doi:10.1006/jhev.1996.0106.

Rich, S. M., F. H. Leendertz, G. Xu, M. LeBreton, C. F. Djoko, M. N.

Aminake, E. E. Takang, J. L. D. Diffo, B. L. Pike, B. M. Rosenthal, P. Formenty, C. Boesch, F. J. Ayala, and N. D. Wolfe. "The Origin of Malignant Malaria." *Proceedings of the National Academy of Sciences* 106, no. 35 (2009): 14902-7; doi:10.1073/pnas.0907740106.

Wolfe, N. D., C. Panosian Dunavan, and J. Diamond. "Origins of Major Human Infectious Diseases." *Nature* 447, no. 7142 (2007): 279-83; doi:10.1038/nature05775.

Wolfe, N. D., M. N. Eitel, J. Gockowski, P. K. Muchaal, C. Nolte, A. Tassy Prosser, J. Ndongo Torimiro, S. F. Weise, and D. S. Burke. "Deforestation, Hunting and the Ecology of Microbial Emergence." *Global Change and Human Health* 1, no. 1 (2000): 10-25; doi: 10.1023/A:1011519513354.

*Wrangham, R. *Catching Fire: How Cooking Made Us Human*. New York: Basic, 2009.

Yang, Z. "Likelihood and Bayes Estimation of Ancestral Population Sizes in Hominoids Using Data From Multiple Loci." *Genetics* 162 (2002): 1811-23.

4: 뒤집고 휘저어 뒤섞다

Cleaveland, L. H., M. K. Laurenson, and L. H. Taylor. "Diseases of Humans and Their Domestic Mammals: Pathogen Characteristics, Host Range and the Risk of Emergence." *Philosophical Transactions of the Royal Society B: Biological Sciences* 356 (2001): 991-99; doi: 10.1098/rstb.2001.0889.

Currie, C. R., J. A. Scott, R. C. Summerbell, and D. Malloch. "Letters: Fungus-Growing Ants Use Antibiotic-Producing Bacteria to Control Garden

Parasites." *Nature* 398, no. 6729 (1999): 701-4; doi: 10.1038/19519.

Currie, C. R., U. G. Mueller, and D. Malloch. "The Agricultural Pathology of Ant Fungus Gardens." *Proceedings of the National Academy of Sciences* 96 (1999): 7998-8002; doi:10.1073/pnas.96.14.7998.

Delmas, O., E. C. Holmes, C. Talbi, F. Larrous, L. Dacheux, C. Bouchier, and H. Bourhy. "Genomic Diversity and Evolution of the Lyssaviruses." PLoS ONE E2057 3, no. 4 (2008): 1-6; doi: 10.1371/journal.pone.0002057.

Diamond, J. "Evolution, Consequences, and Future of Plant and Animal Domestication." *Nature* 418, no. 6898 (2002): 700-707; doi :10.1038/nature01019.

*Diamond, J. M. *Guns, Germs, and Steel: The Fates of Human Societies.* New York: W. W. Norton, 1999.

Epstein, J. H., H. E. Field, S. Luby, J. R. C. Pulliam, and P. Daszak. "Nipah Virus: Impact, Origins, and Causes of Emergence." *Current Infectious Disease Reports* 8, no. 1 (2006): 59-65; doi:10.1007/S11908-006-0036-2.

Fagbami, A. H., T. P. Monath, and A. Fabiyi. "Dengue Virus Infections in Nigeria: A Survey for Antibodies in Monkeys and Humans." *Transactions of the Royal Society of Tropical Medicine and Hygiene* 71, no. 1 (1977): 60-65; doi:10.1016/0035-9203(77)90210-3.

Field, H. E., J. S. Mackenzie, and P. Daszak. "Henipaviruses: Emerging Paramyxoviruses Associated with Fruit Bats." *Current Topics in Microbiology and Immunology* 315 (2007): 133-59; doi:10.1007/978-3-540-70962-6_7.

Field, H., P. Young, J. M. Yob, J. Mills, L. Hall, and J. Mackenzie. "The Natural History of Hendra and Nipah Viruses." *Microbes and Infection* 3, no. 4 (2001): 307–14; doi:10.1016/S1286-4579(01)01384-3.

*Goodall, J. *The Chimpanzees of Gombe: Patterns of Behavior.* Cambridge, Mass.: Belknap, 1986.

Holmes, E. C., and S. S. Twiddy. "The Origin, Emergence and Evolutionary Genetics of Dengue Virus." *Infection, Genetics, and Evolution* 3 (2003): 19–28; doi:10.1016/S1567-1348(03)00004-2.

Hughes, W. O. H., J. Eilenberg, and J. J. Boomsma. "Trade-Offs in Group Living: Transmission and Disease Resistance in Leafcutting Ants." *Proceedings of the Royal Society B: Biological Sciences* 269, no. 1502 (2002): 1811–19; doi: 10.1098/rspb.2002.2113.

LeBreton, M., S. Umlauf, C. F. Djoko, P. Daszak, D. S. Burke, P. Y. Kwenkam, and N. D. Wolfe. "Rift Valley Fever in Goats, Cameroon." *Emerging Infectious Diseases* 12, no. 4 (2006): 702–3.

Li, W., et al. "Bats Are Natural Reservoirs of SARS–Like Coronaviruses." *Science* 310, no. 5748 (2005): 676–79; doi: 10.1126/science.1118391.

Luby, S. P., E. S. Gurley, and M. J. Hossain. "Transmission of Human Infection with Nipah Virus." *Clinical Infectious Diseases* 49, no. 11 (2009): 1743–48; doi: 10.1086/647951.

Mackenzie, J. S., D. J. Gubler, and L. R. Petersen. "Emerging Flaviviruses: The Spread and Resurgence of Japa nese Encephalitis, West Nile and Dengue Viruses." *Nature Medicine* 10, no. 12s(2004): S98–109; doi:10.1038/nm1144.

Pang, J. F., et al. "MtDNA Data Indicate a Single Origin for Dogs South of Yangtze River, Less Than 16,300 Years Ago, from Numerous Wolves." *Molecular Biology and Evolution* 26, no. 12 (2009): 2849–64;

doi:10.1093/molbev/msp195.

*Panter-Brick, C., R. H. Layton, and P. Rowley-Conwy. *Hunter-Gatherers: An Interdisciplinary Perspective.* Cambridge, England: Cambridge University Press, 2001.

Rudnick, A., and T. W. Lim. "Dengue Fever Studies in Malaysia." *Institute for Medical Research Malaysia Bulletin* 23 (1986): 127-47.

VonHoldt, B. M., et al. "Letters: Genome-Wide SNP and Haplotype Analyses Reveal a Rich History Underlying Dog Domestication." *Nature* 464, no. 7290 (2010): 898-903; doi:10.1038/nature08837.

Wilson, E. O. "Caste and Division of Labor in Leaf-Cutter Ants (Hymenoptera: Formicidae: Atta)." *Behavioral Ecology and Sociobiology* 7, no. 2 (1980): 143-56.

Yob, J. M., et al. "Nipah Virus Infection in Bats (Order Chiroptera) in Peninsular Malaysia." *Emerging Infectious Diseases* 7 (2001): 439-41.

5: 최초의 판데믹

Associated Press. "Tennesse Teen Dies of Rabies." *Times Daily* [Florence, Ala.], September 2, 2002.

Bermejo, M., J. D. Rodriguez-Teijeiro, G. Illera, A. Barroso, C. Vila, and P. D. Walsh. "Ebola Outbreak Killed 5000 Gorillas." *Science* 314, no. 5805 (2006): 1564; doi:10.1126/science.1133105.

Bertrand, M. "Training without Reward: Traditional Training of Pig-Tailed Macaques as Coconut Harvesters." *Science* 155, no. 3761 (1967): 484-86; doi:10.1126/science.155.3761.484.

"CDC-utbreak of Human Monkeypox, Democratic Republic of Congo, 1996

to 1997." Centers for Disease Control and Prevention(February 9, 2011);
http://www.cdc.gov/ncidod/eid/vol7no3/hutin.htm.

Cleaveland, S., D. T. Haydon, and L. Taylor. "Overviews of Pathogen
Emergence: Which Pathogens Emerge, When and Why?" *Current Topics
in Microbiology and Immunology* 315 (2007): 85-111; doi: 10.1007/978-3-
540-70962-6_5.

Focosi, D., et al. "Torquetenovirus Viremia Kinetics after Autologous Stem
Cell Transplantation Are Predictable and May Serve as a Surrogate
Marker of Functional Immune Reconstitution." *Journal of Clinical
Virology* 47 (2010): 189-92; doi:10.1016/j.jcv.2009.11.027.

Halpin, K., A. D. Hyatt, R. K. Plowright, J. H. Epstein, P. Daszak, H. E. Field,
L. Wang, and P. W. Daniels. "Emerging Viruses: Coming in on a
Wrinkled Wing and a Prayer." *Clinical Infectious Diseases* 44, no. 5
(2007): 711-17; doi:10.1086/511078.

"Human Rabies-Tennessee, 2002." *JAMA* 288, no. 24 (2002): 828-29.

Keele, B. F., et al. "Chimpanzee Reservoirs of Pandemic and Nonpandemic HIV-
1." *Science* 313, no. 5786 (2006): 523-26; doi:10 .1126/science.1126531.

Ladnyj, I. D., P. Ziegler, and E. Kima. "A Human Infection Caused by
Monkeypox Virus in Basankusu Territory, Democratic Republic of the
Congo." *Bulletin of the World Health Organization* 46 (1972): 593-
97.

Leroy, E. M., B. Kumulungui, X. Pourrut, P. Rouquet, A. Hassanin, P. Yaba,
A. Delicat, J. T. Paweska, J. P. Gonzalez, and R. Swanepoel. "Fruit Bats
as Reservoirs of Ebola Virus." *Nature* 438, no. 7068(2005): 575-76;
doi:10.1038/438575a.

Prescott, L. E., et al. "Correspondence: Global Distribution of Transfusion-Transmitted Virus." *New England Journal of Medicine* 339, no. 11 (1998): 776-77.

Rimoin, A. W., et al. "Major Increase in Human Monkeypox Incidence 30 Years after Smallpox Vaccination Campaigns Cease in the Democratic Republic of Congo." *Proceedings of the National Academy of Sciences* 107, no. 37 (2010): 16262-67; doi:10.1073/pnas.1005769107.

Rimoin A. W., N. Kisalu, B. Kebela-Ilunga, T. Mukaba, L. L. Wright, P. Formenty, N. D. Wolfe, R. L. Shongo, F. Tshioko, E. Okitolonda, J. J. Muyembe, R. W. Ryder, and H. Meyer. "Endemic Human Monkeypox, Democratic Republic of Congo, 2001-2004." *Emerging Infectious Disease* 13 (2007): 934-37; doi:10.3201/eid1306.061540.

Simmonds, P., F. Davidson, C. Lycett, L. Prescott, D. Macdonald, J. Ellender, P. Yap, C. Ludlam, G. Haydon, J. Gillon, and L. M. Jarvis. "Detection of a Novel DNA Virus (TT Virus) in Blood Donors and Blood Products." *Lancet* 352, no. 9123 (1998): 191-95; doi: 10.1016/S0140-6736(98)03056-6.

"Update: Multistate Outbreak of Monkeypox-Illinois, Indiana, Kansas, Missouri, Ohio, and Wisconsin, 2003." Centers for Disease Control and Prevention (February 9, 2011); http://www.cdc.gov/mmwr/preview/mmwrhtml/mm5227a5.htm.

Van Blerkom, L. M. "Role of Viruses in Human Evolution." *American Journal of Physical Anthropology* 46 (2003): 14-46; doi:10.1002/ajpa.10384.

Voelker, R. "Suspected Monkeypox Outbreak." *JAMA* 279, no. 2(1998): 101.

Wolfe, N. D., C. Panosian Dunavan, and J. Diamond. "Origins of Major Human Infectious Diseases." *Nature* 447, no. 7142 (2007): 279-83; doi:

10.1038/nature05775.

Woolhouse, M. E. J., D. T. Haydon, and R. Antia. "Emerging Pathogens : The Epidemiology and Evolution of Species Jumps." *TRENDS in Ecology and Evolution* 20, no. 5 (2005) : 238-43 ; doi : 10.1016/j.tree.2005.02.009.

Zhang, W., K. Chaloner, H. Tillmann, C. Williams, and J. Stapleton. "Effect of Early and Late GB Virus C Viraemia on Survival of HIV-Infected Individuals : A Meta-analysis." *HIV Medicine* 7, no. 3 (2006) : 173-80 ; doi : 10.1111/j.1468-1293.2006.00366.X.

6: 하나의 세계

Arcadi, A. C., and R. W. Wrangham. "Infanticide in Chimpanzees : Review of Cases and a New Within-group Observation from the Kanyawara Study Group in Kibale National Park." *Primates* 40, no. 2 (1999) : 337-51 ; doi : 10.1007/BF02557557.

Arroyo, M. A., W. B. Sateren, D. Serwadda, R. H. Gray, M. J. Wawer, N. K. Sewankambo, N. Kiwanuka, G. Kigozi, F. Wabwire-Mangen, M. Eller, L. A. Eller, D. L. Birx, M. L. Robb, and F. E. McCutchan. "Higher HIV-1 Incidence and Genetic Complexity Along Main Roads in Rakai District, Uganda." *Journal of Acquired Immune Deficiency Syndromes* (JAIDS) 43, no. 4 (2006) : 440-45 ; doi : 10.1097/01.gov.0000243053.80945.f0.

Berger, L., et al. "Chytridiomycosis Causes Amphibian Mortality Associated with Population Declines in the Rain Forests of Australia and Central America." *Proceedings of the National Academy of Sciences* 95 (1998) : 9031-36.

Brownstein, J. S., C. J. Wolfe, and K. D. Mandl. "Empirical Evidence for the Effect of Airline Travel on Inter-Regional Influenza Spread in the United States."

PLoS Medicine 3, no. 10 (2006): e401; doi: 10.1371/journal.pined.0030401.

Chitnis, A., D. Rawls, and J. Moore. "Origin of HIV Type 1 in Colonial French

Equatorial Africa?" *AIDS Research and Human Retroviruses* 16, no. 1

(2000): 5-8; doi:10.1.089/088922200309548.

*Cook, N. D. *Born to Die: Disease and New World Conquest, 1492-1650.*

Cambridge, England: Cambridge University Press, 1998.

Daszak, P., L. Berger, A. A. Cunningham, A. D. Hyatt, D. E. Green, and R.

Spear. "Emerging Infectious Diseases and Amphibian Population

Declines." *Emerging Infectious Diseases* 5, no. 6 (1999): 735-48.

Ducrot, C., M. Arnold, A. De Koeijer, D. Heim, and D. Calavas. "Review on

the Epidemiology and Dynamics of BSE Epidemics." *Veterinary Research*

39, no. 15 (2008); doi:10.1051/vetres:2007053.

Folsom, J. "AIDS Origins: Colonial Legacies and the Belgian Congo." Paper

presented at the annual meeting of the American Sociological

Association Annual Meeting, Hilton Atlanta and Atlanta Marriott Marquis,

Atlanta, Ga., August 13, 2010.

Graves, M. W., and D. J. Addison. "The Polynesian Settlement of the

Hawaiian Archipelago: Integrating Models and Methods in

Archaeological Interpretation." *World Archaeology* 26, no. 3 (1995):

380-99; doi:10.1080/00438243.1995.9980283.

Hudjashov, G., T. Kivisild, P. A. Underhill, P. Endicott, J. J. Sanchez, A. A.

Lin, P. Shen, P. Oefner, C. Renfrew, R. Villems, and P. Forster.

"Revealing the Prehistoric Settlement of Australia by Y Chromosome and

MtDNA Analysis." *Proceedings of the National Academy of Sciences* 104, no. 21 (2007): 8726–30; doi: 10.1073/pnas.0702928104.

Lawler, A. "Report of Oldest Boat Hints at Early Trade Routes." *Science* 296 (2002): 1791–92; doi:10.1126/science.296.5574.1791.

*Lay, M. G. *Ways of the World: A History of the World's Roads and of the Vehicles That Used Them.* Piscataway, N.J.: Rutgers University Press, 1992.

Morens, D. M., J. K. Taubenberger, G. K. Folkers, and A. S. Fauci. "Pandemic Influenza's 500th Anniversary." *Clinical Infectious Diseases* 51 (2010): 1442–44; doi:10.1086/657429.

Perrin, L., L. Kaiser, and S. Yerly. "Travel and the Spread of HIV-1 Genetic Variants." *Lancet Infectious Diseases* 3, no. 1 (2003): 22–27;doi:10.1016/S1473-3099(03)00484-5.

*Quammen, D. *The Song of the Dodo: Island Biogeography in an Age of Extinctions.* New York: Simon and Schuster, 1997.

Russell, C. A., et al. "The Global Circulation of Seasonal Influenza A (H3N2) Viruses." *Science* 320, no. 5874 (2008): 340–46; doi: 10.1126/science.1154137.

_____. "Influenza Vaccine Strain Selection and Recent Studies on the Global Migration of Seasonal Influenza Viruses." *Vaccine* 26(2008): D31–34; doi:10.1016/j.vaccine.2008.07.078.

Tatem, A. J., D. J. Rogers, and S. I. Hay. "Global Transport Networks and Infectious Disease Spread." *Advances in Parasitology* 62 (2006): 293–343; doi: 10.1016/S0065-308x(05)62009-x.

Wilson, M. "Travel and the Emergence of Infectious Diseases." *Emerging Infectious Diseases* 1, no. 2 (1995): 39–46.

Worobey, M., M. Gemmel, D. E. Teuwen, T. Haselkorn, K. Kunstman, M. Bunce, J. J. Muyembe, J. M. M. Kabongo, R. M. Kalengayi, E. Van Marck, M. T. P. Gilbert, and S. M. Wolinsky. "Direct Evidence of Extensive Diversity of HIV 1 in Kinshasa by 1960." *Nature* 455, no. 7213 (2008): 661–64; doi:10.1038/nature07390.

*Wrangham, R. W., W. C. McGrew, F. B. M. De Waal, and P. G. Heltne. *Chimpanzee Cultures*. Chicago, Ill.: Chicago Academy of Sciences, 1994.

Zhu, T., B. T. Korber, A. J. Nahmias, E. Hooper, P. M. Sharp, and D. D. Ho. "An African HIV-1 Sequence from 1959 and Implications for the Origin of the Epidemic." *Nature* 391, no. 6667 (1998):594–97; doi:10.1038/35400.

7: 친밀한 종

Allain, J. P., S. L. Stramer, A. B. F. Carneiro-Proietti, M. L. Martins, S. N. Lopes Da Silva, M. Ribeiro, F. A. Proietti, and H. W. Reesink. "Transfusion-Transmitted Infectious Diseases." *Biologicals* 37, no. 2 (2009): 71–77; doi:10.1016/j.biologicals.2009.01.002.

Apetrei, C., et al. "Potential for HIV Transmission through Unsafe Injections." *AIDS* 20, no. 7 (2006): 1074–76; doi:10.1097/01.aids.0000222085. 21540.8a.

Atkin, S. J. L., B. E. Griffin, and S. M. Dilworth. "Polyoma Virus and Simian Virus 40 as Cancer Models: History and Perspectives." *Seminars in Cancer Biology* 19, no. 4 (2009): 211–17; doi:10.1016/j.semcancer. 2009.03.001.

Berry, N., C. Davis, A. Jenkins, D. Wood, P. Minor, G. Schild, M. Bottiger, H.

Holmes, and N. Almond. "Vaccine Safety: Analysis of Oral Polio Vaccine CHAT Stocks." *Nature* 410, no. 6832 (2001): 1046–47; doi:10.1038/35074176.

Blancou, P., J. P. Vartanian, C. Christopherson, N. Chenciner, C. Basilico, S. Kwok, and S. Wain-Hobson. "Polio Vaccine Samples Not Linked to AIDS." *Nature* 410, no. 6832 (2001): 1045–46; doi: 10.1038/35074171.

*Brock, P. *Charlatan: America's Most Dangerous Huckster, The Man Who Pursued Him, and the Age of Flimflam*. New York: Three Rivers, 2008.

Curtis, T. "The Origin of AIDS: A Startling New Theory Attempts to Answer the Question, 'Was It an Act of God or an Act of Man?' " *Rolling Stone*, March 19, 1992, 54–59, 61, 106, 108.

Dang-Tan, T., S. M. Mahmud, R. Puntoni, and E. L. Franco. "Polio Vaccines, Simian Virus 40, and Human Cancer: The Epidemiologic Evidence for a Causal Association." *Oncogene* 23 (2004): 6535–40; doi: 10.1038/sj.onc.1207877.

Deschamps, J. Y., F. A. Roux, P. Sai, and E. Gouin. "History of Xenotransplantation." *Xenotransplantation* 12, no. 2 (2005): 91–109; doi: 10.1111/j.1399-3089.2004.00199.x.

Dorfer, L., M. Moser, F. Bahr, K. Spindler, E. Egarter-Vigl, S. Giullen, G. Dohr, and T. Kenner. "A Medical Report from the Stone Age?" *Lancet* 354 (September 1999): 1023–25; doi:10.1016/S0140-6736(98)12242-0.

Drazan, K. E. "Molecular Biology of Hepatitis C Infection." *Liver Transplantation* 6 (2000): 396–406; doi:10.1053/jlts.2000.6449.

Drucker, E., P. G. Alcabes, and P. A. Marx. "The Injection Century: Massive Unsterile Injections and the Emergence of Human Pathogens." *Lancet* 358, no. 9297 (2001): 1989–92; doi:10.1016/S0140-6736(01)06967-7.

Fischer, L., M. Sterneck, M. Claus, A. Costard-Jackle, B. Fleischer, H. Herbst, X. Rogiers, and C. E. Broelsch. "Transmission of Malaria Tertiana by Multi-Organ Donation." *Clinical Transplantation* 13(1999): 491-95; doi: 10.1034/j.1399-0012.1999.130609.x.

Herwaldt, B. L. "Laboratory-Acquired Parasitic Infections from Accidental Exposures." *Clinical Microbiology Reviews* 14, no. 4(2001): 659-88; doi:10.1128/CMR.14.3.659-688.2001.

Houff, S. A., et al. "Human-to-Human Transmission of Rabies Virus by Corneal Transplant." *New England Journal of Medicine* 300 (1979):603-4.

Kahn, A. "Regaining Lost Youth: The Controversial and Colorful Beginnings of Hormone Replacement Therapy in Aging." *Journal of Gerontology: Biological Sciences* 60A, no. 2 (2005): 142-47; doi:10.1093/gerona/60.2.142.

Korber, B., M. Muldoon, J. Theiler, F. Gao, R. Gupta, A. Lapedes, B. H. Hahn, S. Wolinsky, and T. Bhattacharya. "Timing the Ancestor of the HIV-1 Pandemic Strains." *Science* 288, no. 5472 (2000): 1789-96; doi: 10.1126/science.288.5472.1789.

Marx, P. A., P. G. Alcabes, and E. Drucker. "Serial Human Passage of Simian Immunodeficiency Virus by Unsterile Injections and the Emergence of Epidemic Human Immunodeficiency Virus in Africa." *Philosophical Transactions of the Royal Society B: Biological Sciences* 356, no. 1410 (2001): 911-20; doi:10.1098/rstb.2001.0867.

Mejia, G. A., et al. "Malaria in a Liver Transplant Recipient: A Case Report." *Transplantation Proceedings* 38, no. 9 (2006): 3132-34; doi:

10.1016/j.transproceed.2006.08.187.

Morgenthaler, J. J. "Securing Viral Safety for Plasma Derivatives." *Transfusion Medicine Reviews* 15, no. 3 (2001): 224–33; doi:10.1053/tmrv.2001. 24590.

Palacios, G., et al. "A New Arenavirus in a Cluster of Fatal Transplant-Associated Diseases." *New England Journal of Medicine* 358, no. 10(2008): 991–98.

Paradis, K., G. Langford, Z. Long, W. Heneine, P. Sandstrom, W. M. Switzer, L. E. Chapman, C. Lockey, D. Onions, and E. Otto. "Search for Cross-Species Transmission of Porcine Endogenous Retrovirus in Patients Treated with Living Pig Tissue." *Science* 285, no. 5431 (1999): 1236–41; doi:10.1126/science.285.5431.1236.

Pike, R. M. "Laboratory-Associated Infections: Incidence, Fatalities, Causes, and Prevention." *Annual Review of Microbiology* 33, no. 1 (1979): 41–66; doi:10.1146/annurev.mi.33.100179.000353.

"Pneumocystis Pneumonia—Los Angeles." *MMWR* 30, no. 21 (June 5, 1981): 250–52.

Poinar, H., M. Kuch, and S. Paabo. "Molecular Analyses of Oral Polio Vaccine Samples." *Science* 292, no. 5517 (2001): 743–44; doi:10.1126/science.1058463.

Pybus, O. G., P. V. Markov, A. Wu, and A. J. Tatem. "Investigating the Endemic Transmission of the Hepatitis C Virus." *International Journal for Parasitology* 37 (2007): 839–49; doi:10.1016/j.ijpara.2007.04.009.

Rambaut, A. L. "Human Immunodeficiency Virus: Phylogeny and the Origin of HIV-1." *Nature* 410 (2001): 1047–48; doi:10.1038/35074179.

Rudolf, V. H. W., and J. Antonovics. "Disease Transmission by Cannibalism: Rare Event or Common Occurrence?" *Proceedings of the Royal Society B: Biological Sciences* 274, no. 1614 (2007): 1205-10; doi:10.1098/rspb.2006.0449.

Schreiber, G. B., M. P. Busch, S. H. Kleinman, and J. J. Korelitz. "The Risk of Transfusion-Transmitted Viral Infections." *New England Journal of Medicine* 334 (1996): 1685-90.

Sewell, D. L. "Laboratory-Associated Infections and Biosafety." *Clinical Microbiology Reviews* 8, no. 3 (1995): 389-405.

Simmonds, P. "Reconstructing the Origins of Human Hepatitis Viruses." *Philosophical Transactions of the Royal Society B: Biological Sciences* 356, no. 1411 (2001): 1013-26; doi:10.1098/rstb.2001.0890.

Smith, D. B., S. Pathirana, F. Davidson, E. Lawlor, J. Power, P. L. Yap, and P. Simmonds. "The Origin of Hepatitis C Virus Genotypes." *Journal of General Virology* 78 (1997): 321-28.

*Specter, M. *Denialism: How Irrational Thinking Hinders Scientific Progress, Harms the Planet, and Threatens Our Lives*. New York: Penguin, 2009.

Srinivasan, A., et al. "Transmission of Rabies Virus from an Organ Donor to Four Transplant Recipients." *New England Journal of Medicine* 352, no. 11 (2005): 1103-11.

"The Tattoos." Otzi the Iceman. South Tyrol Museum of Archaeology, 2008; http://www.iceman.it/en/node/262.

Victoria, J. G., C. Wang, M. S. Jones, C. Jaing, K. McLoughlin, S. Gardner, and E. L. Delwart. "Viral Nucleic Acids in Live-Attenuated Vaccines: Detection of Minority Variants and an Adventitious Virus." *Journal of*

Virology 84, no. 12 (2010): 6033–40; doi: 10.1128/JVI.02690–09.

"Voronoff Patient Tells of New Life." *New York Times*, October 6, 1922.

8: 바이러스들의 습격

Alpers, M. P. "Review. The Epidemiology of Kuru: Monitoring the Epidemic from Its Peak to Its End." *Philosophical Transactions of the Royal Society B: Biological Sciences* 363, no. 1510 (2008): 3707–13; doi:10.1098/rstb.2008.0071.

Ambrus, J. L., Sr., and J. L. Ambrus, Jr. "Nutrition and Infectious Diseases in Developing Countries and Problems of Acquired Immunodeficiency Syndrome." *Experimental Biology and Medicine* 229 (2004): 464–72.

Associated Press. "Century–Old Smallpox Scabs in N. M. Envelope." USATODAY.com, December 26, 2003.

Bellamy, R. J., and A. R. Freedman. "Bioterrorism." *Quarterly Journal of Medicine* 94 (2001): 227–34; doi:10.1093/9jmed/94.4.227.

Burke, D. S. "Recombination in HIV: An Important Viral Evolutionary Strategy." *Emerging Infectious Diseases* 3, no. 3 (1997): 253–59.

De Rosa, P. *Vicars of Christ: The Dark Side of the Papacy.* New York: Crown, 1988.

Ducrot, C., M. Arnold, A. De Koeijer, D. Heim, and D. Calavas. "Review on the Epidemiology and Dynamics of BSE Epidemics." *Veterinary Research* 39, no. 4 (2008): 15; doi:10.1051/vetres: 2007053.

Fishbein, L. "Transmissible Spongiform Encephalopathies, Hypotheses and Food Safety: An Overview." *Science of the Total Environment* 217, nos. 1–2 (1998): 71–82; doi:10.1016/50048–9697(98)00164–8.

*Garrett, L. *The Coming Plague: Newly Emerging Diseases in a World Out of*

Balance. New York: Penguin, 1995.

Harman, J. L., and C. J. Silva. "Bovine Spongiform Encephalopathy." *Journal of the American Veterinary Medical Association* 234, no. 1 (2009): 59–72.

LeBreton, M., O. Yang, U. Tamoufe, E. Mpoudi-Ngole, J. N. Torimiro, C. F. Djoko, J. K. Carr, A. Tassy Prosser, A. W. Rimoin, D. L. Birx, D. S. Burke, and N. D. Wolfe. "Exposure to Wild Primates among HIV-infected Persons." *Emerging Infectious Diseases* 13, no. 10 (2007): 1579–82.

Li, Y., et al. "Predicting Super Spreading Events during the 2003 Severe Acute Respiratory Syndrome Epidemics in Hong Kong and Singapore." *American Journal of Epidemiology* 160, no. 8(2004): 719–28; doi:10.1093/aje/kwh273.

Morris, J. G., Jr., and M. Potter. "Emergence of New Pathogens as a Function of Changes in Host Susceptibility." *Emerging Infectious Diseases* 3, no. 4 (1997): 435–41.

Ratnasingham, S., and P. D. N. Hebert. "Bold: The Barcode of Life Data System (http://www.barcodinglife.org)." *Molecular Ecology Notes* 7, no. 3 (2007): 355–64; doi:10.1111/j.1471-8286.2007.01678.x.

Rees, M. J. *Our Final Hour: A Scientist's Warning: How Terror, Error, and Environmental Disaster Threaten Humankind's Future in This Century on Earth and Beyond.* New York: Basic, 2003.

Reshetin, V. P., and J. L. Regens. "Simulation Modeling of Anthrax Spore Dispersion in a Bioterrorism Incident." *Risk Analysis* 23, no. 6 (2003): 1135–45; doi:10.1111/j.0272-4332.2003.00387.x.

Rusnak, J. M., M. G. Kortepeter, R. J. Hawley, A. O. Anderson, E. Boudreau, and E. Eitzen. "Risk of Occupationally Acquired Illness from Biological Threat Agents in Unvaccinated Laboratory Workers." *Biosecurity and Bioterrorism: Biodefense Strategy, Practice, and Science* 2, no. 4 (2004): 281-93; doi:10.1089/bsp.2004.2.281.

Schwartz, J. "Fish Tale Has DNA Hook: Students Find Bad Labels." *New York Times*, August 21, 2008, Science sec.

Sidel, V. W., H. W. Cohen, and R. M. Gould. "Good Intentions and the Road to Bioterrorism Preparedness." *American Journal of Public Health* 91, no. 5 (2001): 716-18.

Silbergeld, E. K., J. Graham, and L. B. Price. "Industrial Food Animal Production, Antimicrobial Resistance, and Human Health." *Annual Review of Public Health* 29, no. 1 (2008): 151-69; doi: 10.1146/annurev.pubhealth.29.620907.090904.

Snyder, J. W. "Role of the Hospital-Based Microbiology Laboratory in Preparation for and Response to a Bioterrorism Event." *Journal of Clinical Microbiology* 41, no. 1 (2003): 1-4; doi:10.1128/JCM.41.1.1-4.2003.

Trevejo, R. T., M. C. Barr, and R. A. Robinson. "Important Emerging Bacterial Zoonotic Infections Affecting the Immunocompromised." *Veterinary Research* 36, no. 3 (2005): 493-506; doi:10.1051/vetres:2005011.

Tucker, J. B. "Historical Trends Related to Bioterrorism: An Empirical Analysis." *Emerging Infectious Diseases* 5, no. 4 (1999): 498-504.

UN-Habitat, United Nations Human Settlements Programme. *State of the World's Cities, 2010/2011-Cities for All: Bridging the Urban Divide,*

2010.

"Update: Multistate Outbreak of Monkeypox–Illinois, Indiana, Kansas, Missouri, Ohio, and Wisconsin, 2003." Centers for Disease Control and Prevention, February 9, 2011; http://www.cdc.gov/mmwr/preview/mmwrhtml/mm5227a5.htm.

Wang, L. F., and B. T. Eaton. "Bats, Civets, and the Emergence of SARS." *Current Topics in Microbiology and Immunology* 315 (2007): 325–44; doi:10.1007/978-3-540-70962-6_13.

Wolfe, N. D., P. Daszak, M. Kilpatrick, and D. S. Burke. "Bushmeat Hunting, Deforestation, and Prediction of Zoonotic Disease Emergence." *Emerging Infectious Diseases* 11, no. 12 (2005): 1822–27.

Wolfe, N. D., M. Ngole Eitel, J. Gockowski, P. K. Muchaal, C. Nolte, A. Tassy Prosser, J. Ndongo Torimiro, S. F. Weise, and D. S. Burke. "Deforestation, Hunting and the Ecology of Microbial Emergence." *Global Change and Human Health* 1, no. 1 (2000): 10–25; doi:10.1023/A:1011519513354.

Wool house, M. E. J., R. Howey, E. Gaunt, L. Reilly, M. Chase–Topping, and N. Savill. "Temporal Trends in the Discovery of Human Viruses." *Proceedings of the Royal Society B: Biological Sciences* 275, no. 1647 (2008): 2111–15; doi:10.1098/rspb.2008.0294.

Zhang, X. W., Y. L. Yap, and A. Danchin. "Testing the Hypothesis of a Recombinant Origin of the SARS-Associated Coronavirus." *Archives of Virology* 150, no. 1 (2005): 1–20; doi:10.1007/s00705-004-0413-9.

Zimmer, S. M., and D. S. Burke. "Historical Perspective—Emergence of Influenza A (H1N1) Viruses." *New England Journal of Medicine* 361, no.

3 (2009): 279-85; doi:10.1056/NEJMra0904322.

9: 바이러스 사냥꾼들

Botten, J., K. Mirowsky, C. Ye, K. Gottlieb, M. Saavedra, L. Ponce, and B. Hjelle. "Shedding and Intracage Transmission of Sin Nombre Hantavirus in the Deer Mouse (*Peromyscus maniculatus*) Model." *Journal of Virology* 76, no. 15 (2002): 7587-94; doi:10.1128/JVI.76.15.7587-7594.2002.

Carr, J. K., N. D. Wolfe, J. N. Torimiro, U. Tamoufe, E. Mpoudi-Ngole, L. Eyzaguirre, D. L. Birx, F. E. McCutchan, and D. S. Burke. "HIV-1 Recombinants with Multiple Parental Strains in Low-Prevalence, Remote Regions of Cameroon: Evolutionary Relics?" *Retrovirology* 7 (2010): 39; doi:10.1186/1742-4690-7-39.

Deblauwe, I., P. Guislain, J. Dupain, and L. Van Elsacker. "Use of a Tool-Set by *Pantroglodytes troglodytes* to Obtain Termites (*Macrotermes*) in the Periphery of the Dja Biosphere Reserve, Southeast Cameroon." *American Journal of Primatology* 68, no. 12 (2006): 1191-96; doi:10.1002/ajp.20318.

Formenty, P., C. Hatz, B. Le Guenno, A. Stoll, P. Rogenmoser, and A. Widmer. "Human Infection Due to Ebola Virus, Subtype Cote D'Ivoire: Clinical and Biologic Presentation." *Journal of Infectious Diseases* 179, no. S1 (1999): S48-53; doi:10.1086/514285.

Kalish M. L., N. D. Wolfe, C. Ndongmo, C. Djoko, K. E. Robbins, J. McNicholl, M. Aidoo, P. Fonjungo, G. Alemnji, E. Mpoudi-Ngole, C. Zeh, T. M. Folks, and D. S. Burke. "Central African Hunters Exposed to

SIV." *Emerging Infectious Diseases* 11 (2005): 1928–30.

Keefe, P. R. *Chatter: Dispatches from the Secret World of Global Eavesdropping*. New York: Random House, 2005.

*Lee, R. B., and I. DeVore. *Man the Hunter*. Piscataway, N.J.: Transaction, 1968.

Leendertz, F. H., et al. "Anthrax in Western and Central African Great Apes." *American Journal of Primatology* 68, no. 9 (2006): 928–33; doi:10.1002/ajp.20298.

———, "Anthrax Kills Wild Chimpanzees in a Tropical Rainforest." *Nature* 430 (2004): 451–52; doi:10.1038/nature02722.

Pike, B. L., K. E. Saylors, J. N. Fair, M. LeBreton, U. Tamoufe, C. F. Djoko, A. W. Rimoin, and N. D. Wolfe. "The Origin and Prevention of Pandemics." *Clinical Infectious Diseases* 50, no. 12 (2010): 1636–40; doi:10.1086/652860.

Pruetz, J. D., and P. Bertolani. "Savanna Chimpanzees, *Pantroglodytesverus*, Hunt with Tools." *Current Biology* 17, no. 5 (2007): 412–17; doi:10.1016/j.cub.2006.12.042.

Switzer, W. M., I. Hewlett, L. Aaron, N. D. Wolfe, D. S. Burke, T. M. Folks, and W. Heneine. "Serological Testing for Human T-lymphotropic Virus-3 and-4." *Transfusion* 46 (2006): 1647–48; doi: 10 .1111/j.1537-2995.2006.00950.X.

Switzer, W. M., M. Salemi, V. Shanmugam, F. Gao, M. Cong, C. Kuiken, V. Bhullar, B. E. Beer, D. Vallet, A. Gautier-Hion, Z. Tooze, F. Villinger, E. C. Holmes, and W. Heneine. "Ancient Co-Speciation of Simian Foamy Viruses and Primates." *Nature* 434, no. 7031(2005): 376–80;

doi:10.1038/nature03341.

National Commission on Terrorist Attacks Upon the United States. *The 9/11 Commission Report*. Washington, D.C.: National Commission on Terrorist Attacks Upon the United States, 2004.

Wolfe, N. D., et al. "Emergence of Unique Primate T-lymphotropic Viruses among Central African Bushmeat Hunters." *Proceedings of the National Academy of Sciences* 102, no. 22 (2005): 7994-99; doi: 10.1073/pnas.0501734102.

_____. "Naturally Acquired Simian Retrovirus Infections in Central African Hunters." *Lancet* 363, no. 9413 (2004): 932-37; doi:10.1016/ S0140-6736(04)15787-5.

Wolfe, N. D., W. M. Switzer, T. M. Folks, D. S. Burke, and W. Heneine. "Simian Retroviral Infections in Human Beings." *Lancet* 364(2004): 139-40 [letter].

Wolfe, N. D., A. A. Escalante, W. B. Karesh, A. Kilbourn, A. Spielman, and A. A. Lal. "Wild Primate Populations in Emerging Infectious Disease Research: The Missing Link?" *Emerging Infectious Diseases* 4, no. 2 (1998): 149-58.

Wolfe, N. D., A. T. Prosser, J. K. Carr, U. Tamoufe, E. Mpoudi-Ngole, J. N. Torimiro, M. LeBreton, F. E. McCutchan, D. L. Birx, and D. S. Burke. "Exposure to Nonhuman Primates in Rural Cameroon." *Emerging Infectious Diseases* 10 (2004): 2094-99.

10: 병원균 예보

Brownstein, J. S., C. C. Freifeld, and L. C. Madoff. "Perspective: Digital

Disease Detection—Harnessing the Web for Public Health Surveillance."
New England Journal of Medicine 360, no. 21 (2009): 2153-57;
doi:10.1056/NEJMP0900702.

Christakis, N. A., and J. H. Fowler. "Social Network Sensors for Early
Detection of Contagious Outbreaks." *PLoS ONE* e12948 5, no. 9 (2010):
doi:10.1371/journal.pone.0012948.

Dezso, Z., and A.-L. Barabasi. "Halting Viruses in Scale–Free Networks."
Physical Review E 65, no. 5 (2002); doi:10.1103/PhysRevE.65.055103.

Eagle, N., A. Pentland, and D. Lazer. "Inferring Friendship Network Structure
by Using Mobile Phone Data." *Proceedings of the National Academy of
Sciences* 106, no. 36 (2009): 15274-78; doi:10.1073/pnas.0900282106.

Freifeld, C. C., Rumi C., S. R. Mekaru, E. H. Chan, T. Kass–Hout, A. Ayala
Iacucci, and J. S. Brownstein. "Participatory Epidemiology: Use of
Mobile Phones for Community–Based Health Reporting." *PLoS Medicine*
e1000376 7, no. 12 (2010); doi:10.1371/journal.pined.1000376.

Ginsberg, J., M. H. Mohebbi, R. S. Patel, L. Brammer, M. S. Smolinski, and L.
Brilliant. "Detecting Influenza Epidemics Using Search Engine Query
Data." *Nature* 457, no. 7232 (2008): 1012-14; doi: 10.1038/nature07634.

Gómez-Sjöberg, R., A. A. Leyrat, D. M. Pirone, C. S. Chen, and S. R. Quake.
"Versatile, Fully Automated, Microfluidic Cell Culture System." *Analytical
Chemistry* 79, no. 22 (2007): 8557-63; doi: 10.1021/ac071311w.

González, M. C., C. A. Hidalgo, and A.-L. Barabasi. "Understanding
Individual Human Mobility Patterns." *Nature* 453, no. 7196(2008): 779-
82; doi:10.1038/nature06958.

Kapoor, A., N. Eagle, and E. Horvitz. "People, Quakes, and

Communications: Inferences from Call Dynamics about a Seismic Event and Its Influences on a Population." *Association for the Advancement of Artificial Intelligence Spring Symposium Series* (2010): 51–56.

Lampos, V., and N. Cristianini. "Tracking the Flu Pandemic by Monitoring the Social Web." *2nd International Workshop on Cognitivie Information Processing* (2010): 411–16; doi: 10.1109/ CIP.2010.5604088.

Lauring, A. S., J. O. Jones, and R. Andino. "Rationalizing the Development of Live Attenuated Virus Vaccine." *Nature Biotechnology* 28, no. 6 (2010): 573–79; doi:10.1038/nbt.1635.

Lauring, A. S., and R. Andino. "Quasispecies Theory and the Behavior of RNA Viruses." *PLoS Pathogens* e1001005 6, no. 7 (2010); doi:10.1371/journal. ppat.1001005.

Lipkin, W. I. "Microbe Hunting." *Microbiology and Molecular Biology Reviews* 74, no. 3 (2010): 363–77.

Meyers, L. A., M. E. J. Newman, and B. Pourbohloul. "Predicting Epidemics on Directed Contact Networks." *Journal of Theoretical Biology* 240, no. 3 (2006): 400–18; doi:10.1016/j.tbi.2005.10.004.

Palacios, G., J. Druce, L. Du, T. Tran, C. Birch, T. Briese, S. Conlan, P. L. Quan, J. Hui, J. Marshall, J. F. Simons, M. Egholm, C. D. Paddock, W. J. Shieh, C. S. Goldsmith, S. R. Zaki, M. Catton, and W. I. Lipkin. "A New Arenavirus in a Cluster of Fatal Transplant-Associated Diseases." *New England Journal of Medicine* 358, no. 10 (2008): 991–98; doi:10.1056/NEJMoa073785.

Paneth, N. "Assessing the Contributions of John Snow to Epidemiology: 150 Years After Removal of the Broad Street Pump Handle." *Epidemiology*

15, no. 5 (2004): 514-16; doi:10.1097/01.ede.0000135915.94799.00.

Pastor-Satorras, R., and A. Vespignani. "Epidemic Dynamics and Endemic States in Complex Networks." *Physical Review E* 63, no. 6 (2001); doi: 10.1103/PhysRevE.63.066117.

Polgreen, P. M., F. D. Nelson, and G. R. Neumann. "Healthcare Epidemiology: Use of Prediction Markets to Forecast Infectious Disease Activity." *Clinical Infectious Diseases* 44, no. 2 (2007): 272-79; doi:10.1086/510427.

Quan, P.-L., T. Briese, G. Palacios, and W. I. Lipkin. "Rapid Sequence-Based Diagnosis of Viral Infection." *Antiviral Research* 79, no. 1 (2008): 1-5; doi:10.1016/j.antiviral.2008.02.002.

Safaie, A., S. M. Mousavi, R. E. LaPorte, M. M. Goya, and M. Zahraie. "Introducing a Model for Communicable Diseases Surveillance: Cell Phone Surveillance (CPS)." *European Journal of Epidemiology* 21, no. 8 (2006): 627-32; doi:10.007/s10654-006-9033-x.

Shalon, D., S. J. Smith, and P. O. Brown. "A DNA Microarray System for Analyzing Complex DNA Samples Using Two-color Fluorescent Probe Hybridization." *Genome Research* 6, no. 7 (1996): 639-45; doi:10.1101/gr.6.7.639.

Snow, J. "Cholera, and the Water Supply in the South Districts of London." *British Medical Journal* 1, no. 42 (1857): 864-65.

Vance, K., W. Howe, and R. P. Dellavalle. "Social Internet Sites as a Source of Public Health Information." *Dermatologic Clinics* 27, no. 2 (2009): 133-36; doi:10.1016/j.det.2008.11.010.

Tang, P., and C. Chiu. "Metagenomics for the Discovery of Novel Human

Viruses." *Future Microbiology* 5, no. 2 (2010): 177-89; doi: 10.2217/fmb.09.120.

Wang, D., A. Urisman, Y.-T. Liu, M. Springer, T. G. Ksiazek, D. D. Erdman, E. R. Mardis, M. Hickenbotham, V. Magrini, J. Eldred, J. P. Latreille, R. K. Wilson, D. Ganem, and J. L. DeRisi. "Viral Discovery and Sequence Recovery Using DNA Microarrays." *PLoS Biology* 1, no. 2 (2003): e2; doi:10.1371/journal.pbio.0000002.

11: 착한 바이러스

Backhed, F., R. E. Ley, J. L. Sonnenburg, D. A. Peterson, and J. I. Gordon. "Host-Bacterial Mutualism in the Human Intestine." *Science* 307, no. 5717 (2005): 1915-20; doi: 10.1126/science.1104816.

Battle, Y. L., B. C. Martin, J. H. Dorfman, and L. S. Miller. "Seasonality and Infectious Disease in Schizo phrenia: The Birth Hypothesis Revisited." *Journal of Psychiatric Research* 33 (1999): 501-9; doi: 10.1016/S0022-3956(99)00022-9.

Bezier, A., J. Herbiniere, B. Lanzrein, and J.-M. Drezen. "Polydnavirus Hidden Face: The Genes Producing Virus Particles of Parasitic Wasps." *Journal of Invertebrate Pathology* 101, no. 3(2009): 194-203; doi:10.1016/j.jip.2009.04.006.

Cawood, R., H. H. Chen, F. Carroll, M. Bazan-Peregrino, N. Van Rooijen, and L. W. Seymour. "Use of Tissue-Specifi c MicroRNA to Control Pathology of Wild-Type Adenovirus without Attenuation of Its Ability to Kill Cancer Cells." *PLoS Pathogens*e10004405, no. 5 (2009); doi:10.1371/journal.ppat.1000440.

De Filippo, C., et al. "Impact of Diet in Shaping Gut Microbiota Revealed by a Comparative Study in Children from Europe and Rural Africa." *Proceedings of the National Academy of Sciences* Early Edition (2010); doi:10.1073/pnas.1005963107.

Dingli, D., and M. A. Nowak. "Cancer Biology: Infectious Tumour Cells." *Nature* 443, no. 7107 (2006): 35–36; doi:10.1038/443035a.

Dürst, M., L. Gissmann, H. Ikenberg, and H. zur Hausen. "A Papillomavirus DNA from a Cervical Carcinoma and Its Prevalence in Cancer Biopsy Samples from Different Geographic Regions." *Proceedings of the National Academy of Sciences* 80(1983): 3812–15.

Edson, K. M., et al. "Virus in a Parasitoid Wasp: Suppression of the Cellular Immune Response in the Parasitoid's Host." *Science* 211(1981): 582–83; doi:10.1126/science.7455695.

Ewald, P. *Plague Time.* Garden City, N.J.: Anchor Books, 2002.

Ewald, P. W., and G. M. Cochran. "Chlamydia Pneumoniae and Cardiovascular Disease: An Evolutionary Perspective on Infectious Causation and Antibiotic Treatment." *Journal of Infectious Diseases* 181, Suppl. 3 (2000): S394–401; doi:10.1086/315602.

Flegr, J. "Effects of Toxoplasma on Human Behavior." *Schizophrenia Bulletin* 33, no. 3 (2007): 757–60; doi:10.1093/schbul/sb1074.

Hammill, A. M., J. Conner, and T. P. Cripe. "Review: Oncolytic Virotherapy Reaches Adolescence." *Pediatric Blood Cancer* 55(2010): 1253–63; doi:10.1002/pbc.22724.

Kilbourn A. M., W. B. Karesh, N. D. Wolfe, E. J. Bosi, R. A. Cook, and M. Andau. "Health Evaluation of Free-Ranging and Semi-Captive

Orangutans (*Pongo pygmaeus pygmaeus*) in Sabah, Malaysia." *Journal of Wildlife Diseases* 39 (2003): 73–83

Klein, S. L. "Parasite Manipulation of Host Behavior: Mechanisms, Ecology, and Future Directions." *Behavioural Processes* 68 (2005):219–21; doi: 10.1016/j.beproe.2004.07.009.

Lecuit, M., J. L. Sonnenburg, P. Cossart, and J. I. Gordon. "Functional Genomic Studies of the Intestinal Response to a Foodborne Enteropathogen in a Humanized Gnotobiotic Mouse Model." *Journal of Biological Chemistry* 282, no. 20 (2007): 15065–72; doi:10.1074/jbc.M610926200.

Lee, Y. K., and S. Mazmanian. "Has the Microbiota Played a Critical Role in the Evolution of the Adaptive Immune System?" *Science* 330, no. 6012 (2010): 1768–773; doi:10.1126/science.1195568.

Lo, S.-C., N. Pripuzova, B. Li, A. L. Komaroff, G.-C. Hung, R. Wang, and H. J. Alter. "Detection of MLV–related Virus Gene Sequences in Blood of Patients with Chronic Fatigue Syndrome and Healthy Blood Donors." *Proceedings of the National Academy of Sciences* Early Edition (2010); doi:10.1073/pnas.1006901107.

Muller, M., and L. Gissmann. "A Long Way: History of the Prophylactic Papillomavirus Vaccine." *Disease Markers* 23 (2007): 331–36.

*National Research Council. *The New Science of Metagenomics.* Washington, D.C.: National Academies, 2007.

Oriel, J. D. "Sex and Cervical Cancer." *Genitourin Medicine* 64, no. 2(1988): 81–89.

Reddy, P. S., K. D. Burroughs, L. M. Hales, S. Ganesh, B. H. Jones, N.

Idamakanti, C. Hay, S. S. Li, K. L. Skele, A.-J. Vasko, J. Yang, D. N. Watkins, C. M. Rudin, and P. L. Hallenbeck. "Seneca Valley Virus, a Systemically Deliverable Oncolytic Picornavirus, and the Treatment of Neuroendocrine Cancers." *Journal of the National Cancer Institute* 99, no. 21 (2007): 1623-33; doi:10.1093/jnci/djm198.

Reyes, A., M. Haynes, N. Hanson, F. E. Angly, A. C. Heath, F. Rohwer, and J. I. Gordon. "Viruses in the Faecal Microbiota of Monozygotic Twins and Their Mothers." *Nature* 466, no. 7304(2010): 334-38; doi:10.1038/nature09199.

Riedel, S. "Edward Jenner and the History of Smallpox and Vaccination." *Baylor University Medical Center Proceedings* 18, no. 1 (2005):21-25.

Rous, P. "A Sarcoma of the Fowl Transmissible by an Agent Separable from the Tumor Cells." *Journal of Experimental Medicine* 13, no. 4 (1911): 397-411.

Saarman, E. "How We Got the Controversial HPV Vaccine." *Discover*, May 17, 2007.

Schiffman, M., P. E. Castle, J. Jeronimo, A. C. Rodriguez, and S. Wacholder. "Human Papillomavirus and Cervical Cancer." *Lancet* 370, no. 9590 (2007): 890-907; doi:10.1016/S0140-6736(07)61416-0.

Sonnenburg, J. L. "Genetic Pot Luck." *Nature* 464, no. 8 (2010): 837-38; doi: 10.1038/464837a.

Torrey, E. F., J. J. Bartko, Z.-R. Lun, and R. H. Yolken. "Antibodies to Toxoplasma Gondii in Patients with Schizophrenia: A Meta-Analysis." *Schizophrenia Bulletin* 33, no. 3 (2007): 729-36; doi:10.1093/schbul/sb1050.

Turnbaugh, P. J., et al. "A Core Gut Microbiome in Obese and Lean Twins." *Nature* 457, no. 7228 (2009): 480–84; doi:10.1038/nature07540.

Turnbaugh, P. J., V. K. Ridaura, J. J. Faith, F. E. Rey, R. Knight, and J. I. Gordon. "The Effect of Diet on the Human Gut Microbiome: A Metagenomic Analysis in Humanized Gnotobiotic Mice." *Science Translational Medicine* 1, no. 6 (2009); doi:10.1126/scitrans/med. 3000322.

Turnbaugh, P. J., R. E. Ley, M. A. Mahowald, V. Magrini, E. R. Mardis, and J. I. Gordon. "An Obesity-Associated Gut Microbiome with Increased Capacity for Energy Harvest." *Nature* 444, no.7122 (2006): 1027–31; doi:10.1038/nature 05414.

Webster, J. P., and G. A. McConkey. "Toxoplasma Gondii-Altered Host Behaviour: Clues as to Mechanism of Action." *Folia Parasitologica* 57, no. 2 (2010): 95–104.

Widmer, G., A. M. Comeau, D. B. Furlong, D. F. Wirth, and J. L. Patterson. "Characterization of a RNA Virus from the Parasite Leishmania." *Proceedings of the National Academy of Sciences* 86, no. 15(1989): 5979-?82.

Williams, C. F., et al. "Persistent GB Virus C Infection and Survival in HIV-Infected Men." *New England Journal of Medicine* 350, no. 10 (2004): 981?90.

Yolken, R. H., F. B. Dickerson, and E. Fuller Torrey. "Toxoplasma and Schizophrenia." *Parasite Immunology* 31 (2009): 706–15; doi:10 .1111/j.1365-3024.2009.01131.x.

Yolken, R. H., H. Karlsson, F. Yee, N. L. Johnston-Wilson, and E. F. Torrey.

"Endogenous Retroviruses and Schizophrenia." *Brain Research Reviews* 31 (2000): 193–99; doi:10.1016/SO165-0173(99)00037-5.

zur Hausen, H. "Charles S. Mott Prize Papillomaviruses in Human Cancer." *Cancer* 59, no. 10 (1987): 1692–696; doi:10.1002/1097–0142(19870515)59:10⟨1692::AID-CNCR2820591003⟩3.0.CO;2-F.

_____ . "Condylomata Acuminata and Human Genital Cancer." *Cancer Research* 36 (1976): 794.

12: 맺는 글

Fair, J., E. Jentes, A. Inapogui, K. Kourouma, A. Goba, A. Bah, M. Tounkara, M. Coulibaly, R. F. Garry, and D. G. Bausch. "Lassa Virus-Infected Rodents in Regufee Camps in Guinea: A Looming Threat to Public Health in a Politically Unstable Region." *Vector-Borne and Zoonotic Diseases* 7, no. 2 (June 2007): 167–72; doi:10.1089/vbz.2006.0581.

Khan, S. H., et al. "New Opportunities for Field Research on the Pathogenesis and Treatment of Lassa Fever." *Antiviral Research* 78, no. 1 (2008): 103–15; doi:10.1016/j.antiviral.2007.11.003.

LeBreton, M., A. T. Prosser, U. Tamoufe, W. Sateren, E. Mpoudi-Ngole, J. L. D. Diffo, D. S. Burke, and N. D. Wolfe. "Healthy Hunting in Central Africa." *Animal Conservation* 9 (2006): 372–74; doi:10 .1111/ j.1469–1795.2006.00073.x.

Pike, B. L., K. E. Saylors, J. N. Fair, M. LeBreton, U. Tamoufe, C. F. Djoko, A. W. Rimoin, and N. D. Wolfe. "The Origin and Prevention of Pandemics." *Clinical Infectious Diseases* 50, no. 12(2010): 1636–40; doi:10.1086/652860.

Russell C. A., et al. "The Global Circulation of Seasonal Influenza A(H3N2) Viruses." *Science* 32 (2008): 340–46; doi:10.1126/science.1154137.

Sharp, C. P., et al. "Widespread Infection with Homologues of Human Parvoviruses B19, PARV4, and Human Bocavirus of Chimpanzees and Gorillas in the Wild." *Journal of Virology* ePub (2010). January 28, 2010; doi:10.1128/JVI.01304–10.

Smith, D. J., A. S. Lapedes, J. C. de Jong, T. M. Bestebroer, G. F. Rimmelzwaan, A. D. M. E. Osterhaus, and R. A. M. Fouchier. "Mapping the Antigenic and Genetic Evolution of Influenza Virus." *Science* 305 (2004): 371–76; doi:10.1126/science.1097211.

Wolfe, N., L. Gunasekara, and Z. Bogue. "Crunching Digital Data Can Help the World-CNN." *CNN Opinion*. Cable News Network, February 2, 2011.

Wolfe, N. "Epidemic Intelligence." *The Economist*, November 22, 2010, "The World in 2011," Science sec.

Wolfe, N. "All Risks Are Not Created Equal." Anderson Cooper 360. Cable News Network, April 30, 2010.

_____. "Preventing the Next Pandemic." *Scientific American* (April 2009): 76–81.

찾아보기